大型火电厂新员工培训教材

电气二次分册

托克托发电公司 编

内 容 提 要

本套《大型火电厂新员工培训教材》丛书共分为锅炉、汽轮机、电气一次、电气二次、集控运行、电厂化学、热工控制及仪表、燃料、环保九个分册，集中体现了内蒙古大唐国际托克托发电有限责任公司各专业新员工技能培训的最高水平。

本书为《大型火电厂新员工培训教材》丛书之一《电气二次分册》，主要介绍了继电保护基础，发电机-变压器组保护，高压输电线路保护，发电机励磁系统，电压、电流互感器，厂用电系统，发电厂 UPS、直流系统，发电厂电气控制系统，发电机启动试验，阻塞滤波器保护，继电保护整定计算等基础知识，并介绍了常见的发电厂继电保护动作分析及防范措施，以帮助新员工更好地进行继电保护系统的日常维护和事故防范。

本书适合作为火电厂新员工的继电保护专业培训教材，以及高等院校、专业院校相关专业师生的学习参考用书。

图书在版编目（CIP）数据

大型火电厂新员工培训教材．电气二次分册/托克托发电公司编．—北京：中国电力出版社，2018.12

ISBN 978-7-5198-2813-4

Ⅰ.①大… Ⅱ.①托… Ⅲ.①火电厂-二次系统-技术培训-教材 Ⅳ.①TM621

中国版本图书馆 CIP 数据核字（2018）第 290835 号

出版发行：中国电力出版社
地　　址：北京市东城区北京站西街 19 号（邮政编码 100005）
网　　址：http://www.cepp.sgcc.com.cn
责任编辑：宋红梅　李文娟　孟花林
责任校对：黄　蓓　朱丽芳
装帧设计：王红柳
责任印制：吴　迪

印　　刷：三河市万龙印装有限公司
版　　次：2020 年 1 月第一版
印　　次：2020 年 1 月北京第一次印刷
开　　本：787 毫米×1092 毫米　16 开本
印　　张：13.75
字　　数：303 千字
印　　数：0001—2000 册
定　　价：59.00 元

《大型火电厂新员工培训教材》

丛书编委会

本分册编审人员

主　　编　杜喜来

参编人员　张进军　姜海成　胡　冀　罗　浩　高　波

　　　　　王美芳　张瑞芬　杜玉蕾　牛朋飞　王志红

　　　　　王慧锋

审稿人员　王庆学　王　敏　菅林盛

序

习近平在中共十九大报告中指出，人才是实现民族振兴、赢得国际竞争主动的战略资源。电力行业是国民经济的支柱行业，近十多年来我国电力发展坚持以科学发展观为指导，在清洁低碳、高效发展方面取得了瞩目的成绩。目前，我国燃煤发电技术已经达到世界先进水平，部分领域达到世界领先水平，同时，随着电力体制改革纵深推进，煤电企业开启了转型发展升级的新时代，不仅需要一流的管理和研究人才，更加需要一流的能工巧匠，可以说，身处时代洪流中的煤电企业，对技能人才的渴望无比强烈、前所未有。

作为国有控股大型发电企业，同时也是世界在役最大火力发电厂，内蒙古大唐国际托克托发电有限责任公司始终坚持“崇尚技术、尊重人才”理念，致力于打造一支高素质、高技能的电力生产技能人才队伍。多年来，该企业不断探索电力企业教育培训的科学管理模式与人才评价的有效方法，形成了以员工职业生涯规划为引领的科学完备的培训体系，尤其是在生产技能人才培养的体制机制建立、资源投入、培训方法创新等方面积累了丰富且成功的经验，并于2017年被评为中电联“电力行业技能人才培育突出贡献单位”，2018年被评为国家人力资源及社会保障部“国家技能人才培育突出贡献单位”。

本套《大型火电厂新员工培训教材》丛书自2009年起在企业内部试行，经过十余年的实践、反复修订和不断完善，取精用弘，与时俱进，最终由各专业经验丰富的工程师汇编而成。丛书共分为锅炉、汽轮机、电气一次、电气二次、集控运行、电厂化学、热工控制及仪表、燃料、环保九个分册，集中体现了内蒙古大唐国际托克托发电有限责任公司各专业新员工技能培训的最高水平。实践证明，这套丛书对于培养新员工基本知识、基本技能具有显著的指导作用，是目前行业内少有的能够全面涵盖煤电企业各专业新员工培训内容的教材；同时，因其内容全面系统，并注重结合生产实践，也是生产岗位专业人员学习和技能提升的理想教材。

本套丛书的出版有助于促进大型火力发电机组生产技能人员的整体技术素质和技能水平的提高，从而提高发电企业安全经济运行水平。我们希望通过本套丛书的编写、出版，能够为发电企业新员工技能培训提供一个参考，更好地推进电力生产人才技能队伍建设工作，为推动电力行业高质量发展贡献力量。

2019年12月1日

前　言

本书为《大型火电厂新员工培训教材》之一。

继电保护在保证电网、发电厂安全稳定运行方面发挥着重要作用，是保障电力设备安全和防止电力系统长时间大面积停电的最基本、最重要、最有效的技术手段，为适应电网、发电厂稳定运行对继电保护工作的要求，必须加强继电保护专业培训，增强人员的基础知识和基本技能，提高专业技术队伍的业务素质，造就一支基础扎实、技术过硬、严谨仔细的继电保护专业队伍。

内蒙古大唐国际托克托发电有限责任公司目前是世界最大的火力发电厂，一直将人才培养作为重点工作之一，以立足岗位成才、争做大国工匠为目标，内外部竞赛体系有机衔接，使大量高技能人才快速成长、脱颖而出，在近几年继电保护知识技能竞赛中取得了优异的成绩。发电厂继电保护包括多个设备厂家型号、保护逻辑原理，其操作方法各不相同，做好基础培训工作尤为重要。

本书以入职新员工适应岗位、拓展知识、提升技能为目的，采用理论知识与现场实际相结合，涵盖了继电保护基础知识、保护逻辑原理、规程反措要求、发电机启动试验、整定计算及案例故障分析等知识要点，阐述了继电保护工作者在现场工作中遇到的实际问题及应该掌握的岗位技能知识，由点及面、由浅入深，系统地介绍了继电保护基本原理、反措要求、日常维护及异常处理方法，并根据各章讲述的基本原理和重要概念，在每章后列出了一些思考题，帮助员工复习、巩固和思考。

本书共十二章，由杜喜来主编，第一、二、六、十一章由杜喜来编写，第三章由罗浩、杜玉蕾编写，第四章由胡冀、王慧锋编写，第五、九章由张进军编写，第七章由姜海成、高波编写，第八章由王美芳、张瑞芬编写，第十章由牛朋飞编写，第十二章由王志红编写，全书由杜喜来统稿，由王庆学、王敏、訾林盛对全书进行审核。本书在编写过程中得到了华北电科院张洁教授的大力支持和帮助，在此表示感谢。

本书的编辑出版有助于推进现场继电保护人员的学习和培训工作，有助于继电保护专业人员和相关专业技术人员系统、完整地了解、认知、掌握继电保护基本原理，有助于员工的岗位技能提升和综合素质的培养。

由于我们是第一次编写培训教材，其疏漏之处在所难免，希望通过实践的进一步检验，读者能对发现的不当之处给予批评指正，我们将总结经验、不断改进并完善。

编　者

2019 年 8 月

目　录

第一章

继电保护基础知识

第一节 电力系统对继电保护的基本要求

一、电力系统继电保护的任务

电力系统是由发电机、变压器、母线、输配电线路及用电设备组成。电力系统各元件之间是通过电或磁联系的，任一元件发生异常运行状态或故障时，都可能立即在不同程度上影响到系统的正常运行。因此，切除故障元件的时间常常要求短到十分之几秒甚至百分之几秒。显然，在这样短的时间内，由运行人员来发现故障元件并将它切除是不可能的。要完成这样的任务，必须在每一电气元件上装设具有保护作用的自动装置，继电保护装置是保证电力元件安全运行的基本装备，任何电力元件不得在无继电保护的状态下运行。

继电保护是一种重要的反事故措施，它的任务如下：

(1) 当电力系统的被保护元件发生故障时，继电保护装置应能自动、迅速、有选择地将故障元件从电力系统中切除，以保证故障部分迅速恢复正常运行，并使故障元件免于继续遭到损害。

(2) 当电力系统的被保护元件出现异常运行状态时，继电保护装置应能及时反应，并根据运行维护条件动作于发出信号、减负荷或跳闸。此时一般不要求部分迅速动作，而是要根据对电力系统及其元件的危害程度规定一定的延时，以免不必要动作和由于干扰而引起的误动作。

二、电力系统对继电保护的基本要求

电力系统继电保护是电网安全稳定运行的重要保证。因此，继电保护的安全、可靠运行，一直受到电网各级管理部门的高度重视。特别是当前，大容量机组的增加、电网容量的不断扩大，电网的安全稳定运行问题尤为重要。因此，对继电保护装置的可靠运行，提出了新的、更高的标准和要求。

对电力系统继电保护的基本性能要求有可靠性、选择性、快速性、灵敏性。这些要求之间，有的相辅相成，有的相互制约，需要针对不同的使用条件分别进行协调。

(1) 可靠性。继电保护可靠性是对电力系统继电保护的最基本性能要求，它又分为两个方面，即可信赖性与安全性。

可信赖性要求继电保护在设计要求它动作的异常或故障状态下，能够准确地完成动作；安全性要求继电保护在非设计要求它动作的其他所有情况下，能够可靠地不动作。

可信赖性与安全性都是继电保护必备的性能，但两者相互矛盾。在设计与选用继电保

护时，需要依据被保护对象的具体情况，对这两方面的性能要求适当地予以协调。如对于传送大功率的输电线路保护，一般宜于强调安全性；而对于其他线路保护，则往往宜于强调可信赖性。至于大型发电机组的继电保护，它的拒绝动作或误动作跳闸，都会引起巨大的经济损失，需要通过精心设计和装置配置，兼顾这两方面的要求。

提高继电保护安全性的办法，主要是采用经过全面分析论证、有实际运行经验或者经试验确证为技术性能、满足要求且元件工艺质量优良的装置；而提高继电保护的可信赖性，除了选用高可靠性的装置而外，重要的还可以采取装置双重化，实现二中取一的跳闸方式。

(2) 选择性。继电保护选择性是指在对系统影响可能最小的处所，实现断路器的控制操作，以终止故障或系统事故的发展。例如，对电力元件的继电保护，当电力元件故障时，要求最靠近故障点的断路器动作断开系统供电电源；而对振荡解列装置，则要求当电力系统失去同步运行稳定性时，在解列后两侧系统可以各自安全地同步运行的地点动作于断路器，将系统一分为二以中止振荡。

电力元件继电保护的选择性，除了取决于继电保护装置本身的性能外，还要求满足：①由电源算起，越靠近故障点的继电保护的故障启动值相对越小，动作时间越短，并在上下级之间留有适当的裕度；②要具有后备保护作用，如果最靠近故障点的继电保护装置或断路器因故拒绝动作而不能断开故障时，能由紧邻的电源侧继电保护动作将故障断开。在220kV及以上电压的电力网中，由于接线复杂所带来的具体困难，在继电保护技术上往往难以做到对紧邻下一级元件的完全后备保护作用，相应采用的通用对策是每一电力元件都装设至少两套各自独立工作、可以分别对被保护元件实现充分保护作用的继电保护装置，即实现双重化配置；同时，设置一套断路器拒绝动作的保护，当断路器拒动时，使同一母线上的其他断路器跳闸，以断开故障。

(3) 快速性。继电保护快速性是指继电保护应以允许的可能最快速度动作于断路器跳闸，以断开故障或中止异常状态发展。继电保护快速动作可以减轻故障元件的损坏程度，提高线路故障后自动重合闸的成功率，并特别有利于故障后的电力系统同步运行的稳定性。快速切除线路与母线的短路故障，是提高电力系统暂态稳定的最重要手段。

(4) 灵敏性。继电保护灵敏性是指继电保护对设计规定要求动作的故障及异常状态能够可靠地动作的能力。故障时通入装置的故障量和给定的装置启动值之比，称为继电保护的灵敏系数。它是考核继电保护灵敏性的具体指标，在一般的继电保护设计与运行规程中，对它都有具体的规定要求。

继电保护越灵敏，越能可靠地反应于要求动作的故障或异常状态，但同时，也越易于在非要求动作的其他情况下产生误动作，因而与选择性发生矛盾，需要协调处理。

三、继电保护的基本内容

对被保护对象实现继电保护，包括软件和硬件两方面的内容：①确定被保护对象在正常运行状态和拟进行保护的异常或故障状态下，有哪些物理量发生了可供进行状态判别的量、质或量与质的重要变化，这些用来进行状态判别的物理量（如通过被保护电力元件的电流大小等）称为故障量或启动量；②将反应故障量的一个或多个元件按规定的逻辑结构进行编排，实现状态判别，发出警告信号或断路器跳闸命令的硬件设备。

（1）故障量。用于继电保护状态判别的故障量，随被保护对象而异，也随所处电力系统的周围条件而异。使用得最为普遍的是工频电气量。而最基本的是通过电力元件的电流和所在母线的电压，以及由这些量演绎出来的其他量，如功率、相序量、阻抗、频率等，从而构成电流保护、电压保护、阻抗保护、频率保护等。如对于发电机，可以实现检测通过发电机绕组两端的电流是否大小相等、相位是否相反，来判断定子绕组是否发生了短路故障；对于变压器，也可以用同样的判据来实现绕组的短路故障保护，这种方式叫作电流差动保护，是电力元件最基本的一种保护方式；对于油浸绝缘变压器，可以用油中气体含量作为故障量，构成气体保护。线路继电保护的种类最多，如在最简单的辐射形供电网络中，可以用反应被保护元件通过的电流显著增大而动作的过电流保护来实现线路保护；而在复杂电力网中，除电流大小外，还必须配以母线电压的变化进行综合判断，才能实现线路保护，而最为常用的是可以正确地反应故障点到继电保护装置安装处电气距离的距离保护。主要输电线路还借助连接两侧变电站的通信通道相互传输继电保护信息，来实现对线路的保护。近年来，又开始研究利用故障初始过程暂态量作为判据的线路保护。对于电力系统安全自动装置，简单的如以反应母线电压的频率绝对值下降或频率变化率为负来判断电力系统是否已开始走向频率崩溃；复杂的则在一个处所设立中心站，通过通信通道连续收集相关变电站的信息，进行综合判断，及时向相应变电站发出操作命令，以保证电力系统的安全运行。

（2）硬件结构。硬件结构又叫装置。硬件结构中，有反应一个或多个故障量而动作的继电器元件，组成逻辑回路的时间元件和扩展输出回路数的中间元件等，在20世纪50年代及以前，硬件结构差不多都是用电磁型的机械元件构成。随着半导体器件的发展，陆续推广了利用整流二极管构成的整流型元件和由半导体分立元件组成的装置。20世纪70年代以后，利用集成电路构成的装置在电力系统继电保护中得到广泛运用。到20世纪80年代，微型机在安全自动装置和继电保护装置中逐渐应用。随着新技术新工艺的采用，继电保护硬件设备的可靠性、运行维护方便性也不断提高，已实现多种硬件结构并存。

第二节 继电保护技术要求及反措要求

一、继电保护技术要求

继电保护技术要求需符合《继电保护和安全自动装置技术规程》。

（1）电力系统中的电力设备和线路，应装设短路故障和异常运行的保护装置。电力设备和线路短路故障的保护应有主保护和后备保护，必要时可增设辅助保护。

主保护是满足系统稳定和设备安全要求，能以最快速度有选择地切除被保护设备和线路故障的保护。

后备保护是主保护或断路器拒动时，用以切除故障的保护。远后备是当主保护或断路器拒动时，由相邻电力设备或线路的保护实现后备。近后备是当主保护拒动时，由该电力设备或线路的另一套保护实现后备的保护；当断路器拒动时，由断路器失灵保护来实现的后备保护。

辅助保护是为补充主保护和后备保护的性能或当主保护和后备保护退出运行而增设的简单保护。异常运行保护是反应被保护电力设备或线路异常运行状态的保护。

（2）数字式保护装置，应满足如下要求：

1）宜将被保护设备或线路的主保护（包括纵联、横联保护等）及后备保护综合在一整套装置内，共用直流电源输入回路及交流电压互感器和电流互感器的二次回路。该装置应能反应被保护设备或线路的各种故障及异常状态，并动作于跳闸或给出信号。对仅配置一套主保护的设备，应采用主保护与后备保护相互独立的装置。

2）保护装置应尽可能根据输入的电流、电压量，自行判别系统运行状态的变化，减少外接相关的输入信号来执行其应完成的功能。

3）对适用于 110kV 及以上电压线路的保护装置，应具有测量故障点距离的功能。

故障测距的精度要求为：对金属性短路误差不大于线路全长的±3%。

4）对适用于 220kV 及以上电压线路的保护装置，应满足：

a. 除具有全线速动的纵联保护功能外，还应至少具有三段式相间、接地距离保护，反时限和/或定时限零序方向电流保护的后备保护功能；

b. 对有监视的保护通道，在系统正常情况下，通道发生故障或出现异常情况时，应发出告警信号；

c. 能适用于弱电源情况；

d. 在交流失压情况下，应具有在失压情况下自动投入的后备保护功能，并允许不保证选择性。

5）保护装置应具有在线自动检测功能，包括对保护硬件损坏、功能失效和二次回路异常运行状态的自动检测。

自动检测必须是在线自动检测，不应由外部手段启动；并应实现完善的检测，做到只要不告警，装置就处于正常工作状态，但应防止误告警。

除出口继电器外，装置内的任一元件损坏时，装置不应误动作跳闸，自动检测回路应能发出告警或装置异常信号，并给出有关信息指明损坏元件的所在部位，在最不利情况下应能将故障定位至模块（插件）。

6）保护装置的定值应满足保护功能的要求，应尽可能做到简单、易整定；用于旁路保护或其他定值经常需要改变时，宜设置多套（一般不少于 8 套）可切换的定值。

7）保护装置必须具有故障记录功能，以记录保护的动作过程，为分析保护动作行为提供详细、全面的数据信息，但不要求代替专用的故障录波器。保护装置故障记录的要求是：

a. 记录内容应为故障时的输入模拟量和开关量、输出开关量、动作元件、动作时间、返回时间、相别。

b. 应能保证发生故障时不丢失故障记录信息。

c. 应能保证在装置直流电源消失时，不丢失已记录信息。

8）保护装置应以时间顺序记录的方式记录正常运行的操作信息，如开关变位、开入量输入变位、连接片切换、定值修改、定值区切换等，记录应保证充足的容量。

9）保护装置应能输出装置的自检信息及故障记录，后者应包括时间、动作事件报告、动作采样值数据报告、开入、开出和内部状态信息、定值报告等。装置应具有数字/图形输出功能及通用的输出接口。

10）时钟和时钟同步。具体要求如下：

a. 保护装置应设硬件时钟电路，装置失去直流电源时，硬件时钟应能正常工作。

b. 保护装置应配置与外部授时源的对时接口。

11）保护装置应配置能与自动化系统相连的通信接口，通信协议符合 DL/T 667《远动设备及系统　第 5 部分：传输规约　第 103 篇：继电保护设备信息接口配套标准》。并宜提供必要的功能软件，如通信及维护软件、定值整定辅助软件、故障记录分析软件、调试辅助软件等。

12）保护装置应具有独立的 DC/DC 变换器供内部回路使用的电源。拉、合装置直流电源或直流电压缓慢下降及上升时，装置不应误动作。直流消失时，应有输出触点以启动告警信号。直流电源恢复（包括缓慢恢复）时，变换器应能自启动。

13）保护装置不应要求其交、直流输入回路外接抗干扰元件来满足有关电磁兼容标准的要求。

14）保护装置的软件应设有安全防护措施，防止程序出现不符合要求的更改。

（3）控制电缆的选用和敷设应符合下述各项规定：

1）发电厂和变电站应采用铜芯的控制电缆和绝缘导线。

2）按机械强度要求，控制电缆或绝缘导线的芯线最小截面积：强电控制回路应不小于 $1.5mm^2$；弱电控制回路应不小于 $0.5mm^2$。

3）在绝缘导线可能受到油侵蚀的地方，应采用耐油绝缘导线。

4）安装在干燥房间里的配电屏、开关柜等的二次回路可采用无护层的绝缘导线，在表面经防腐处理的金属屏上直敷布线。

5）当控制电缆的敷设长度超过制造长度，或由于配电屏的迁移而使原有电缆长度不够，或更换电缆的故障段时，可用焊接法连接电缆（在连接处应装设连接盒），也可用其他屏上的接线端子来连接。

6）控制电缆应选用多芯电缆，并力求减少电缆根数。

7）接到端子和设备上的电缆芯和绝缘导线，应有标志，并避免跳、合闸回路靠近正电源。

8）对双重化保护的电流回路、电压回路、直流电源回路、双套跳闸线圈的控制回路等，两套系统不宜合用同一根多芯电缆。

9）在采用静态保护时还应符合采用抗干扰措施。

（4）母线保护的装设遵循原则：

1）对发电厂和变电站的 35～110kV 电压的母线，在下列情况下应装设专用的母线保护：

a. 110kV 双母线。

b. 110kV 单母线，重要发电厂或 110kV 以上重要变电站的 35～66kV 母线，需要快速切除母线上的故障时。

c. 35～66kV 电网中，主要变电站的 35～66kV 双母线或分段单母线需快速而有选择地切除一段或一组母线上故障，以保证系统安全稳定运行和可靠供电时。

2）对 220～500kV 母线，应装设能快速有选择地切除故障的母线保护。对 1 个半断路器接线，每组母线宜装设两套母线保护。

3）对于发电厂和主要变电站的 3～10kV 分段母线及并列运行的双母线，一般可由发电机和变压器的后备保护实现对母线的保护。在下列情况下，应装设专用母线保护：

a. 需快速而有选择地切除一段或一组母线上的故障，以保证发电厂及电力网安全运行和重要负荷的可靠供电时。

b. 当线路断路器不允许切除线路电抗器前的短路时。

（5）自动重合闸方式的选定应考虑因素：

根据电网结构、系统稳定要求、电力设备承受能力和继电保护可靠性，合理地选定自动重合闸方式。

1）对于 220kV 线路，当同一送电截面的同线电压及高一级电压的并联回路数等于及大于 4 回时，选用一侧检查线路无电压，另一侧检查线路与母线电压同步的三相重合闸方式（由运行方式部门规定哪一侧检电压先重合，但大型电厂的出线侧应选用检同步重合闸）。三相重合闸时间整定为 10s 左右。

2）330、500kV 及并联回路数等于及小于 3 回的 220kV 线路，采用单相重合闸方式。单相重合闸的时间由调度运行部门选定（一般约为 1s 左右），并且不宜随运行方式变化而改变。

3）带地区电源的主网终端线路，一般选用解列三相重合闸（主网侧检线路无电压重合）方式，也可以选用综合重合闸方式，并利用简单的选相元件及保护方式实现；不带地区电源的主网终端线路，一般选用三相重合闸方式，重合闸时间配合继电保护动作时间而整定。

4）110kV 及以下电网均采用三相重合闸。自动重合闸方式的选定：

a. 单侧电源线路选用一般重合闸方式。如保护采用前加速方式，为补救相邻线路速动段保护的无选择性动作，则宜选用顺序重合闸方式。当断路器断流容量允许时，单侧电源终端线路也可采用两次重合闸方式。

b. 双侧电源线路选用一侧检无压，另一侧检同步重合闸方式，也可酌情选用下列重合闸方式：①带地区电源的主网终端线路，宜选用解列重合闸方式，终端线路发生故障，在地区电源解列后，主网侧检无压重合；②双侧电源单回线路也可选用解列重合闸方式。

5）发电厂的送出线路，宜选用系统侧检无压重合、电厂侧检同步重合或停用重合闸的方式。

二、继电保护反措要求

根据国家能源局《防止电力生产事故的二十五项重点要求》（国能安全〔2014〕161

号）（简称《二十五项反措》）要求，100MW以上的发电机-变压器组保护必须按双重化配置。同时还对发电机-变压器组其他保护做出了具体规定和要求。

1. 保护双重化的基本要求

（1）同一元件的两套主保护分别安装于不同的盘柜；

（2）两套主保护的电流分别取自电流互感器不同的二次绕组；

（3）两套主保护的直流电源须取自不同的直流母线；

（4）每套主保护必须设置各自独立的跳闸出口，动作于断路器不同的跳闸线圈；

（5）保护装置的操作箱、断路器控制回路及跳闸线圈须按双重化的原则设置，两组跳闸回路的控制电源取自不同的直流母线。

2. 对保护运行、原理和回路的基本要求

（1）对采用基波零序和三次谐波原理的发电机定子接地保护，其基波零序保护投跳闸，三次谐波投信号。

（2）为防止正常解列时，发电机-变压器组出口断路器一相或两相断不开给发电机造成损坏，要求发变组保护启动失灵保护须经零序、负序电流判别。

（3）发电机失磁保护若采取电压闭锁，其电压须取自发电机机端电压互感器二次电压。

3. 直流熔断器的配置原则

直流熔断器配置的基本要求是：①消除寄生回路；②增强保护功能的冗余度。

直流熔断器的配置原则如下：

（1）信号回路由专用熔断器供电，不得与其他回路混用。

（2）对由一组保护装置控制多组断路器（如母线差动保护、变压器差动保护、发电机差动保护、线路横联差动保护、断路器失灵保护等）和各种双断路器的变电站接线方式，应注意：①每一断路器的操作回路应分别由专用的直流熔断器供电；②保护装置的直流回路由另一组直流熔断器供电。

（3）有两组跳闸线圈的断路器，其每一跳闸回路应分别由专用的直流熔断器供电。

（4）有两套纵联保护的线路，每一套纵联保护的直流回路应分别由专用的直流熔断器供电；后备保护的直流回路既可由另一组专用直流熔断器供电，也可适当地分配到前两组直流供电回路中。

（5）采用近后备原则，只有一套纵联保护和一套后备保护的线路，纵联保护与后备保护的直流回路应分别由专用的直流熔断器供电。

4. 接到同一熔断器的几组继电保护直流回路的接线原则

（1）每一套独立的保护装置，均应有专用于直接接到直流熔断器正负极电源的专用端子对，这一套保护的全部直流回路（包括跳闸出口继电的线圈回路），都必须且只能从这一对专用端子取得直流正、负电源。

（2）不允许一套独立保护的任一回路（包括跳闸继电器）接到由另一套独立保护的专用端子对引入的直流正、负电源上。

（3）如果一套独立保护的继电器及回路分装在不同的保护屏上，同样也必须只能由同一专用端子对取得直流正、负电源。

（4）由不同熔断器供电或不同专用端子对供电的两套保护装置的直流逻辑回路间不允许有任何电的联系，如有需要，必须经空触点输出。主要是防止在断开某回路的一个接线端子时，造成寄生回路而引起保护装置误跳闸。

5. 继电保护二次回路接地要求

继电保护二次回路接地时，除了安全要求外，在有电连通的几台电流互感器或电压互感器的二次回路上，必须只能通过一点接于接地网。因为一个变电站的接地网并非实际的等电位面，因而在不同点间会出现电位差。当大的接地电流注入地网时，各点间可能有较大的电位差值。如果一个电连通的回路在变电站的不同点同时接地，地网上的电位差将窜入这个连通的回路，有时还造成不应有的分流。在有的情况下，可能将这个在一次系统并不存在的电压引入继电保护的检测回路中，或因分流而引起保护装置在故障过程中的拒动或误动。故继电保护二次回路接地要求如下：

（1）几台电流互感器的二次电流回路并联后，接到保护装置的差动电流或者和电流回路中。此时，所有的二次电流回路必须只能在并联处的公共点一点接地。

（2）在同一变电站中，常常有几台同一电压等级的电压互感器。常用的一种二次回路接线设计，是把它们所有由中性点引来的中性线引入控制室，并接到同一零相电压小母线上，然后分别向各控制、保护屏配出二次电压中性线。对于这种设计方案，在整个二次回路上，只能选择在控制室将零相电压小母线的一点接到地网。

6. 保护二次回路电压切换反措要求

（1）用隔离开关辅助触点控制的电压切换继电器，应有一副电压切换继电器触点作监视用；不得在运行中维护隔离开关辅助触点。

（2）检查并保证在切换过程中，不会产生电压互感器二次反充电。

（3）手动进行电压切换的，应有专用的运行规程，并由运行人员执行。

（4）用隔离开关辅助触点控制的切换继电器，应同时控制可能误动作保护的正电源，有处理切换继电器同时动作与同时不动作等异常情况的专用运行规程。

7. 整组试验反措要求

只能用整组试验的方法，即除由电流及电压端子通入与故障情况相符的模拟故障量外，保护装置处于与投入运行完全相同的状态下，检查保护回路及整定值的正确性。

不允许用卡继电器触点、短路触点或类似人为手段做保护装置的整组试验。

8. 保护装置本体抗干扰措施

（1）保护装置的箱体必须经试验确证可靠接地。

（2）所有隔离变压器（如电压、电流、直流逆变电源、导引线保护等采用的隔离变压器）的一次、二次绕组间必须有良好的屏蔽层，屏蔽层应在保护屏可靠接地。

（3）外部引入至集成电路型或微机型保护装置的空触点，进入保护后应经光电隔离。

（4）晶体管型、集成电路型、微机型保护装置只能以空触点或光耦输出。

9. 二次回路抗干扰措施

（1）在电缆敷设时，应充分利用自然屏蔽物的屏蔽作用。必要时，可与保护用电缆平行设置专用屏蔽线。

（2）采用铠装铅包电缆或屏蔽电缆，且屏蔽层在两端接地。

（3）强电和弱电回路不得合用同一根电缆。

（4）保护用电缆与电力电缆不应同层敷设。

（5）保护用电缆敷设路径应尽可能离开高压母线及高频暂态电流的入地点，如避雷器和避雷针的接地点，以及并联电容器、电容式电压互感器、结合电容及电容式套管等设备。

第三节　继电保护的基本原理

一、继电保护原理

为了完成继电保护所担负的任务，显然应该要求它能够正确地区分系统正常运行与发生故障或异常运行状态之间的差别，以实现保护。

继电保护的基本原理是利用被保护线路或设备故障前后某些突变的物理量为信息量，当突变量达到一定值时，启动逻辑控制环节，发出相应的跳闸脉冲或信号。

1. 利用基本电气参数的变化

发生短路后，利用电流、电压，线路测量阻抗等的变化，可以构成如下保护：

（1）过电流保护。过电流保护时反应电流的增大而动作，如图 1-1 所示，若在单侧电源线路 BC 段上发生短路，则从电源到短路点 k 之间将流过短路电流 I_k，使保护 2 反应短路电流而动作于跳闸。

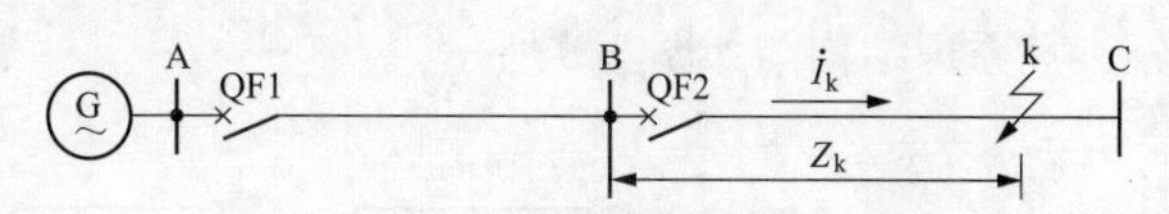

图 1-1　单侧电源线路过电流保护示意图

（2）低电压保护。反应电压降低而动作，如图 1-1 所示，若在短路点 k 发生三相金属性短路，则短路点电压 U_k 降到零，各变电站母线上的电压均有所降低，可使保护 2 反应电压降低而动作。

（3）距离保护。反应短路点到保护安装处之间的距离（或测量阻抗的降低）而动作。以图 1-1 为例，设在短路点发生三相金属性短路，以 Z_k 表示短路点到保护 2 安装处之间的阻抗，则 B 母线上的残余电压 $U_{B.res}=I_kZ_k$。此时保护安装处测量到的电流 $I_m=I_k$、电压 $U_m=U_k$。若电流、电压互感器变比为 1，则测量阻抗 $Z_m=U_m/I_m$，即 $Z_m=Z_k$ 就是保护安装处到短路点的阻抗，它的大小正比于短路点到保护 2 之间的距离。

2. 利用内部故障与外部故障时被保护线路两侧电流相位的差别

如图 1-2 所示双电源线路，按习惯规定电流正方时从母线流向线路，分析线路 AB 正常运行、外部故障及内部故障的情况。

正常运行时，A、B 两侧电流的大小相等，相位差 180°；当线路 AB 外部短路时，A、B 两侧电流大小仍相等，相位差 180°，当 AB 线路内部短路时，A、B 两侧电流一般大小不相等，在理想条件下，两侧电流相位差为 0°，即同相位。从而可利用电气元件在内部短

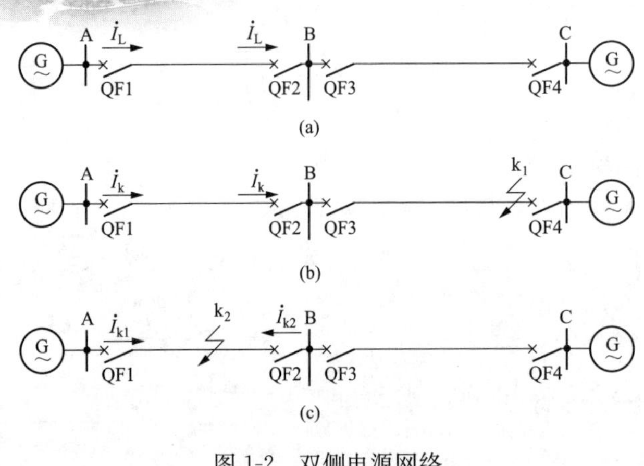

图 1-2　双侧电源网络

(a) 正常运行情况；(b) 外部短路情况；(c) 内部短路情况

路、外部短路及正常运行的情况下，两侧电流的相位或功率方向的差别可以构成各种差动原理保护。

3. 利用对称分量变化

电气元件在正常对称运行时，负序分量和零序分量为零或分小，但在发生不对称短路时，一般负序分量较大，接地短路时负序和零负序分量较大。因此，根据序分量地变化可以构成负序保护和零序保护。也可以利用正序分量地突变量反应各种短路故障。

4. 反应非电气量保护

反应变压器油箱内部故障时所产生的气味而构成瓦斯保护；反应于温度变化而构成过负荷保护等。

二、继电保护装置的组成

继电保护装置一般情况下，都是由三个部分组成，即测量部分、逻辑部分和执行部分，其原理结构图如图 1-3 所示。

图 1-3　继电保护装置的原理结构图

1. 测量部分

测量部分是测量从被保护对象输入的有关电气量，并与给定的整定值进行比较，根据比较的结果，给出“是”与“非”，“大于”与“不大于”，等于“0”与或“1”性质的一组逻辑信号，从而判断保护是否应该启动。

2. 逻辑部分

逻辑部分是根据测量部分各输出量的大小、性质、输出的逻辑状态、出现的顺序或它们的组合，使保护装置按一定的逻辑关系工作，然后确定是否应该使短路跳闸或发出信号，并将有关命令传给执行部分。继电保护中常用的逻辑回路由“或”“与”“否”“延时启动”“延时返回”以及“记忆”等回路。

3. 执行部分

执行部分是根据逻辑部分传送的信号，最后完成保护装置所担负的任务。如故障时，动作于跳闸，异常运行时，发出信号；正常运行时，不动作等。

三、继电保护的分类

（1）按被保护的对象分类：输电线路保护、发电机保护、变压器保护、电动机保护、母线保护等。

（2）按保护原理分类：电流保护、电压保护、距离保护、差动保护、方向保护、零序保护等。

（3）按保护所反应故障类型分类：相间短路保护、接地故障保护、匝间短路保护、断线保护、失步保护、失磁保护及过励磁保护等。

（4）按继电保护装置的实现技术分类：机电型保护（如电磁型保护和感应型保护）、整流型保护、晶体管型保护、集成电路型保护及微机型保护等。

（5）按保护所起的作用分类：主保护、后备保护、辅助保护等。

1）主保护——满足系统稳定和设备安全要求，能以最快速度有选择地切除被保护设备和线路故障的保护。

2）后备保护——主保护或断路器拒动时用来切除故障的保护。又分为远后备保护和近后备保护两种。

a. 远后备保护：当主保护或断路器拒动时，由相邻电力设备或线路的保护来实现的后备保护。

b. 近后备保护：当主保护拒动时，由本电力设备或线路的另一套保护来实现后备的保护；当断路器拒动时，由断路器失灵保护来实现后备保护。

3）辅助保护——为补充主保护和后备保护的性能或当主保护和后备保护退出运行而增设的简单保护。

思考题

1. 继电保护装置作用是什么？
2. 什么是主保护、后备保护、辅助保护？
3. 继电保护装置的“四性”是什么？
4. 什么是定时限过电流保护？
5. 装设母线保护的基本原则是什么？
6. 电力系统故障类型及不正常运行状态有哪些？

第二章

发电机-变压器组保护

第一节　发电机-变压器组保护的基本配置

一、保护配置原则

大机组造价昂贵，发生故障将造成巨大损失。考虑大机组总体配置时，比较强调最大限度地保证机组安全、最大限度地缩小故障破坏范围，对某些异常工况采用自动处理装置。

大机组单机容量大，故障跳闸会对系统产生严重的影响，所以配置保护时着眼点不仅限于机组本身，而且要从保障整个系统安全运行综合来考虑，尽可能避免不必要的突然停机。

发电机-变压器组、高压厂用变压器和启动备用变压器采用要求选择可靠性、灵敏性、选择性和快速性好的微机型保护装置，还要求在继电保护的总体配置上尽量做到完善、合理，并力求避免烦琐、复杂。

600W 发电机组的配置原则应该以能可靠地检测出发电机可能发生的故障及不正常运行状态为前提，同时，在继电保护装置部分退出运行时，应不影响机组的安全运行。在对故障进行处理时，应保证满足机组和系统两方面的要求，因此，主保护应双重化。

关于后备保护，发电机、变压器已有双重主保护甚至已超双重化配置，本身对后备保护已不做要求，高压主母线和超高压线路主保护也都实现了双重化，并设置了断路器失灵保护，因此，可只设简单的保护来作为相邻母线和线路的短路后备，对于大型机组继电保护的配置原则是：加强主保护（双重化配置），简化后备保护。

继电保护双重化配置的原则是：两套独立的电流互感器、电压互感器检测元件，两套独立的保护装置，两套独立的开关跳闸机构，两套独立的控制电缆，两套独立的直流电源（蓄电池）供电，以形成 100％冗余。

二、保护配置特点

双主双后，即双套主保护、双套后备保护、双套异常运行保护的配置方案。其思想是将主设备（发电机或主变压器、厂用变压器）的全套电量保护集成在一套装置中，主保护和后备保护共用一组电流互感器。

配置两套完整的电气量保护，每套保护装置采用不同组电流互感器、电压互感器，均有独立的出口跳闸回路。配置一套非电量保护，出口跳闸回路完全独立。

发电机差动保护，主变压器差动保护，厂用变压器差动保护电流互感器保护区相互交叉衔接，防止出现保护死区，所有差动保护用电流互感器采用5P20级次。

为防止短路电流衰减导致后备保护拒动，发电机采用带记忆的复合电压闭锁过流保护作为后备保护。

主变压器后备保护采用复合电压闭锁过流保护，为保证保护对各侧母线有足够灵敏度，应采用低压侧复合电压闭锁。

励磁变压器处于发电机差动保护范围内，其电流互感器电流不接入发电机差动回路，在发电机差动定值整定中考虑扣除。

发动机-变压器组、高压厂用变压器和启动备用变压器保护的出口继电器采用手动复归型，保护装置动作后闭锁相关断路器的合闸回路，必须手动复归后才能进行合闸操作。

在发电机非电量保护中设置发电机灭磁开关联跳保护，作用于发电机全停。

励磁回路过负荷保护安装于晶闸管交流侧，即励磁变压器低压侧。

高压厂用变压器低压侧采用中性点经低阻接地方式，因此装设高压厂用变压器低压侧零序过流保护，并注意根据接地电流的大小校验保护的灵敏度。

高压厂用变压器的过流保护不启动厂用电源的快速切换。

三、发电机保护配置

1. 发电机可能发生的故障

定子绕组相间短路，定子绕组一相匝间短路，定子绕组一相绝缘破坏引起的单相接地，转子绕组（励磁回路）接地，转子励磁回路低励（励磁电流低于静稳极限所对应的励磁电流）、失去励磁。

2. 发电机主要不正常工作状态

主要的不正常工作状态：过负荷，定子绕组过电流，定子绕组过电压，三相电流不对称，失步，逆功率，过励磁，断路器断口闪络，非全相运行等。

3. 发电机应配置的保护及作用

（1）纵联差动保护，为定子绕组及其引出线的相间短路保护。

（2）横联差动保护，为定子绕组一相匝间短路保护。只有当一相定子绕组有两个及以上并联分支而构成两个或三个中性点引出端时，才装设该种保护。

（3）单相接地保护，为发电机定子绕组的单相接地保护。

（4）励磁回路接地保护，为励磁回路的接地故障保护，分为一点接地保护和两点接地保护两种。水轮发电机都装设一点接地保护，动作于信号，而不装设两点接地保护。中小型汽轮发电机，当检查出励磁回路一点接地后再投入两点接地保护，大型汽轮发电机应装设一点接地保护。

（5）低励、失磁保护，为防止大型发电机低励（励磁电流低于静稳极限所对应的励磁电流）或失去励磁（励磁电流为零）后，从系统中吸收大量无功功率而对系统产生不利影响，100MW及以上容量的发电机都装设这种保护。

（6）过负荷保护，发电机长时间超过额定负荷运行时作用于信号的保护。中小型发电机只装设定子过负荷保护；大型发电机应分别装设定子过负荷和励磁绕组过负荷保护。

(7) 定子绕组过电流保护，当发电机纵差保护范围外发生短路，而短路元件的保护或断路器拒绝动作，为了可靠切除故障，则应装设反应外部短路的过电流保护。这种保护兼作纵差保护的后备保护。

(8) 定子绕组过电压保护，中小型汽轮发电机通常不装设过电压保护。水轮发电机和大型汽轮发电机都装设过电压保护，以切除突然甩去全部负荷后引起定子绕组过电压。

(9) 负序电流保护，电力系统发生不对称短路或者三相负荷不对称（如电气机车、电弧炉等单相负荷的比重太大）时，发电机定子绕组中就有负序电流。该负序电流产生反向旋转磁场，相对于转子为两倍同步转速，因此在转子中出现100Hz的倍频电流，它会使转子端部、护环内表面等电流密度很大的部位过热，造成转子的局部灼伤，因此应装设负序电流保护。中小型发电机多装设负序定时限电流保护；大型发电机多装设负序反时限电流保护，其动作时限完全由发电机转子承受负序发热的能力决定，不考虑与系统保护配合。

(10) 失步保护，大型发电机应装设反应系统振荡过程的失步保护。中小型发电机都不装设失步保护，当系统发生振荡时，由运行人员判断，根据情况用人工增加励磁电流、增加或减少原动机出力、局部解列等方法来处理。

(11) 逆功率保护，当汽轮机主汽门误关闭，或机炉保护动作关闭主汽门而发电机出口断路器未跳闸时，发电机失去原动力变成电动机运行，从电力系统吸收有功功率。这种工况对发电机并无危险，但由于鼓风损失，汽轮机尾部叶片有可能过热而造成汽轮机事故，故大型机组要装设用逆功率继电器构成的逆功率保护，用于保护汽轮机。

四、变压器保护配置

1. 变压器可能发生的故障

变压器的故障可分为内部故障和外部故障两种。变压器内部故障系指变压器油箱里面发生的各种故障，其主要类型有：各相绕组之间发生的相间短路，单相绕组部分线匝之间发生的匝间短路，单相绕组或引出线通过外壳发生的单相接地故障等。变压器外部故障系指变压器油箱外部绝缘套管及其引出线上发生的各种故障，其主要类型有：绝缘套管闪络或破碎而发生的单相接地（通过外壳）短路，引出线之间发生的相间故障等。

2. 变压器主要不正常工作状态

变压器的不正常工作状态主要包括：由于外部短路或过负荷引起的过电流，油箱漏油造成的油面降低，变压器中性点电压升高，由于外加电压过高或频率降低引起的过励磁等。

3. 应配置保护及作用

(1) 瓦斯保护：预防变压器油箱内部各种短路故障和油面降低。

(2) 差动保护：预防变压器绕组和引出线多相短路、大接地电流系统侧绕组和引出线的单相接地短路及绕组匝间短路的（纵联）差动保护或电流速断保护。

(3) 电流速断保护：预防变压器绕组和引出线多相短路、大接地电流系统侧绕组和引出线的单相接地短路及绕组匝间短路。

(4) 复压过电流保护：预防变压器外部相间短路并作为瓦斯保护和差动保护的后备

保护。

（5）零序电流保护：预防大接地电流系统中变压器外部接地短路。

（6）过负荷保护：预防变压器对称过负荷。

（7）过励磁保护：预防变压器过励磁。

4. 非电气量保护

（1）主变压器瓦斯保护。

（2）主变压器压力释放保护。

（3）主变压器冷却器故障。

（4）主变压器绕组温度高。

（5）励磁变压器温度高。

（6）高压厂用变压器瓦斯保护。

（7）高压厂用变压器压力释放保护。

（8）高压厂用变压器冷却器故障。

（9）高压厂用变压器油温高。

第二节　发电机-变压器组各保护的主要功能和技术要求

发电机-变压器组保护的主要功能是保护包括发电机、封闭母线、主变压器、励磁系统及高压厂用变压器在内的一次设备等。目前，发电机-变压器组保护以微机型保护为主，主要优点是性能稳定，动作速度快。整定较方便，同时，简化了调试和试验。微机保护装置自身具有自动检测功能，当装置自检出内部元件或逻辑出现问题时，能够发出装置故障信号，并立即闭锁保护装置，防止装置误动。微机保护装置还具有自复位功能，当软件工作不正常时能通过自复位电路自动恢复正常工作。

一、差动保护

（1）发电机定子绕组发生相间短路若不及时切除，将烧毁整个发电机组，引起极为严重的后果，必须有两套以上的快速保护反应此类故障。对于相间短路，国内外均装设纵联差动保护装置，瞬时动作于全停。

差动保护是发电机、变压器的主保护。一般发电机-变压器组设置下列差动保护：

1）发电机差动保护：保护发电机定子绕组及其引出线的相间短路故障；

2）主变压器差动保护：保护主变压器绕组、封母及其引出线的相间短路故障；

3）厂用变压器差动保护：保护厂用变压器绕组及其引出线的相间短路故障。

（2）各差动保护均具有以下主要功能及技术要求：

1）采用比率制动的原理，能可靠防止区外故障时保护装置误动；

2）具有电流互感器断线判别功能，并能闭锁差动或报警，当电流大于额定电流时应自动解除闭锁并可动作出口跳闸，同时发出断线信号；

3）为防止由于故障电流过大时，电流互感器饱和导致差动保护拒动，在差动保护中装设有差动电流速断保护，能够有效保证在区内发生各种短路故障时，保护装置可靠动作；

4）由于各侧电流互感器的变比和接线方式可能不同，有平衡差动保护各侧电流幅值和电流相位角的功能；

5）对于变压器的差动保护有涌流闭锁功能；

6）动作时间（2倍整定电流时）不大于30ms。

二、定子绕组匝间短路保护

单机容量的增大，汽轮发电机轴向长度与直径之比明显加大，这将使机组运行中振动加剧，匝间绝缘磨损加快，有时还可能引起冷却系统的故障，因此最好装设灵敏的匝间短路保护。因为冲击电压波沿定子绕组的分布是不均匀的，波头越陡，分布越不均匀，一个波头为3μs的冲击波，在绕组的第一个匝间可能承受全部冲击电压的25%，因此由机端进入发电机的冲击波，有可能首先在定子绕组的始端发生匝间短路，鉴于此，大型机组均在机端装设三相对地的平波电容和氧化锌避雷器，即使这样也不能完全排除冲击过电压造成的匝间绝缘损坏，最好还能装设匝间短路保护。

发电机定子绕组发生匝间短路会在短路环内产生很大电流。由于工作原理不同，发电机纵差保护将不能反应。目前为止，反应发电机定子匝间短路的保护有：单元件横差保护、负序功率方向保护纵向零序电压保护和转子二次谐波电流保护。大型发电机组由于技术上和经济上的考虑，三相绕组中性点侧只引出三个端子，没有条件装设高灵敏横差保护。负序功率方向保护的灵敏度受系统和发电机负序电抗变化影响较大；纵向零序电压保护需要单独装设全绝缘的电压互感器，容易受电压互感器断线等的影响，误动率高；转子二次谐波电流保护必须增设负序功率方向闭锁，整定计算复杂。这几类匝间保护运行效果很差（误动情况严重），因而其应用都受到了限制。

三、定子单相接地保护

定子绕组的单相接地（定子绕组与铁芯间的绝缘破坏）是发电机最常见的一种故障，定子故障接地电流超过一定值就可能造成发电机定子铁芯烧坏，而且发电机单相接地故障往往是相间或匝间短路的先兆，大型发电机在系统中的地位重要，铁芯制造工艺复杂、造价昂贵，检修困难，所以对大型发电机的定子接地电流大小和保护性能均提出了严格的要求。

在我国，为了确保大型发电机的安全，不使单相接地故障发展成相间故障或匝间短路，使单相接地故障处不产生电弧或者使接地电弧瞬间熄灭，这个不产生电弧的最大接地电流被定义为发电机单相接地的安全电流。其值与发电机额定电压有关，18kV及以上发电机接地电流允许值为1A。

发电机的中性点接地方式与定子接地保护的构成密切相关，同时中性点接地方式与单相接地故障电流、定子绕组过电压等问题有关。大型发电机中性点接地方式和定子接地保护应该满足三个基本要求，即

1）故障点电流不应超过安全电流，否则保护应动作于跳闸。

2）保护动作区覆盖整个定子绕组，有100%保护区，保护区内任一点接地故障应有足够高的灵敏度。

3）暂态过电压数值较小，不威胁发电机的安全运行。

大型发电机中性点采用何种接地方式，国内一直存在着是采用消弧线圈还是采用高阻接地争议。建议采用消弧线圈接地者，认为可以将接地电流限制在安全接地电流以下，熄灭电弧防止故障发展，从而可以争取时间使发电机负荷平稳转移后停机，减小对电网的冲击。而实际上我国就曾有过发电机接地电流虽小于安全电流，长时间运行最终还是发展成相间短路的教训。

中性点经配电变压器高阻接地方式是国际上与变压器接成单元的大中型发电机中性点采用最广泛的一种接地方式，设计发电机中性点经配电变压器接地，主要是为了降低发电机定子绕组的过电压（不超过2.6倍的额定相电压），极大地减少发生谐振的可能性，保护发电机的绝缘不受损。但是发电机单相容量的增大，一般使三相定子绕组对地电容增加，相应的单相接地电容电流也增大。另外，发电机中性点经配电变压器高阻接地必然导致单相接地故障电流的增大，其数值美国、日本、法国、瑞士等国以控制在15A以下为标准，这些国家认为在此电流下持续5～10min，定子铁芯只受轻微损伤。为保证大型发电机的安全，中性点经配电变压器高阻接地的660MW机组必须使定子接地保护动作于发电机故障停机。

（1）保护发电机定子绕组的单相接地故障，保护装置根据发电机中性点经配电变压器接地的方式，由下列保护方式构成：

1）基波零序电压接地保护装置：整定范围一般为发电机定子绕组的85%，动作后跳闸；

2）三次谐波电压接地保护装置：整定范围一般为发电机定子绕组的15%～20%，动作后发信号。

（2）上述保护装置均应具有以下主要功能和技术要求：

1）作用于跳闸的基波零序电压一般取自发电机中性点，如取自发电机机端，应具有TV断线闭锁功能。由于主变压器高压侧及厂用6kV侧发生单相接地时，将影响到基波零序电压保护，因此，基波零序的保护定值应与主变压器高压侧零序保护和厂用6kV侧单相接地保护定值配合；

2）三次谐波电压应能通过参数监视功能提供整定依据；

3）固有延时不大于70ms。

四、发电机失磁保护

发电机低励（表示发电机的励磁电流低于静稳极限所对应的励磁电流）或失磁，是常见的故障形式。发电机低励或失磁后，将过渡到异步发电机运行状态，转子出现转差，定子电流增大，定子电压下降，有功功率下降，无功功率反向并且增大；在转子回路中出现差频电流；电力系统的电压下降及某些电源支路过电流。所有这些电气量的变化，都伴有一定程度的摆动。

（1）对电力系统来说，发电机发生低励或失磁后所产生的危险，主要表现在以下几个方面：

1）低励或失磁的发电机，由发出无功功率转为从电力系统中吸收无功功率，从而使系统出现巨大的无功差额，发电机的容量越大，在低励和失磁时产生的无功缺额越大，如果系统中无功功率储备不足，将使电力系统中邻近的某些点的电压低于允许值，甚至使电力系统因电压崩溃而瓦解。

2）当一台发电机发生低励或失磁后，由于电压下降，电力系统的其他发电机在自动励磁调节器的作用下自动增大无功输出，从而使某些发电机、变压器或线路过电流，其后备保护可能因过流而跳闸，使故障范围扩大。

3）一台发电机低励或失磁后，由于该发电机有功功率的摆动以及系统电压的下降，可能导致相邻的正常运行发电机与系统之间，或电力系统的各部分之间失步，使系统产生振荡，甩掉大量负荷。

（2）对发电机本身来说，低励或失磁产生的不利影响，主要表现在以下几个方面：

1）由于出现转差，在发电机转子回路中出现差频电流。对于直接冷却高利用率的大型机组，其热容量裕度相对降低，转子更容易过热。流过转子表层的差频电流，还可能使转子本体与槽楔、护环的接触面上发生严重的局部过热甚至灼伤。

2）低励或失磁的发电机进入异步运行之后，发电机的等效电抗降低，从电力系统中吸收的无功功率增加。低励或失磁前带的有功功率越大，转差就越大，等效电抗就越小，所吸收的无功功率就越大。在重负荷下失磁后，由于过电流，将使定子过热。

3）对于直接冷却高利用率的大型汽轮发电机，其平均异步转矩的最大值较小，惯性常数也相对降低，转子在纵轴和横轴方面，也呈较明显的不对称。由于这些原因，在重负荷下失磁后，这种发电机的转矩、有功功率要发生剧烈的周期性摆动，将有很大甚至超过额定值的电磁转矩周期性地作用到发电机的轴系上，并通过定子传递到机座上。此时，转差也做周期性变化，其最大值可能达到4%～5%，发电机周期性地严重超速。这些都直接威胁着机组安全。

4）低励或失磁运行时，定子端部漏磁增强，将使端部的部件和边段铁芯过热。

由于发电机低励和失磁对电力系统和发电机本身的上述危害，为保证电力系统和发电机的安全，必须装设低励-失磁保护，以便及时发现低励和失磁故障并采取必要的措施。失磁保护检出失磁故障后，可采取的措施之一，就是迅速把失磁的发电机从电力系统中切除，这是最简单的办法。但是，失磁对电力系统和发电机本身的危害，并不像发电机内部短路那样迅速地表现出来。另一方面，大型汽轮发电机组，突然跳闸会给机组本身及其辅机造成很大的冲击，对电力系统的扰动也会加重。

汽轮发电机组有一定的异步运行能力，因此，汽轮发电机失磁后还可以采取另一种措施，即监视母线电压。当电压低于允许值时，为防止电力系统发生振荡或造成电压崩溃，迅速将发电机切除；当电压高于允许值时，则不应当立即把发电机切除，而是首先采取降低原动机出力等措施，并随即检查造成失磁的原因，予以消除，使机组恢复正常运行，以避免不必要的事故停机。如果在发电机允许的时间内，不能消除造成失磁的原因，则再由保护装置或由操作人员手动停机。在我国电力系统中，就有过多次10～300MW机组失磁之后用上述方法避免事故停机的事例。通过大量研究并试验，证明容量不超过800MW的二极汽轮发电机若失磁机组快速减载到允许水平，只要电网有相应无功储备，可确保电网电压，失磁机组的厂用电保持正常工作的情况，失磁机组可不跳闸，尽快恢复励磁。

应当明白，发电机低励产生的危害比完全失磁更严重，原因是低励时尚有一部分励磁电压，将继续产生剩余同步功率和转矩，在功角0°～360°的整个变化周期中，该剩余功率和转矩时正时负地作用在转轴上，使机组产生强烈的振动，功率振荡幅度加大，对机组和电力系统的影响更严重。此情况下一般失步保护会动作，如果失步保护未动作，出于大机组的安全考虑，应迅速拉开灭磁开关。

发电机失磁保护主要功能和技术要求如下：

1）能检测或预测机组的静稳边界，或检测机组的稳态异步边界及系统的崩溃电压；还能检测不同负荷下各种全失磁和部分失磁。

2）应能防止电力系统振荡时误动，还应防止系统故障、故障切除过程中的误动，并有断线闭锁功能。

3）整定值应与励磁系统的低励限制定值配合。即当发电机进相运行超过额定进相能力时，低励限制先动作，低励限制不起作用时，失磁保护再动作。

4）阻抗整定值允许误差±5%，其他整定值允许误差±2.5%。

5）固有延时不大于70ms。

五、转子接地保护

转子绕组绝缘破坏常见的故障形式有两种：转子绕组匝间短路和励磁回路一点接地。

发电机转子在运输或保存过程中，由于转子内部受潮、铁芯生锈，随后铁锈进入绕组，造成转子绕组主绝缘或匝间绝缘损坏；转子加工过程中的铁屑或其他金属物落入转子，也可能引起转子主绝缘或匝间绝缘的损坏；转子绕组下线时绝缘的损坏或槽内绕组发生位移，也将引发接地或匝间短路；氢内冷转子绕组的铜线匝上，带有开启式的进氢和出氢孔，在启动或停机时，由于转子绕组的活动，部分匝间绝缘垫片发生位移，引起氢气通风孔局部堵塞，使转子绕组局部过热和绝缘损坏；运行中转子滑环上的电流引线的导电螺钉未拧紧，造成螺钉绝缘损坏；电刷粉末沉积在滑环下面的绝缘突出部分，使励磁回路绝缘电阻严重下降。

转子绕组匝间短路多发生在沿槽高方向的上层线匝，对于气体冷却的转子，这种匝间短路不会直接引起严重后果，也无需立即消除缺陷，所以并不要求装设转子绕组匝间短路保护。转子绕组匝间短路的故障处理没有统一的标准，一旦发现这类故障，发电机是否继续运行应综合考虑现有的运行经验、故障的形式和特点、故障发现在机组运行期间或预防性试验中或机组安装时等诸多因素。我国某些电厂根据转子绕组的绝缘状况、机组的振动水平和输出无功功率的减少程度，决定机组是否停机检修。

转子一点接地对汽轮发电机组的影响不大，一般允许继续运行一段时间。发电机组发生一点接地后，转子各部分对地电位发生变化，比较容易诱发两点接地，汽轮发电机一旦发生两点接地，其后果相当严重，由于故障点流过相当大的故障电流而烧伤转子本体；由于部分绕组被短接，励磁绕组中电流增加，可能因过热而烧伤；由于部分绕组被短接，使气隙磁通失去平衡，从而引起振动。励磁回路两点接地，还可使轴系和汽轮机磁化。

励磁回路两点接地，即使保护正确动作，从防止汽缸和大轴磁化方面来看，已为时晚矣。一台 30 万 kW 汽轮发电机，因励磁回路两点接地使大轴和汽缸磁化，为退磁停机需一个月以上，姑且不论检修费用和对国民经济造成的间接损失，仅电能损失就上千万元。励磁回路发生两点接地故障引起的后果非常严重，处理很麻烦。

近年来，大型汽轮发电机装设一点接地保护已属定论，国内外均无异议。但在一点接地保护动作于信号还是动作于跳闸的问题上，存在着不同的看法。主张动作于信号者，则考虑装设两点接地保护；主张动作于停机者，则认为不必再装设两点接地保护，这有利于避免发生汽机磁化。另外，由于目前尚缺少选择性好、灵敏度高、经常投运且运行经验成熟的励磁回路两点接地保护装置，所以也有不装设两点接地保护的意见，进口大型机组很多不装两点接地保护。

ABB 公司的 UNITROL 5000 型励磁系统中带有电桥式转子接地保护装置，他们对转子接地保护的设计思想是：当励磁回路绝缘电阻下降到一定值时报警，当绝缘电阻继续下降至一定值时，保护即动作切除发电机组，以防止发生两点接导致灾难性事故。

保护发电机转子回路一点接地，其主要功能和技术要求如下：

1）转子回路一点接地保护满足无励磁状态下测量要求，返回系数不大于 1.3；

2）转子绕组不同地点发生一点接地时，在同一整定值下，其动作值误差为：当整定值为 1～5kΩ 时允许误差±0.5kΩ，当整定值大于 5kΩ 时允许误差±10%；最小整定范围为 1～20kΩ。

六、相间短路后备保护

（1）发电机定子绕组过流保护。

发电机对称过负荷通常是由于系统中切除电源、生产过程出现短时冲击性负荷、大型电动机自启动、发电机强行励磁、失磁运行、同期操作及振荡等原因引起的。大型发电机定子和转子的材料利用率很高，发电机的热容量与铜损、铁损之比显著下降，因而热时间常数也比较小。从限制定子绕组温升的角度，实际上就是要限制定子绕组电流，所以实际上对称过负荷保护，就是定子绕组对称过流保护。

对于发电机过负荷，既要在电网事故情况下充分发挥发电机的过负荷能力，以对电网起到最大程度的支撑作用，又要在危及发电机安全的情况下及时将发电机解列，防止发电机的损坏。

（2）发电机负序过流保护。

电力系统中发生不对称短路，或三相负荷不对称（如有电气机车、电弧炉等单相负荷）时，将有负序电流流过发电机的定子绕组，并在发电机中产生对转子以两倍同步转速的磁场，从而在转子中产生倍频电流。

汽轮发电机转子由整块钢锻压而成，绕组置于槽中，倍频电流由于集肤效应的作用，主要在转子表面流通，并经转子本体槽楔和阻尼条，在转子的端部附近约10%～30%的区域内沿周向构成闭合回路。这一周向的电流，有很大的数值。这样大的频倍电流流过转子表层时，将在护环与转子本体之间和槽楔与槽壁之间等接触上形成热点，将转子烧伤。倍频电流还将使转子的平均温度升高，使转子挠性槽附近断面较小的部位和槽楔、阻尼环与阻尼条等分流较大的部位，形成局部高温，从而导致转子表层金属材料的强度下降，危及机组的安全。此外，转子本体与护环的温差超过允许限度，将导致护环松脱，造成严重的破坏。

为防止发电机的转子遭受负序电流的损伤，大型汽轮发电机都要求装设比较完善的负序电流保护，因为它保护的对象是发电机转子，是转子表层负序发热的唯一主保护。

1）作为发电机-变压器组主保护的远、近后备保护的相间短路故障保护，装设以下保护装置：

a. 过负荷保护装置，由定时限和反时限两部分特性构成；

b. 负序过负荷保护装置，由定时限和反时限两部分特性构成；

c. 阻抗保护装置，装设在主变压器的高压侧；

d. 励磁变压器，装设过电流保护装置。

2）上述保护装置均具有以下主要功能和技术要求：

a. 保护与差动保护及线路相间后备保护相配合，保证动作的选择性；

b. 反时限特性应能整定，以便与发电机定子或转子表层过热特性近似匹配；

c. 反时限特性的长延时应可整定到1000s；

d. 反时限整个特性应由信号段、反时限段、速动段等三部分组成；

e. 阻抗元件应具有偏移特性，正、反向阻抗均可分别整定；其动作时间应按躲过系统最长振荡周期整定，一般大于1.5s。

七、发电机误上电保护

发电机在盘车过程中，由于出口断路器误合闸，突然加上三相电压，而使发电机异步启动的情况，在国外曾多次出现过，它能在几秒钟内给机组造成损伤。盘车中的发电机突然加电压后，电抗接近 x''_d，并在启动过程中基本上不变。计及升压变压器的电抗 x_t 和系统连接电抗 x_s，并且在 x_s 较小时，流过发电机定绕组的电流可达 3～4 倍额定值，定子电流所建立的旋转磁场，将在转子中产生差频电流，如果不及时切除电源，流过电流的持续时间过长，则在转子上产生的热效应 I_2^2t 将超过允许值，引起转子过热而遭到损坏。此外，突然加速，还可能因润滑油压低而使轴瓦遭受损坏。

因此，对这种突然加电压的异常运行状况，应当有相应的保护装置，以迅速切除电源。对于这种工况，逆功率保护、失磁保护、机端全阻抗保护也能反应，但由于需要设置无延时元件；盘车状态，电压互感器和电流互感器都已退出，限制了其兼作突加电压保护的使用。一般来说，设置专用的误合闸保护比较好，不易出现差错，维护方便。

该保护是防止发电机并网前盘车或启动过程中未到额定转速，没有加励磁时，发电机-变压器组断路器误合闸，造成发电机异步启动。保护应具有以下功能和技术要求：

1）具有鉴别同期并网和误合闸的功能；

2）具有正常并网（解列）后自动退出（投入）运行的功能；

3）整定值允许误差不大于±5%；

4）固有延时不大于70ms。

八、发电机过电压保护

运行实践中，大型汽轮发电机出现危及绝缘安全的过电压是比较常见的现象。当满负荷下突然甩去全部负荷，电枢反应突然消失，由于调速系统和自动调整励磁装置都是由惯性环节组成，转速仍将上涨，励磁电流不能突变，使得发电机电压在短时间内也要上升，如次瞬变电抗是0.2p.u.（标幺值），如果甩掉0.5p.u.无功电流，则立即产生10%的电压升高，任何调节作用都不能减小它。如果没有自动电压调节器，或励磁系统在手动方式运行，恒励磁电流调节，则电压继续上升一直到达由同步电抗所决定的最大值，其值可能达到1.3～1.5倍额定值，持续时间可能达到数秒，甩负荷将导致严重的发电机电压升高。

大型发电机定子铁芯背部存在漏磁场，在这一交变漏磁场中的定位筋（与定子绕组的线棒类似），将感应出电动势。相邻定位筋中的感应电动势存在相位差，并通过定子铁芯构成闭路，流过电流。正常情况下，定子铁芯背部漏磁小，定位筋中的感应电动势也很小，通过定位筋和铁芯的电流也比较小。但是当过电压时，定子铁芯背部漏磁急剧增加，如过电压5%时漏磁场的磁密要增加几倍，从而使定位筋和铁芯中的电流急剧增加，在定位筋附近的硅钢片中的电流密度很大，引起定子铁芯局部发热，甚至会烧伤定子铁芯。过电压越高，时间越长，烧伤就越严重。

发电机出现过电压不仅对定子绕组绝缘带来威胁，同时将使变压器（升压主变压器和厂用变压器）励磁电流剧增，引起变压器的过励磁和过磁通。过励磁可使绝缘因发热而降级，过磁通将使变压器铁芯饱和并在铁芯相邻的导磁体内产生巨大的涡流损失，严重时可因涡流发热使绝缘材料遭永久性损坏。

保护发电机在启动或并网过程中因电压升高而损坏发电机绝缘。其主要功能和技术要求如下：

1）电压整定范围：1.0～1.5倍额定电压；整定值允许误差±2.5%；

2）返回系数不小于0.9；

3）固有延时不大于70ms。

根据电力调度部门的要求，发电机过电压保护一般整定为1.3倍额定电压，动作时间为3s。但一些国外引进的发电机，过电压不允许超过1.2倍额定电压，这种情况下，应视具体情况，合理整定过电压保护定值。

九、发电机失步保护

对于大机组和超高压电力系统，发电机装有快速响应的自动调整励磁装置，并与升变压器组成单元接线，输电网络不断扩大，使发电机与系统的阻抗比例发生了变化。发电机和变压器阻抗值增加了，而系统的等效阻抗值下降了。因此，振荡中心常落在发电机机端或升压变压器范围内。

由于振荡中心落在机端附近，使振荡过程对机组的影响加重了。机端电压周期性地严重下降，这点对大型汽轮发电机的安全运行特别不利。因为机炉的辅机都由接在机端的厂用变压器供电，电压周期性地严重下降，将使厂用机械工作的稳定性遭到破坏，甚至使一些重要电动机制动，导致停机、停炉或主辅设备的损坏。对于直吹式制粉系统的锅炉，由于一次风机转速周期性严重下降，可能导致一次粉管中大量煤粉积沉，锅炉也可能濒临灭火，电压回升后，转速又急剧增长，大量煤粉突然涌入炉膛，可能因此而引起炉膛爆炸。

汽轮机转速的暂态上升，随后失步，汽机超速保护将动作将调速汽门关闭，直到又恢复同步速为止。这样，就使单元制机组的再热器蒸汽流量的迅速改变，随之而来的是主汽压力和温度的瞬变，直流式锅炉的中间段的大幅改变，炉管承受剧烈的热应力。

发电机长时失步运行，将造成电厂整个生产流程扰乱和破坏，可能造成一些无法预见的后果。失步振荡电流的幅值与三相短路电流可比拟，但振荡电流在较长时间内反复出现，使大型发电机组遭受冲击力和热的损伤，在短路伴随振荡的情况下，定子绕组端部先遭受短路电流产生的应力，相继又承受振荡电流产生的应力，使定子绕组端部出现机械损伤的可能性增加。振荡过程中出现的扭转转矩，周期性作用于机组轴系，使大轴扭伤，缩短运行寿命。对于电力系统来说，大机组与系统之间失步，如不能及时和妥善处理，可能扩大到整个电力系统，导致电力系统的崩溃。

由于上述原因，对于大机组，特别是在单机容量所占比例较大的600MW汽轮发电机，需要装设失步保护，用以及时检出失步故障，迅速采取措施，以保障机组和电力系统的安全运行。为了防止发电机失步和电力系统的振荡，发电厂端往往采取一系列的安全稳定措施，如超高速继电保护、重合闸装置、高起始响应励磁调节器和PSS功率稳定器、联锁切机等。需要提到的是，利用DEH的ACC加速度控制快关中压调节汽门功能，将可能避免由于短路故障诱发的失步，可能将不稳定振荡转化为稳定振荡，这对在线稳定机组将大有好处。因此，对于稳定振荡，发电机也没有必要跳闸。当振荡中心落于机端附近时，对于从机端取用励磁电源的自并激励磁方式发电机组将非常不利，失步将导致发电机失磁，使事故来得更为复杂。因此，当检测到振荡中心落在发电机变压器内部时，失步保护应动作于全停。

防止发电机在发生失步时，造成机组受力和热的损伤及厂用电压急剧下降，使厂用机械受到严重威胁，导致停机、停炉严重事故的保护装置。其主要功能和技术要求如下：

1）能检测加速和减速失步；

2）能区分短路故障与失步、机组稳定振荡与失步；

3）具有区分振荡中心在发电机变压器组内部或外部的功能；

4）能记录滑极次数，保护的跳闸可根据滑极次数整定。

十、发电机逆功率保护

汽轮机在其主汽门关闭后，发电机变为同步电动机运行，从电机可逆的观点来看，逆功率运行对发电机毫无影响。但是对于汽轮机，其转子将被发电机拖动保持 3000r/min 高速旋转，叶片将和滞留在汽缸内的蒸汽产生鼓风摩擦，所产生的热量不能为蒸汽所带走，从而使汽轮机的叶片（主要是低压缸和中压缸末级叶片）和排汽端缸温急剧升高，使其过热而损坏，一般规定逆功率运行不得超过 3min。因此大型机组都要求装设逆功率保护，当发生逆功率时，以一定的延时将机组从电网解列。

主汽门关闭后，发电机有功功率下降并变到某一负值，几经摆动之后达到稳态值。发电机的有功损耗，一般约为额定值的 1%～1.5%，而汽轮机的损耗与真空度及其他因素有关，一般约为额定值的 3%～4%，有时还要稍大些。因此，发电机变电动机运行后，从电力系统中吸收的有功功率稳态值约为额定值的 4%～5%，而最大暂态值可达到额定值的 10%左右。当主汽门有一定的漏泄时，实际逆功率还要比上述数值小些。

防止发电机在并列运行时，从电力系统吸收有功功率变为电动机运行而损坏机组，一般设置两套逆功率保护，一套是常规的逆率保护，另一套是程序跳闸专用的逆率保护，用于防止汽轮机主汽门关闭不严而造成飞车危险，当主汽门关闭时用逆功率元件来将机组从电网安全解列。其主要功能和技术要求如下：

1）有功测量原理应与无功大小无关；

2）应具有电压互感器断线闭锁功能；

3）有功整定值允许误差±10%；

4）固有延时（1.2 倍整定值时）不大于 70ms。

十一、发电机频率保护

频率降低对发电机有以下各方面的影响：

频率降低引起转子的转速降低，使两端风扇鼓进的风量降低，其后果是使发电机的冷却条件变坏，各部分的温度升高。

由于发电机的电势和频率磁通成正比，若频率降低，必须增大磁通才能保持电势不变。这就要增加励磁电流，致使发电机转子线圈的温度增加。

频率降低时，为了使机端电压保持不变，就得增加磁通，这就容易使定子铁芯饱和，磁通逸出，使机座的某些结构部件产生局部高温，有的部位甚至冒火星。

低频工况严重威胁厂用电机械的安全，低频导致厂用电动机的转速降低，这可能造成一系列的恶性循环，如给水泵的压力不足，致使锅炉的汽压不足、汽温波动，循环水泵、凝结水泵的出力不足，影响汽机真空等。这一切将影响发电机的出力并直接威胁着发电机甚至整个电厂和系统的安全运行。

一方面由于低频的同时存在系统无功缺额，另一方面由于发电机转速下降，同等励磁条件下机端电压下降，所以低频往往伴随着低电压，严重的低频降可能导致系统频率崩溃或电压崩溃。

当发电机频率低于额定值一定范围时，发电机的输出功率应降低，功率降低一般与频率降低成一定比例，在低频运行时发电机如果发生过负荷，如上所述会导致发电机的热损伤，但限制汽轮发电机组低频运行的决定性因素是汽轮机而不是发电机。

频率异常保护主要用于保护汽轮机，防止汽轮机叶片及其拉筋的断裂事故。汽轮机的叶片，都有一自振频率 f_v，如果发电机运行频率升高或者降低，当 $|f_v - kn| \geqslant 7.5\text{Hz}$ 时叶片将发生谐振，其中 k 为谐振倍率，$k=1, 2, 3, \cdots$，n 为转速（r/min），叶片承受很大的谐振应力，使材料疲劳，达到材料所不允许的限度时，叶片或拉筋就要断裂，造成严重事故。材料的疲劳是一个不可逆的积累过程，所以汽轮机都给出在规定的频率下允许的累计运行时间。

从对汽轮机叶片及其拉筋影响的积累作用方面看，频率升高对汽轮机的安全也是有危险的，所以从这点出发，频率异常保护应当包括反应频率升高的部分。但是，一般汽轮机允许的超速范围比较小；在系统中有功功率过剩时，通过机组的调速系统作用、超速保护，以及必要切除部分机组等措施，可以迅速使频率恢复到额定值；而且频率升高大多数是在轻负荷或空载时发生，此时汽轮机叶片和拉筋所承受的应力，要比低频满载时小得多，所以一般频率异常保护中，不设置反应频率升高的部分，而只包括反应频率下降的部分，并称为低频保护。

保护汽轮机，为防止发电机在频率偏低时，使汽轮机的叶片及其拉筋发生断裂故障的保护。其主要功能和技术要求如下：

1）应根据汽轮机的频率-时间特性，具有按频率分段时间积累功能，时间积累在装置断电时应能保持；

2）发电机停机过程和停机期间应自动闭锁频率异常保护；

3）频率测量范围为 40～65Hz；频率测量允许误差±0.1Hz；时间积累允许误差±1%。

十二、发电机过励磁保护

由于发电机或变压器发生过励磁故障时并非每次都造成设备的明显破坏，往往容易被忽视，但是多次反复过励磁，将因过热而使绝缘老化，降低设备的使用寿命。

发电机和变压器都由铁芯绕组组成，设绕组外加电压为 U，匝数为 W，铁芯截面为 S，磁密为 $\boldsymbol{B}$，则有：$U=4.44fW\boldsymbol{B}S$，因为 W、S 均为定数，故可写成：$\boldsymbol{B}=K\dfrac{U}{f}$，式中 $K=1/4.44WS$，对每一特定的发电机或变压器，K 为定数。由式 $\boldsymbol{B}=K\dfrac{U}{f}$ 可知：电压的升高和频率的降低均可导致磁密 $\boldsymbol{B}$ 的增大。

对于发电机，当过励倍数 $n=\boldsymbol{B}/\boldsymbol{B}_n=\dfrac{U}{U_n}\Big/\dfrac{f}{f_n}=U_*/f_*>1$ 时，要遭受过励磁的危害，主要表现在发电机定子铁芯背部漏磁场增强，在定子铁芯的定位筋中感应电动势，并通过定子铁芯构成闭路，流过电流，不仅造成严重过热，还可能在定位筋和定子铁芯接触面造成火花放电，这对氢冷发电机组十分不利。发电机运行中，可能因以下原因造成过励磁：

（1）发电机与系统并列之前，由于操作错误，误加大励磁电流引起励磁，如由于发电机 TV 断线造成误判断。

（2）发电机启动过程中，发电机随同汽轮机转子低速暖机，若误将电压升至额定值，则因发电机低频运行而导致过励磁。

在切除机组的过程中，主汽门关闭，出口断路器断开，而灭磁开关拒动。此时汽轮机惰走转速下降，自动励磁调节器力求保持机端电压等于额定值，使发电机遭受过励磁。

发电机出口断路器跳闸后，若自动励磁调节装置手动运行或自动失灵，则电压与频率均会升高，但因频率升高较慢引起发电机过励磁。

发电机的允许过励磁倍数一般低于变压器过励磁倍数，更易遭受过励磁的危害，因此，大型发电机需装设性完善的过励磁保护。对于发电机出口装设开关的发电机-变压器组，为了在各种运行方式下二者都不失去保护，发电机和变压器的过励磁保护应分开设置。

防止发电机过励磁的保护装置。即当发电机频率降低或电压升高时，将引起铁芯的工作磁通密度过高而使铁芯过热，使绝缘老化。保护按 U/f 标幺值的比值大于整定值动作的原理构成。其主要功能和技术要求如下：

1）保护装置设有定时限和反时限两个部分，以便和发电机过励磁特性近似匹配；

2）装置适用频率范围 25～65Hz；电压整定范围：1.0～1.5 倍额定电压；

3）过激磁倍数整定值允许误差±2.5%，返回系数不小于 0.95；

4）装置固有延时（1.2 倍整定值时）不大于 70ms；

5）反时限长延时应可整定到 1000s，允许误差不大于±5%。

十三、电流互感器二次断线

电流互感器二次侧开路后，全部一次电流都用于铁芯的磁化，铁芯深度饱和，二次侧要产生要很高的电压，对于大容量发电机组，由于电流大、磁势大，所以开路电压很高，如一台 25 000/5A 的电流互感器，二次开路电压幅值将达 43 000V，这样高的二次电压，如无特殊保护措施，必将损坏互感器二次绕组、二次设备和连接电缆，并危及人身安全。

在实际运行中，电流互感器二次开路事故不能完全杜绝，特别是发电机回路的电流互感器，安装在受振动的环境中，更不能完全消除开路故障。因此，从安全来看应装设断线保护。发生断线故障时，电流互感器断线保护应当能把二次电压限制在允许范围内，以防止设备遭受破坏，同时发出信号。进一步要求，对一些在二次断线后可能误动作的保护，如差动保护和负序电流保护等，能够实现闭锁。

十四、主变压器高压侧零序接地保护

保护主变压器高压绕组单相接地故障，同时也作为线路的后备保护。保护根据变压器运行方式的不同，设置两种保护方案：即零序电流保护、零序电压和间隙过电流保护。

主变压器中性点直接接地运行时，投零序电流保护。由于变压器采用分级绝缘制造，当主变压器中性点经间隙接地运行时，为防止外部单相接地短路时，变压器中性点过电压而损坏变压器，应投入零序电压和间隙过电流保护。

上述保护装置均具有以下主要功能和技术要求：

1）应保证变压器绕组绝缘不受损坏；

2）装置设有多个时限，当发生接地故障时，能有选择性切除故障的变压器；

3）间隙过电流保护中的零序电压取自主变压器高压侧电压互感器的开口三角绕组电压，近端故障时，输入回路额定电压为300V；按整定规程的要求，定值整定为180V、0.5s。以保证当发生单相接地故障时，最先跳开不接地运行的变压器。

4）固有延时（1.2倍整定值时）不大于70ms。

十五、变压器本体保护

变压器的任何形式差动保护都只是电气保护，任何情况下都不能代替反应变压器油箱内部故障的温度、油位、油流、气流等非电气量的本体保护。

变压器本体保护有三个：瓦斯保护（包括本体瓦斯，有载调压瓦斯），压力释放，油温、油位保护。

1. 变压器瓦斯保护

在变压器油箱内常见的故障有绕组匝间或层间绝缘破坏造成的短路，或高压绕组对地绝缘破坏引起的单相接地。变压器油是良好的绝缘和冷却介质，故绝大多数电力变压器都是油浸式的，在油箱内充满着油，油面达到油枕的中部。因此，油箱内发生任何类型的故障或不正常工作状态都会引起箱内油的状态发生变化。发生相间短路或单相接地故障时，故障点由短路电流或接地电容电流造成的电弧温度很高，使附近的变压器油及其他绝缘材料受热分解产生大量气体，并从油箱流向油枕上部。发生绕组的匝间或层间短路时，局部温度升高也会使油的体积膨胀，排出溶解在油内的空气，形成上升的气泡；箱壳出现严重渗漏时，油面会不断下降。

气体继电器具有反映油箱内油、气状态和运行情况的功能，用它构成的瓦斯保护能反应包括纵联差动保护不能反应的轻微故障在内的油箱内的各种故障和不正常工作状态。因此，瓦斯保护作为变压器的主保护之一，被广泛地应用在容量为800kVA及以上的油浸式变压器。

（1）气体继电器的构成和动作原理。

气体继电器是一种反应气体的继电器，安装在油箱与油枕之间连接管的中部。为了使油箱内的气体能顺利通过气体继电器而流向油枕，在安装变压器时，要求其顶盖与水平面间有1%～1.5%的坡度，使安装继电器的连接管有2%～4%的坡度，均朝油枕的方向向上倾斜，如图2-1所示。

目前国内采用的有浮筒挡板式和开口杯挡板式两种结构的气体继电器。其中QJ1-80型气体继电器，用开口杯代替密封浮筒，克服了浮筒渗油的缺点；用干簧触点代替水银触点，提高了抗震性能，是较好的气体继电器，图2-2所示出QJ1-80型气体继电器的结构图。

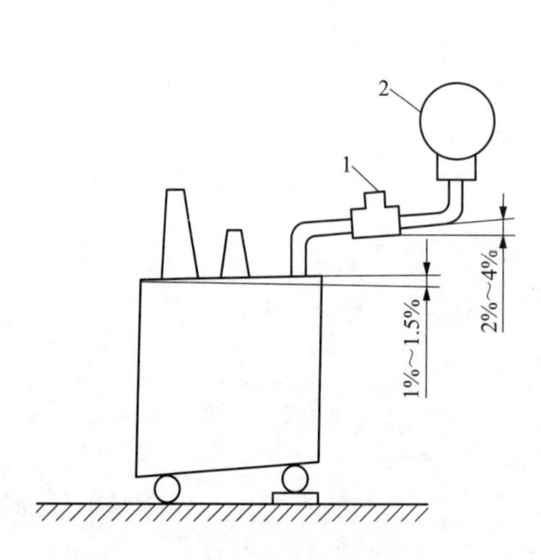

图 2-1 气体继电器的安装示意图

1—气体继电器；2—储油柜

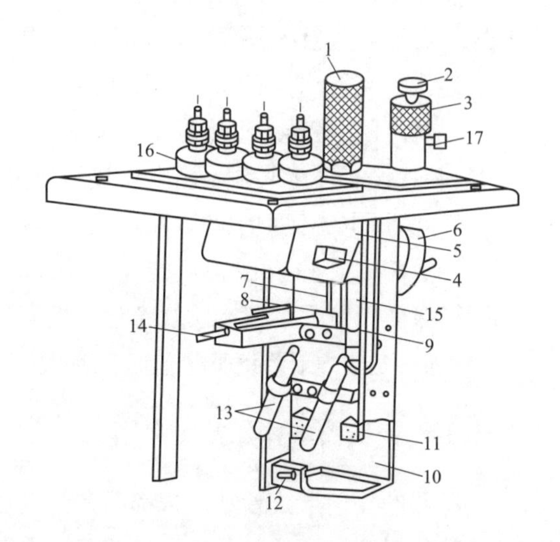

图 2-2 QJ1-80 型气体继电器结构图

1—罩；2—顶针；3—气塞；4—磁铁；5—开口杯
6—重锤；7—探针；8—开口销；9—弹簧；10—挡板
11—磁铁；12—螺杆；13—干簧触点（重瓦斯）；
14—调节杆；15—干簧触点（轻瓦斯）；
16—套管；17—排气口

向上开口的金属杯 5 和重锤 6 固定在它们之间的一个转轴上。正常运行时，继电器及开口杯内都充满了油，开口杯因其自重抵消浮力后的力矩小于重锤自重抵消浮力后的力矩而处在上浮位置，固定在开口杯旁的磁铁 4 位于干簧触点 15 的上方，干簧触点可靠断开，轻瓦斯保护不动作；挡板 10 在弹簧 9 的作用下处在正常位置，磁铁 11 远离干簧触点 13，干簧触点也是断开的，重瓦斯保护也不动作。由于采取了两个干簧触点 13 串联和用弹簧 9 拉住挡板 10 的措施，使重瓦斯保护具有良好的抗震性能。

当变压器内部发生轻微故障时，所产生的少量气体逐渐聚集在继电器的上部，使继电器内的油面缓慢下降，油面降到低于开口杯时，开口杯自重加上杯内油重抵消浮力后的力矩将大于重锤自重抵消浮力后的力矩，使开口杯的位置随着油面下降，磁铁 4 逐渐靠近干簧触点 15，接近到一定程度时触点闭合，发出轻瓦斯动作的信号。

当变压器内部发生严重故障时，所产生的大量气体形成从变压器冲向油枕的强烈气流，带油的气体直接冲击着挡板 10，克服了弹簧 9 的拉力使挡板偏转，磁铁 11 迅速靠近干簧接点 13，触点闭合（即重瓦斯保护动作）启动保护出口继电器，使变压器各侧断路器跳闸。

（2）瓦斯保护的接线。

瓦斯保护的原理接线如图 2-3 所示。气体继电器 KG 的上触点由开口杯控制，闭合后发延时动作信号。KG 的下触点由挡板控制，动作后经信号继电器 KS 启动出口继电器 KCO，使变压器各侧断路器跳闸。

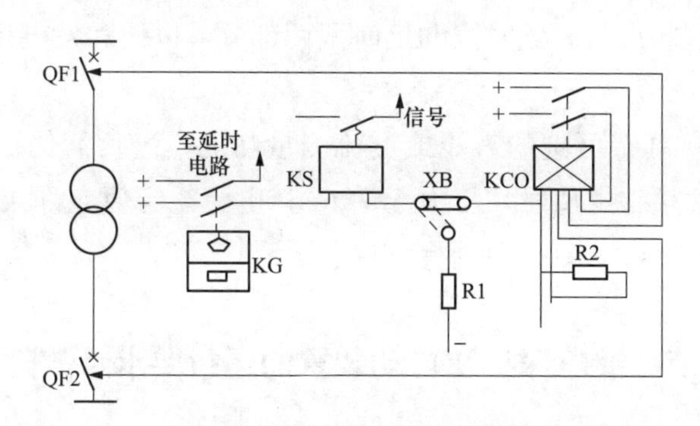

图 2-3 瓦斯保护原理接线图

为了防止变压器油箱内严重故障时油速不稳定，造成重瓦斯触点时通时断而不能可靠跳闸，KCO 采用带自保持电流线圈的中间继电器。为防止瓦斯保护在变压器换油或气体继电器试验时误动作，出口回路设有切换片 XB，将 XB 倒向电阻 R1 侧，可使重瓦斯保护改为只发信号。

2. 变压器冷却器故障保护及变压器油温保护

对于强迫油循环风冷和自然油循环风冷变压器，当变压器冷却器故障时，变压器散热条件急剧恶化，导致变压器油温和绕组、铁芯温度升高，长时间运行会导致变压器各部件过热和变压器油劣化。

规程规定：变压器满载运行时，当全部冷却器退出运行后，允许继续运行时间至少 20min，当油面温度不超过 75℃时，允许上升到 75℃，但变压器切除冷却器后允许继续运行 1h。故变压器冷却器故障保护及变压器油温保护应以此来整定保护动作时间。

3. 油面下降保护

变压器油位下降使液面低于变压器钟罩顶部，变压器上部的引线和铁芯将暴露于空气下，会造成变压器引线闪络，铁芯和绕组过热，造成严重事故。故在应在变压器油位下降到危险液面前发出信号，通知值班员及时处理。

变压器本体内部的瓦斯、温度以及冷却系统故障等，均应设有信号和保护装置。其主要功能和技术要求如下：

1）变压器冷却器的电流启动元件，设有单独的电流继电器，但是，该继电器可装设在主变压器附近的端子箱内；电流整定值允许误差±2.5%；返回系数不小于 0.9；固有延时（1.2 倍整定值时）不大于 70ms。

2）变压器重瓦斯动作于全停出口，但也应能切换到信号；变压器轻瓦斯只动作于信号。

3）变压器的温度测量装置，应能自动启、停冷却系统；当温度过高时应发出信号。

十六、发电机励磁回路过负荷保护

保护励磁回路的过负荷保护，其主要功能和技术要求如下：

1）励磁回路的保护应设有定时限和反时限两部分，以便和发电机励磁绕组过热特性近似匹配；

2）过负荷保护应具有可选的直流或交流测量功能；过负荷保护的返回系数不小于0.95；固有延时（1.2倍整定值时）不大于70ms；电流整定值允许误差±2.5%；反时限长延时应可整定到1000s；反时限延时允许误差±5%。

第三节　继电保护及自动装置的运行要求及故障处理

一、继电保护及自动装置的运行要求

（1）电气设备继电保护及自动装置的投入、退出以及改变定值，按一次设备调度的划分，必须得到中调值班调度员或值长命令由运行人员负责进行。

（2）凡调度管辖的继电保护装置在新投入或经过变更后，运行人员必须和当值调度员进行整定值和有关注意事项的核对，无误后方可投入运行。

（3）在任何情况下，电气设备不允许无保护运行。由于工作需要，在得到中调或值长的允许时，可停止单一保护或一部分保护。

（4）发电机差动保护与发电机-变压器组大差动保护不能同时停用。变压器差动保护和重瓦斯保护不能同时停用。

（5）继电保护有工作时，运行人员应认真按工作票与实际情况要求作好安全隔离措施。凡可能引起保护装置误动的一切工作，运行人员必须采取防止保护装置可能误动或工作人员误动、误碰、误试验运行中设备的有效措施。

（6）在继电保护工作完毕时，运行人员应认真进行验收，如检查拆动的接线、元件、标志是否恢复正常、连接片位置、继电保护记录本所写内容是否清楚等。

（7）在运行中的保护盘上工作要防止较大的振动。进行外部检查时，不准用手拍打继电器，以防保护误动。在继电保护二次回路上带电工作时，除做好防止误动的措施外，还应注意电流互感器二次不能开路，电压互感器二次不能短路。直流系统不能短路或接地。

（8）运行值班人员对动作后的继电保护和自动装置应及时记录动作时间、保护动作指示灯、保护掉牌、信号及光字牌。禁止凭记忆记录。保护掉牌、保护动作指示灯、信号及光字牌在判明情况并得到单元长的同意后复归，重要的保护掉牌、信号及光字牌，应由两人进行复归。掉闸后的断路器，送电前应先复归保护掉牌、保护动作指示灯、信号及光字牌。

（9）禁止运行值班人员装、拆继电器（插件式）、打罩、垫纸、捅触点、拆接线或装、拆微机型继电保护装置插件、模块等，如因工作需要，必须由保护人员进行。

（10）投掉闸连接片前，必须验明连接片一侧带电、一侧无电或两侧均无电方可投入掉闸位置；两侧各带正、负电时严禁投入，必须查明原因，正常后再投入掉闸（有些微机保护的保护连接片作用是启动开入量，投入后模件检测保护投入，此种连

接片两侧分别带正、负电）。掉闸连接片的停、投操作必须由两人执行，认真执行监护制度。

（11）微机保护一般配置有硬连接片和软连接片，软、硬连接片均投入保护才能跳闸，投入保护时均要进行确认，软连接片由微机保护控制字整定，为弱电供电无法验电。

（12）设备在投入运行前应对所属继电保护及二次线、自动装置等进行详细检查，各接头紧固，插件式触点应接触良好，接线正确，信号齐全，设备完整、清洁，微机型继电保护装置交、直流电源正常，电源开关位置正确，各插件无脱出现象，连接片位置及信号正确，传动试验合格。

（13）在同期回路或电压互感器回路上工作后，必须进行同期试验和定相试验。在对自动同期装置进行试验或做其他工作后，必须做假同期试验。

二、继电保护装置的检查及故障处理

（1）对已投入运行的继电保护装置，值班人员要按管理制度规定进行检查，在检查中不得打开继电器外罩或进行其他工作。

（2）检查时要注意继电器完整，各接头紧固，触点不歪、不振动，可动触点不掉下、不犯卡，内部清洁无灰尘、无锈蚀，带电的线圈不过热，保护连接片和小断路器使用正确，继电器不脱轴、不掉牌，各种仪表信号灯指示正确。

（3）微机型继电保护装置应检查交直流电源正常，盘后及面板电源断路器位置正确；各插件完好无脱出现象；面板上各指示灯处于正常运行状态，无告警及保护动作信号；显示器各参数正常；连接片位置正确。

（4）在任何情况下，运行人员禁止操作微机型继电保护装置工控机、键盘、装置插件上的断路器、用于保护调试的按键。

（5）运行中发现继电器线圈冒烟着火时，应立即退出该保护，查明原因消除。

（6）继电器触点脱轴或触点不正，将会引起误动掉闸时，应退出该保护运行，并及时通知保护班人员消除。

（7）保护装置误动掉闸，将该保护退出，通知保护班人员对该保护进行校验，在未查明原因消除之前，不得将该保护投入运行。

（8）微机保护装置的自检功能能及时查出主要芯片及其相关电路的功能故障。若装置硬件故障，装置会自检出故障并发出装置故障信号，或出现运行指示灯不正常、显示器不正常等现象，此时应退出有关模块对应的保护连接片，保留打印数据，记录有关现象，通知有关人员处理。

（9）电源损坏后将引起装置运行不正常，某一保护模块（一套装置）电源异常时，应退出该保护模块（装置）对应的保护连接片；整个保护柜电源异常时，应退出该保护柜动作开关的出口连接片。保护全停要先断开跳闸连接片，再停直流电源，不允许用仅停直流的方法代替。电源正常后先恢复电源，检查保护运行正常后再按规定投连接片。

思考题

1. 为何装设发电机启停机保护、误上电保护和闪络保护？

2. 简述发电机逆功率保护和程跳逆功率保护的区别。

3. 哪些情况会造成发电机-变压器组全停？

4. 试分析发电机纵差保护和横差保护的性能，两者的保护范围如何？能否相互代替？

5. 为什么大型发电机变压器组保护应装设非全相运行保护，而且该保护必须启动断路器失灵保护？启动失灵保护应采取哪些特殊措施？

6. 为什么现代大型发电机应装设100%的定子按地保护？

7. 试述发电机励磁回路接地故障的危害。

8. 试述变压器瓦斯保护的基本工作原理。

9. 发电机失磁对系统和发电机各有什么影响？

10. 变压器励磁涌流有哪些特点？变压器差动保护通常采用哪几种方法躲励磁涌流？

11. 若主变压器接地后备保护中零序过流与间隙过流共用一组电流互感器有何危害？

第三章
高压输电线路保护

第一节　线路纵联保护

一、输电线路保护概述

纵联保护由于能够反映被保护线路上任何一点的故障并以瞬时速度跳闸，因而被定义为超高压线路的主保护，一般用于220kV线路。根据信号的传输方式，纵联保护主要分为两大类，即由载波通道及保护装置共同构成的线路纵联保护、由光纤通道及保护装置共同构成的线路纵联保护。根据保护的原理，可分为纵联方向、纵联距离、纵联差动、电流相位差动等保护。

220、500kV线路目前主要以光纤纵联差动作为主保护。根据《二十五项反措》要求，按双重化设置两套光纤纵差保护。

二、纵联方向保护

1. 基本原理

纵联方向保护由载波通道和方向保护元件构成。载波通道分专用和复用两种。保护又分为闭锁式和允许式。

(1) 闭锁式。当被保护线路发生区内故障时，线路两侧保护中的启动元件（由负序、零序或正序电流突变量元件构成）立即启动本侧发信机发信（称为闭锁信号），两侧方向元件判定为正方向故障时，方向元件动作使发信机停信，当收信回路收不到对侧及本侧信号时，即输出信号，同方向元件动作信号构成与门，发出跳闸脉冲。当发生区外故障时，两侧启动元件同时启动发信，但这时只有处于远故障点侧的方向元件动作，使本侧发信机停信，而处于近故障点侧的方向元件不动作，不使本侧停信，因两侧收发信机使用同一频率，故两侧仍然能收到高频信号，两侧收信机均不输出允许跳闸的信号，因此，两侧均不跳闸。

(2) 允许式。当被保护线路发生区内故障时，两侧的启动元件动作但不起动发信机发信，由方向元件判断为正方向故障后，方向元件动作起动发信（称为允许信号），对侧受到允许信号后，如对侧的方向元件动作，则收信输出信号和方向元件动作信号构成“与”门，发出跳闸脉冲。当发生区外故障时，两侧的启动元件启动，不发信。这时，远故障点一侧的方向元件动作，启动发信，由于近故障点侧的保护为反向，方向元件不动作，也就不启动发信，也不发跳闸脉冲。处于远故障点一侧的保护，虽然方向元件动作，但由于没有收到对侧的允许信号，“与”门不输出信号，因此，也不发跳闸脉冲。

除上述主保护之外，纵联方向保护还配置了常规的距离和零序保护，作为主保护的后备。

2. 主要功能和技术要求

(1) 保护装置的启动逻辑由反映突变量的零序和负序元件构成。突变量元件启动后开放保护装置的动作出口回路，正常运行和系统振荡时不会启动，受外界影响小，抗干扰能力较强。此外，反映零序和负序突变量的元件在线路故障时启动速度快，有助于缩短保护固有动作时间，达到快速切除故障的目的。

(2) 闭锁式纵联保护，要求启动元件（零序、负序或正序电流突变量元件）在故障初始须快速启动发信，故障切除后，启动元件的返回应稍带有一定的延时。原因是保证在区外故障切除后，保证方向元件首先返回，闭锁信号再返回。

(3) 无论是闭锁式还是允许式纵联保护，都应设置外部保护（如母差、失灵）跳闸停信或发信回路。对于闭锁式纵联保护，当母差、失灵等保护动作跳开本线路断路器时，应同时发出停信信号，使本侧发信机停信，以便让对侧保护跳闸。对于允许式纵联保护，当母差或失灵保护动作时，应同时发出发信信号，也是为了使对侧保护动作跳闸。这是因为考虑到，当母差或失灵保护动作跳本线路断路器，而断路器失灵、跳不开时，让对侧断路器跳闸，以达到切断故障电流的目的。

(4) 对于纵联方向保护装置，应设置 TV 断线闭锁元件。对于后备距离保护，还应设置振荡闭锁，系统发生振荡时，闭锁距离保护的一、二段。

(5) 载波通道是纵联保护传输信号的重要途径，线路正常运行时，应有对载波通道进行长期监视的手段。对于专用载波通道，每天均应进行通道对试，以保证通道的完好。对于复用载波通道，应设置与跳闸脉冲频率不同的监频信号，当通道异常时，发出报警信号。

三、纵联距离保护

1. 基本原理

纵联距离保护与纵联方向保护相同，作为 220kV 线路的主保护。一般由专用载波通道和三（四）段式相间和接地距离保护构成，而且采用闭锁式的形式较多。下面以闭锁式纵联距离保护为例，说明其动作原理。

当被保护线路发生区内故障时，线路两侧保护中的启动元件（由负序、零序或正序电流突变量元件构成）立即启动本侧发信机发信（称为闭锁信号），然后由主保护中带方向的阻抗元件（一般按大于 1.3 倍线路阻抗整定）动作后立即停信，两侧都停信后收信回路即有输出，与带方向的距离阻抗元件构成与门，发出跳闸脉冲。

当故障发生在线路一端的出口处（区内）时，近故障点侧的启动元件动作，启动发信。主保护中的带方向的阻抗元件动作停信。远故障点侧的启动元件动作后启动发信，这时由于主保护中带方向的阻抗元件按大于被保护线路阻抗整定，能够可靠动作停信，收信回路的输出信号和带方向的阻抗元件的动作信号构成“与”门，瞬时跳闸。达到了纵联保护全线速动的目的。

当发生区外故障时，动作情况与纵联方向保护相似。虽然远故障点侧方向阻抗能够停信，但近故障点侧处于反向，阻抗元件不动作、不停信，始终发闭锁信号，两侧保护均不跳闸。

除上述主保护外，纵联距离保护还设置了后备相间和接地距离保护。

根据距离保护的原理和特性，在电力系统发生振荡时，距离保护的阻抗元件将会误动。如按最长的振荡周期考虑，一段、二段阻抗元件因动作时间短，无法躲过系统振荡的时间，而三段阻抗因其动作时间较长，则可以躲过系统振荡。此外，当发生 TV 断线时阻抗元件也会误动。因此，在距离保护中，都设有振荡闭锁和 TV 断线闭锁，防止发生上述两种情况时距离保护误动。

2. 主要功能和技术要求

（1）保护装置的启动逻辑由反映突变量的零序和负序元件构成。突变量元件启动后开放保护装置的动作出口回路，正常运行和系统振荡时不会启动，受外界影响小，抗干扰能力较强。此外，反映零序和负序突变量的元件在线路故障时启动速度快，有助于缩短保护固有动作时间，达到快速切除故障的目的。

（2）相间距离和接地距离保护中的阻抗元件整定阻抗应大于被保护线路全长的 50%，一般情况下相间距离的一段阻抗整定在 85%左右。接地距离因考虑接地电阻的影响，可适当缩小范围。闭锁式纵联距离保护的阻抗定值，也可以超范围整定，即一段阻抗整定为线路全长的 120%。

（3）应设置外部保护动作跳闸停信的回路，当母差及失灵保护动作跳开本线路断路器时，应使本侧保护停信，让对侧断路器跳闸，其原因与纵联方向保护相同。

（4）在纵联距离保护装置中，应设置电压互感器断线闭锁和振荡闭锁元件。当放生电压互感器断线或系统振荡时闭锁保护。振荡闭锁应闭锁距离保护的一段、二段阻抗。

（5）对载波通道的技术要求与纵联方向保护相同。线路正常运行时，应有对载波通道进行长期监视的手段，对专用载波通道，每天均应进行通道对试，以保证通道的完好。

四、线路纵联保护评价

（1）无论是纵联方向还是纵联距离保护，均能满足继电保护选择性、灵敏性、快速性、可靠性的要求。因此，两种保护目前仍然得到广泛的使用。

（2）设备质量良好，性能稳定。因装置原因造成误动的情况虽有，但不是很多。

（3）由于使用高频载波作为信号的传输工具，所以载波通道受环境影响较大，因天气不好会造成通道的衰耗增大，甚至有可能使保护短时退出运行。

（4）高频通道设备应定期检验，增加了继电保护专业人员的维护工作量。

第二节 线路光纤纵联差动保护

光纤电流差动保护是 220、500kV 线路的主保护之一。光纤作为继电保护的通道介质，具有不怕超高压与雷电电磁干扰、对电场绝缘、频带宽和衰耗低等优点。目前，光纤电流差动作为220kV及以上电压等级的线路主保护，已经得到了普遍应用。随着电力光纤网络的逐步完善，光纤保护也将在继电保护领域中得到更为广泛的应用。

一、光纤的基本工作原理

1. 光纤的结构与分类

结构与分类如下：

光纤为光导纤维的简称，由直径大约0.1mm的细玻璃丝构成。继电保护所用光纤为通信光纤，是由纤芯和包层两部分组成的，如图3-1所示。纤芯区域完成光信号的传输；包层则是将光封闭在纤芯内，并保护纤芯，增加光纤的机械强度。

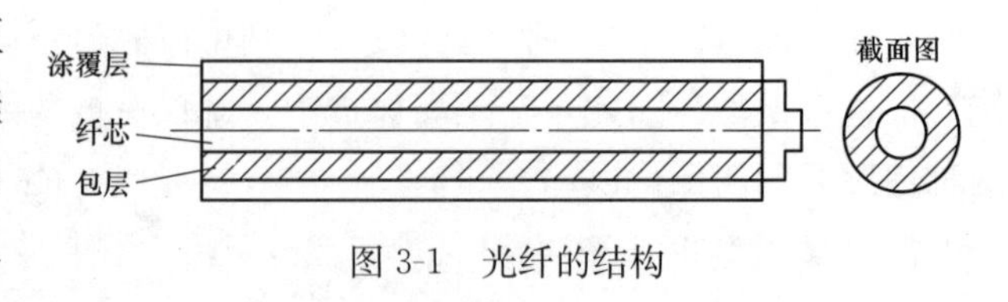

图3-1 光纤的结构

按光在光纤中的传输模式，光纤可分为单模光纤和多模光纤。多模光纤（multi mode fiber）的中心玻璃芯较粗（芯径为50μm或62.5μm），可传多种模式的光，但其模间色散较大，限制了传输数字信号的频率，而且随着距离的增加，其限制效果更加明显。单模光纤（single mode fiber）的中心玻璃芯很细（芯径一般为9μm或10μm），只能传一种模式的光，因此，其模间色散很小，适用于远程传输，但仍存在着材料色散和波导色散，这样单模光纤对光源的带宽和稳定性有较高的要求，带宽要窄，稳定性要好。

2. 继电保护用光纤的特点

特点如下：继电保护用光纤对衰耗值要求较高，不同波长的光信号衰耗值不同，表3-1对单模光纤和多模光纤在3个波长区域的传输特性进行了比较。

由表3-1可以看出，单模光纤的传输衰耗最小，波长1.31μm处是光纤的一个低损耗窗口。所以现在继电保护用光纤均使用单模光纤，使用1.3μm的波长段。

表3-1　　光纤的传输特性

光纤类型	波长（μm）	衰耗（dB/km）
多模光纤	0.85	2～3
多模光纤	1.3	0.5～1.2
单模光纤	1.3	0.3～0.8
单模光纤	1.55	0.1～0.3

二、光纤电流差动保护的基本工作原理

超高压输电线路的光纤电流差动保护是220、500kV线路的主保护。与普通的电流差动保护在原理上区别不大。就电流差动保护本身而言，具有原理简单，不受运行方式变化的影响，动作灵敏度高、快速、可靠，而且能适应电力系统振荡、非全相运行等优点，是其他保护形式所无法比拟的。光纤电流差动保护在继承了电流差动保护的这些优点的同时，以其可靠稳定的光纤传输通道，保证了传输电流幅值和相位的正确可靠，进一步提高

了继电保护运行的安全性和可靠性。

光纤电流差动保护通过光纤电缆传输继电保护需要的模拟量信号和开关量信号。正常运行时，通过光缆将线路对侧的电流幅值和相位传送到本侧，与本侧的电流幅值和相位进行比较。线路正常输送负荷的情况下，两侧的电流幅值相等，相位互差180°。保护中的差电流为0，保护装置不动作。当被保护线路发生区内故障时，两侧的电流相位相差0°，两侧保护瞬时跳开本侧开关。区外故障时，两侧电流的相位与正常运行时相同，相差180°。两侧电流的幅值则因为故障电流的大小不同而不等。特别是当区外故障电流较大时，由于两侧电流互感器的特性差异，会造成电流差动保护中的不平衡电流增加，差流增大，导致保护误动。为此，光纤电流差动保护具有比率制动特性，可有效的保证区外故障时保护不会误动。

在复用通道的光纤电流差动保护中，保护与复用装置时间同步的问题对光纤电流差动保护的正确运行起到关键的作用。因此，目前光纤差动电流保护都采用主从方式，以保证时钟的同步；同时，在线监视误码率，当通道异常时自动闭锁差动保护。

线路的光纤电流差动保护中还设置了后备保护。后备保护通常是三段式距离和零序电流保护。当光线通道异常、电流差动保护退出运行时，起到后备保护的作用。

光纤差动保护还具有直跳和远传的功能，当本侧失灵、过电压等保护动作时，可通过远传或直跳功能使对侧开关跳闸。

三、主要功能和技术要求

（1）保护中的总启动元件由反映工频变化量的相电流和零序电流元件组成，启动元件动作时，短时开放出口继电器。既保证了出口继电器可靠动作跳闸，又能保证正常运行时保护的安全可靠。

（2）光纤电流差动保护装置具有64kbit的数据通信接口，能够较好、准确地传送保护数字信号。装置有通道自动监测、在线显示误码率的功能，当通道异常时发出报警信号并自动闭锁保护。

（3）装置应设置电压互感器断线闭锁和振荡闭锁功能，防止在上述情况下后备距离保护误动。

第三节　线路的后备保护

一、距离保护

1. 距离保护工作原理

在线路发生短路时，距离保护测量阻抗 $Z_k=U_k/I_k=Z_d$，等于保护安装点到故障点的（正序）阻抗。显然该阻抗和故障点的距离是成比例的。因此习惯地将距离保护继电器称为阻抗继电器。

三段式距离保护的原理和电流保护是相似的，其差别在于距离保护反映的是电力系统故障时测量阻抗的下降，而电流保护反映是电流的升高。距离保护的动作特性是复平面第二象限上一个带方向的圆特性或多边形特性，如图 3-2 所示。

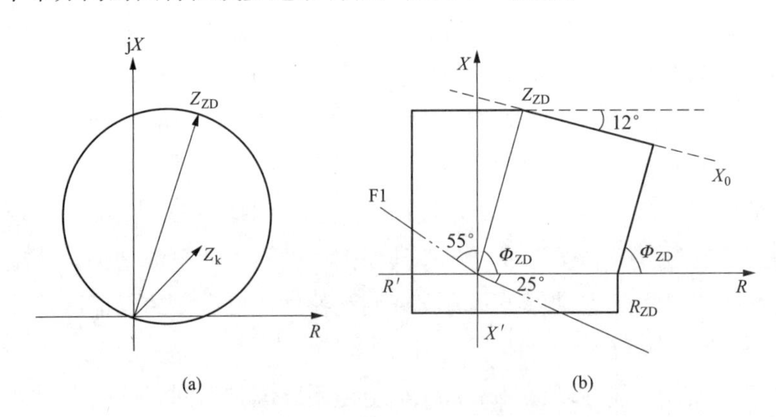

图 3-2　阻抗继电器动作特性

（a）圆特性方向阻抗继电器；（b）多边形方向阻抗继电器

图 3-2（a）中，Z_{ZD}为阻抗继电器的整定阻抗，圆内为继电器的动作区，当线路的正方向发生故障，测量阻抗小于整定阻抗、进入圆内时，继电器动作。圆周即为动作边界。当测量阻抗与整定阻抗差 180°时，属于反向故障，继电器不动作。Z_k即为线路正方向保护范围内故障时，阻抗继电器测量到的阻抗。

图 3-2（b）中，F1 为多边形阻抗继电器的方向边界线，F1 之上为正方向，动作区，F1 之下为反向，非动作区。$X—X_0$ 是接地阻抗继电器在线路单相经过渡电阻接地时，防止继电器不正确动作而采取的措施，使继电器的上边下斜一个角度，以减小过渡电阻的影响。一般相间阻抗继电器上边是直线，没有下斜角度。

距离保护一般设置为三段，一段为瞬动段，即在一段范围内发生故障时，距离一段瞬时动作跳闸。一段的整定范围为被保护线路全长的 80％～85％。这是由于距离保护第一段的动作时限为保护本身的固有动作时间，为了和相邻的下一条线路的距离保护第一段有选择性的配合，两者范围不能有重叠的部分，否则本线路第一段的保护范围会延伸到下一线路，造成无选择动作。另外，保护定值计算用的线路参数有误差，电压互感器和电流互感器的测量也有误差，考虑最不利的情况，如果这些误差为正值相加，而且第一段的保护范围为被保护线路全长的 100％，就不可避免地要延伸到相邻下一条线路。此时，若下一线路出口故障，则相邻的两条线路都将跳闸，这将使保护失去选择性，扩大停电范围。所以，阻抗一段定值按线路末端故障可靠不动作整定，取线路全长的 80％～85％。

二段和三段为延时动作段，也称为后备段，二段阻抗整定范围不超过相邻线路一段的保护范围。为保证选择性，延时 0.5s 左右（微机保护为 0.4s）动作。三段阻抗按躲开正常运行时负荷阻抗来整定。动作延时按规程要求，应大于 1.5s。

2. 保护的功能和技术要求

（1）记忆功能。当故障发生在线路出口处，无论保护采用母线 TV 还是线路 TV，电压都会突然降到零。为保证阻抗元件在这种情况下可靠动作，阻抗元件中设置了记忆回路。将故障前的电压记忆下来，当发生线路出口故障时，利用记忆电压的作用，使保护正确可靠动作。记忆回路的记忆时间不应小于100ms。此外，当发生反方向出口故障时，记忆电压还能够使距离保护保证方向性，不使保护误动。

(2) 自动偏移功能。当距离保护采用线路TV，手动合闸或单相重合于永久性故障线路时，线路电压没有恢复，阻抗元件中也没有电压，阻抗元件在这种情况下具有自动偏移功能，将阻抗元件变成一个偏移阻抗继电器，如图3-3所示，把坐标原点包括在阻抗特性圆内，使阻抗元件能够可靠动作。

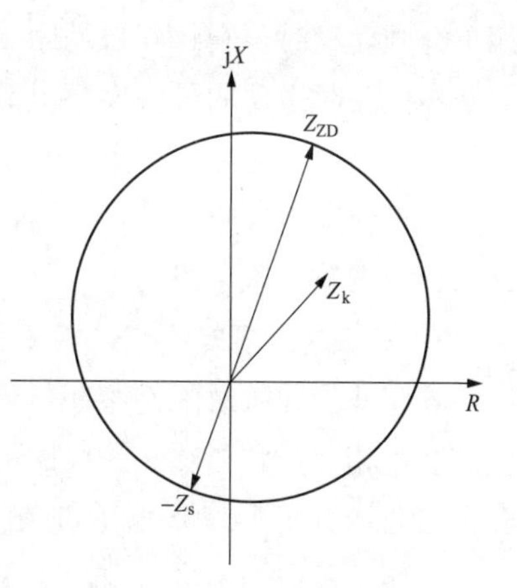

图3-3 偏移阻抗特性

(3) 躲弧光电阻和过渡电阻的能力。电力系统中短路一般都不是纯金属性的，而是在短路点存在过渡电阻，过渡电阻一般是由电弧电阻引起的。它的存在使得距离保护的测量阻抗发生变化，一般情况下会使保护范围缩短。但有时候也能引起保护超范围动作或反方向动作（误动）。阻抗元件须具备抗过渡电阻的能力。图3-2（b）中的阻抗特性就是抗过渡电阻影响的。

(4) 振荡闭锁功能。根据阻抗元件的原理特点，当电压降低、电流增大时，测量阻抗就会减小，当测量阻抗减小到进入阻抗动作范围时，阻抗继电器就会动作。线路短路时，就是这种情况，保护动作是正确的。然而，当发生系统振荡、振荡中心处于保护安装处时，也会出现这种情况，如果这时保护动作就不正确了。因此阻抗元件须能够正确判断短路故障和系统振荡。为此，在阻抗元件中设置了振荡闭锁功能，当电力系统发生振荡时，瞬时闭锁距离保护。由于系统振荡周期最长一般在1.5s左右，这对于距离保护的一、二段则无法躲过，距离三段由于动作时间较长，靠时间能躲过振荡周期。因此，振荡闭锁只闭锁一、二段。

(5) 电压互感器断线闭锁功能。距离保护在电压互感器断线时将会发生误动，因此，保护设置了判断电压互感器断线闭锁的功能，当发生电压互感器断线时立即闭锁保护，防止误动。

(6) 保护的固有动作时间。阻抗一段在出口故障时，动作时间不大于20ms。保护末端故障时动作时间不大于30ms。

二、零序电流保护和方向性零序电流保护

零序电流保护是线路的后备保护。当超高压线路发生接地故障时，起后备保护作用。零序电流保护一般设置三段或四段。零序电流保护原理简单、动作速度快，但要有选择性，保护定值整定要与相邻线路保护配合。以下是零序电流保护整定的基本原则。

1. 零序电流速断（零序Ⅰ段）保护整定原则

(1) 躲开被保护线路末端单相或两相接地短路时可能出现的最大零序电流 $3I_{0max}$；

(2) 躲过断路器三相触头不同时闭合时所出现的最大零序电流 $3I_{0bt}$。

当线路上采用单相自动重合闸时，通常是设置两个零序Ⅰ段保护。其中一个是按条件

(1)、(2)整定。由于其整定值较小，保护范围较大，灵敏度较高，因此，称为灵敏Ⅰ段。它的主要任务是对全相运行状态下的接地故障起保护作用，具有较大的保护范围，而当单相重合闸启动时，则将其自动闭锁，需待恢复全相运行时才能重新投入。另一个是按躲过非全相振荡时出现的最大零序电流整定。由于它的定值较大，因此称为不灵敏Ⅰ段。装设它的主要目的，是在单相重合闸过程中其他两相又发生接地故障时，弥补失去灵敏Ⅰ段的缺陷，尽快地将故障切除。当然，不灵敏Ⅰ段也能反应全相运行状态下的接地故障，只是其保护范围较灵敏Ⅰ段为小。

2. 零序电流限时速断（零序Ⅱ段）保护

零序Ⅱ段即带时限的零序电流速断保护，它的原理及整定计算与用于相间短路保护的电流Ⅱ段相似，它能够保护线路的全长，启动电流要考虑和下一条线路的零序电流速断相配合，并带有高出一个 Δt 的时限，以保证动作的选择性。

零序Ⅱ段应当考虑分支电路的影响，因为它将使零序电流的分布发生变化。

3. 零序过电流（零序Ⅲ段）保护

零序Ⅲ段保护的作用，在一般情况下是作为本线路接地故障的近后备保护和相邻元件接地故障的远后备保护使用，但在中性点直接接地电网中的终端线路上，它也可以作为主保护使用。

在零序过电流保护中，对继电器的启动电流，原则上是按照躲开在下一条线路出口处相间短路时所出现的最大不平衡电流 $I_{unb.max}$ 来整定。同时还必须要求各保护之间的灵敏系数要互相配合，满足灵敏系数和选择性的要求。

因此，实际上对零序过电流保护的整定计算，必须按逐级配合的原则来考虑。具体地说，就是本保护零序Ⅲ段的保护范围，不能超出相邻线路零序Ⅲ段的保护范围。

4. 零序方向电流保护

在双侧或多侧电源的网络中，处于电源点的变压器中性点一般至少有一台要接地，由于零序电流的实际流向是由故障点流向各个中性点接地的变压器，因此在变压器接地数目比较多的复杂网络中，就需要考虑零序电流保护动作的方向性问题。

零序功率方向继电器的输入取自零序电压和零序电流，零序功率方向继电器的动作与否，取决于零序功率的方向。当保护范围内部故障时，按规定的电流、电压正方向看。$3I_0$超前于$3U_0$为90°～110°（对应于保护安装地点背后的零序阻抗角为85°～70°的情况），继电器此时应正确动作，并应工作在最灵敏的条件之下，亦即继电器的最大灵敏角应为−95°～−110°（电流超前于电压）。

第四节　线路自动重合闸装置

一、概述

在电力系统的线路故障中，架空线路故障大部分都是瞬时性故障。如由雷电引起的绝缘子表面闪络、大风引起的碰线、通过鸟类以及树枝等物掉落在导线上引起的短路等，当线路被断路器迅速断开以后，电弧即行熄灭，故障点的绝缘强度重新恢复，外界物体（如树枝、鸟类等）也被电弧烧掉而消失。此时，如果把断开的线路断路器再合上，就能够恢复正常的供电，因此，称这类故障是瞬时性故障。除此之外，也有永久性故障。如由于线路倒杆、断线、绝缘子击穿或损坏等引起的故障，在线路被断开之后，它们仍然是存在的。这时，即使再合上电源，由于故障仍然存在，线路还要被继电保护再次断开，因而就不能恢复正常的供电。

由于输电线路上的故障特点，在线路被断开以后再进行一次合闸，就能在多数情况下重合成功，从而提高了供电的可靠性和连续性。为此在电力系统中采用了自动重合闸装置。

在线路上装设重合闸以后，不论是瞬时性故障还是永久性故障都必须完成一次重合。因此，在重合以后可能成功（指恢复供电不再断开），也可能不成功（永久性故障，重合后保护再次动作跳闸，不再重合）。用重合成功的次数与总动作次数之比来表示重合闸的成功率。根据运行资料的统计，成功率一般在60％～90％。

以前的重合闸装置，由于电磁式保护制造水平有限，功能不够完善，因此，当发生单相接地故障时，只能靠零序电流保护动作启动重合闸，经重合闸选相跳闸。所以，重合闸装置中设置有选相元件。目前的微机保护中已经有了功能完善的接地阻抗元件，发生接地故障时，保护可以正确判断故障，直接跳闸。因此，现在的重合闸装置不设置选相元件。

二、基本功能和原理

1. 启动方式

自动重合闸装置是高压线路的自动装置。其启动方式有两种，即保护启动和不对应启动。当线路故障，保护动作跳闸的同时，启动重合闸装置，重合闸启动后，待断路器跳闸后，经一个延时，发出合闸脉冲。这种启动方式为保护启动。在线路正常运行时，如发生断路器偷跳，装置可以根据合闸手把与断路器的位置不对应状态，启动重合闸，发出合闸脉冲，这种方式为不对应启动。

2. 重合次数

根据我国电力系统的运行习惯和要求，重合闸装置一般只重合一次。为此，在装置中设置一个充电电容，这个电容在断路器合闸、正常运行时充电，充电时间为15～20s，只能提供一次合闸的能量。当断路器在分闸位置时，用断路器的动断辅助触点，将电容放电，使电容不能充电。线路发生永久性故障，重合后再次跳闸，充电电容要等15～20s后才能再次发合闸脉冲，况且断路器一旦跳闸，其动断触点已将电容放电回路接通，不会再充电，因此，能够保证只重合一次。

3. 重合方式

根据有关的规程和要求，重合闸装置必须具备以下几种重合方式供选择。

（1）单重方式。当线路发生单相故障时，继电保护动作跳闸，跳闸的同时启动重合闸。断路器跳闸后，经单重时间，装置发出合闸脉冲。当线路发生相间故障，保护动作跳三相，虽然保护动作的同时，发出了启动重合闸的命令信号，但由于选定方式为单重，断路器三相跳闸时，重合闸装置闭锁重合闸，不发合闸脉冲，保证单相跳闸能重合，三相跳闸不重合。

（2）三重方式。选择三重方式时，无论线路发生单相或相间故障，重合闸均使断路器三相跳闸，然后再重合三相。

（3）综重方式。选择综重方式时，线路发生单相故障，跳单相，重合单相。发生相间故障时，断路器三相跳闸，重合三相。

（4）停用方式。当选择重合闸为停用时，装置即闭锁重合闸。无论线路发生单相或相间故障，均使断路器跳三相不重合。

4. 重合时间

重合闸装置在断路器跳闸之后，需要经一个延时，再发出合闸脉冲。这是考虑躲开断路器跳闸时间和故障点的熄弧时间，再加一个可靠系数，以保证重合时故障已确实消失，如果是瞬时故障，不等故障点熄弧就重合，相当于重合到故障点上，导致保护再次动作跳闸，重合失败。重合闸装置中的重合时间分为三重时间和单重时间两种，应能够分别整定。一般单重时间较长，三重时间较短。

当线路发生单相故障跳单相后，由于另外两健全相与故障相之间存在着互感，又由于超高压线路对地有电容电流，互感电流和电容电流都经故障线路、故障点和电源点形成回路，这个回路中的电流称为潜供电流。潜供电流延长了故障点的熄弧时间，为此，超高压线路的综合重合闸装置的单重时间应考虑潜供电流的影响。所以，单重时间应长一些。潜供电流的大小与线路长短、电压等级及线路是否有并联电抗器有关，特别是500kV线路，单重时间的整定应视具体情况而定。

线路发生相间故障跳三相后，由于三相都已断开，感应电流、电容电流均不存在，因此，故障点的熄弧时间就很短，重合时间不需要很长，只要保证断路器三相跳开，稍加一点裕度即可。

综上所述，重合闸装置的单重和三重时间必须能够分开整定。

三、对自动重合闸装置的基本要求

（1）手动或由自动控制装置［如变电站综合自动化系统（NCS）］合闸、分闸时，不启动并闭锁重合闸，而且手动合闸于故障线路时，应加速跳闸。

（2）有加速功能，无论手合或自动重合后，均能与保护配合，实现加速跳闸。

（3）重合方式功能完善，可选择。

（4）单重和三重时间可分别整定。

（5）功能完善，能与各种类型的保护配合。如有些超高压线路，出于对系统稳定的考虑，对线路故障后保护的切除及重合时间有一定的要求，超过这个时间，即使是单相、瞬时故障，也不允许重合。这个时间整定范围一般在250ms以内，称之为有效时间。

（6）应能够反映断路器传动机构气压及SF_6压力，当这些压力降低、不允许重合闸时，应立即将重合闸闭锁。此时，无论线路发生何种故障均跳三相，不重合。

（7）当线路发生单相故障保护动作跳开单相后，在非全相运行过程中，如又发生另一相或两相的故障，即所谓相继故障，保护应能有选择性地予以切除。上述故障如发生在单相重合闸的脉冲发出以前，则在故障切除后能进行三相重合；如发生在重合闸脉冲发出以后，则切除三相不再进行重合。

（8）在发电厂一次系统为单元式接线（发电机-变压器组直接带线路）时，为保证机组的安全，应考虑重合闸只选择单重方式，不能使用三重方式。

目前，我国大部分地区的高压输电线路的重合闸方式，只采用单相重合的方式，一般不采用三重和综重方式。110kV 线路一般只采用三重方式。

第五节 母差保护及断路器失灵保护

一、母差保护

母线差动保护是电力系统发电厂及变电站高压母线的主保护。目前普遍采用的是中阻抗母差保护和微机型母差保护，按《二十五项反措》要求，220kV 及以上系统的母差保护均按双重化配置。

1. 基本原理

母线完全差动保护是将母线上所有的各连接元件的电流互感器按同名相、同极性连接到差动回路，电流互感器的特性与变比均应相同，若变比不相同时，可采用补偿变流器进行补偿，满足 $\Sigma I=0$。正常运行时，流进母线的电流等于流出母线的电流，母差保护中没有差流。当母线发生短路故障时，母线上各连接元件的电流相加，使母差保护动作跳开母线上连接的线路、变压器和发电机。

为了防止外部短路时，各元件之间的不平衡电流增大，导致母差保护误动，母差保护采用比率制动的特性。防止在这种情况下母差保护误动。

微机母差保护属于比率制动特性的电流差动保护，与普通的电流差动保护原理相似。

中阻抗母差保护也是具有比率制动特性的差动保护。但它的制动和动作回路是由两个电阻 RS 和 RD 所组成，电阻的阻值均为几百欧姆。差动保护在这两个电阻器上获得制动电压和动作电压，制动电压和动作电压可以看作是以同步速度跟随一次故障电流变化的。差动元件就是比较这两个电压的幅值和相位，以此来判断区外、区内故障。如果动作电压高于制动电压，即为区内故障。反之为区外故障。

由于母线故障时，流入保护的是母线上各连接元件的电流之和，短路电流很大，所以，在 RD 上产生的电压很高，对差动继电器来说，灵敏度很高，动作速度也就非常快。

2. 功能和技术要求

（1）复合电压闭锁。对用于双母线的母差保护，根据《二十五项反措》要求，必须有复合电压闭锁功能，包括低电压、零序、负序电压等。这是为了防止在正常运行中，由于各种原因使母差保护误动。对于 3/2 断路器接线，没有该项要求。

（2）互联功能。用于双母线的母差保护，在一次系统倒方式的过程中，应投入互联功能。因倒闸操作时，两条母线的隔离开关跨接在两母线之间，如果这时母线发生故障，母差保护无法正确判断。因此，这时应投入互联方式，即非选择方式。在一些微机母差保护中，能够自动判断是否进行倒闸操作，自动投入互联功能。但一般都有互联连接片。对3/2断路器接线的厂、站，不存在这个问题。

（3）可以允许各连接元件的TA变比不同。在保护中进行设置，以满足母差保护的运行条件。

（4）母差保护动作后，应给线路纵联保护发出允许或闭锁信号，以便使对侧断路器跳闸。

二、断路器失灵保护

1. 失灵保护的功能和基本原理

当被保护线路或元件发生故障，继电保护动作跳闸，脉冲已经发出，而断路器却因本身原因没有跳开，失灵保护则以较短的延时跳开故障断路器的相邻断路器，或故障断路器所在母线上所有其他断路器，以尽快将故障线路或元件从电力系统切除。根据失灵保护的上述功能，要求继电保护在动作跳闸的同时启动失灵保护。

失灵保护的设置形式与一次系统的接线形式有关。在双母线接线形式的厂、站，只设置一套失灵保护，母线上连接的任何一个元件（线路或变压器）的保护装置动作跳闸的同时，均启动失灵保护。失灵保护根据故障断路器所在的位置，动作后切除相应母线上的其他断路器。在3/2断路器接线的厂、站中，失灵保护是按断路器设置的，当保护动作跳闸，断路器跳不开时，故障断路器本身的失灵保护启动，如果故障断路器是中间断路器，则跳开相邻的两个边断路器。如果是边断路器故障，则一方面跳开中间断路器，另一方面，启动所在母线的母差保护动作，跳开所在母线上的其他断路器。

按《二十五反措》要求，双母线的失灵保护与母差保护相同，为防止正常运行时保护误动，应设置复合电压闭锁。在发电厂或变电站，无论一次系统是哪种接线形式，均只设置一套失灵保护。

2. 对失灵保护的技术要求

（1）对双母线接线的失灵保护，当发电机-变压器组保护启动失灵保护时，应有解除电压闭锁的输入回路。这是因为当发电机-变压器组内部故障时，若故障点在发电机内部，失灵保护中的低电压和负序电压的灵敏度可能不够，造成不能开放跳闸回路，跳不开母线上的其他断路器。因此，《二十五项反措》中明确要求，发电机-变压器组启动失灵保护要解除复合电压闭锁。

（2）失灵保护跳闸时，应同时启动断路器的两组跳闸线圈。

（3）对用于3/2断路器接线的失灵保护，在保护动作之后，以较短的延时，再次给故障断路器一次跳闸脉冲，以较长的延时跳相邻断路器。

（4）失灵保护动作后，应给线路纵联保护发出允许或闭锁信号，以便使对侧断路器跳闸。

（5）断路器失灵保护所需动作延时，必须保证让故障线路或设备的保护装置先可靠动作跳闸，应为断路器跳闸时间和保护返回时间之和再加裕度时间。以较短时间动作于断开母联断路器或分段断路器，再经一时限动作于连接在同一母线上的所有有电源支路的断路器。一般使用精度高的时间元件，两段时限分别整定为0.15s和0.3s。

3. 双母线接线方式断路器失灵保护的设计原则

（1）对带有母联断路器和分段断路器的母线，要求断路器失灵保护应首先动作于断开母联断路器或分段断路器，然后动作于断开与拒动断路器连接在同一母线上的所有电源支路的断路器，同时还应考虑运行方式来选定跳闸方式。

（2）断路器失灵保护由故障元件的继电保护启动，手动跳开断路器时不可启动失灵保护。

（3）在启动失灵保护的回路中，除故障元件保护的触点外还应包括断路器失灵判别元件的触点，利用失灵分相判别元件来检测断路器失灵故障的存在。

（4）为从时间上判别断路器失灵故障的存在，失灵保护的动作时间应大于故障元件断路器跳闸时间和继电保护返回时间之和。

（5）为防止失灵保护的误动作，失灵保护回路中任一对触点闭合时，应使失灵保护不被误启动或引起误跳闸。

（6）断路器失灵保护应有负序、零序和低电压闭锁元件。对于变压器、发电机-变压器组采用分相操作的断路器，允许只考虑单相拒动，应用零序电流代替相电流判别元件和电压闭锁元件。

（7）当变压器发生故障或不采用母线重合闸时，失灵保护动作后应闭锁各连接元件的重合闸回路，以防止对故障元件进行重合。

（8）当以旁路断路器代替某一连接元件的断路器时，失灵保护的启动回路可做相应的切换。

（9）当某一连接元件退出运行时，它的启动失灵保护的回路应同时退出工作，以防止试验时引起失灵保护的误动作。

（10）失灵保护动作应有专用信号表示。

思考题

1. 纵联保护在电网中的重要作用是什么？
2. 纵联保护的信号有哪几种？
3. 纵联保护的通道可分为几种类型？
4. 何谓闭锁式纵联方向保护？
5. 何谓远方发信？为什么要采用远方发信？
6. 线路带负荷后怎样做零序电流方向保护的相量检查？如何分析判断试验结果？
7. 什么是自动重合闸（ARC）？电力系统中为什么要采用自动重合闸？
8. 重合闸重合于永久性故障对电力系统有什么不利影响？哪些情况不能采用重合闸？

9. 对自动重合闸装置有哪些基本要求？

10. 自动重合闸的启动方式有哪几种？各有什么特点？

11. 什么是母线完全差动保护？什么是母线不完全差动保护？定值如何整定？

12. 双母线完全电流差动保护在母线倒闸操作过程中应怎样操作？

13. 试述双母线接线方式断路器失灵保护的设计原则。

第四章
发电机励磁系统

第一节　励磁系统的作用及要求

供给同步发电机励磁电流的电源及其附属设备统称为励磁系统。它一般由励磁功率单元和励磁调节器两个主要部分组成。励磁功率单元是指向同步发电机转子绕组提供直流励磁电流的励磁电源部分；而励磁调节器则根据输入信号和给定的调节准则控制励磁功率单元的输出。励磁系统的自动励磁调节器对提高电力系统并联机组的稳定性具有相当大的作用。尤其是现代电力系统的发展导致机组稳定极限降低的趋势，也促使励磁技术不断发展。同步发电机的励磁系统主要由功率单元和调节器（装置）两大部分组成。由励磁调节器、励磁功率单元和发电机本身一起组成的整个系统称为励磁控制系统，其框图如图4-1所示。

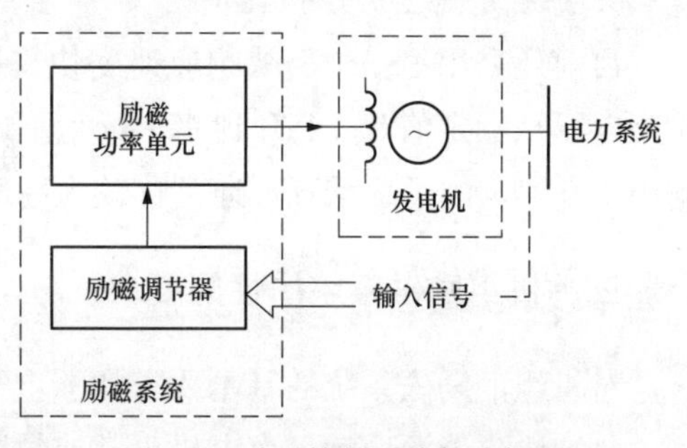

图4-1　励磁控制系统构成框图

一、励磁系统的主要作用

励磁系统是发电机的重要组成部分，它对电力系统及发电机本身的安全稳定运行有很大的影响。励磁系统的主要作用如下：

（1）根据发电机负荷变化相应地调节励磁电流，以维持机端电压为给定值。

（2）控制并列运行各发电机间无功功率分配。

（3）提高发电机并列运行的静态稳定性。

（4）提高发电机并列运行的暂态稳定性。

（5）在发电机内部出现故障时，进行灭磁以减小故障损失程度。

（6）根据运行要求对发电机实行最大励磁限制及最小励磁限制。

二、励磁系统的暂态性能指标

评价励磁系统对暂态过程（即涉及电力系统暂态稳定的暂态过程）所表现的性能，常用的重要技术指标有强行励磁顶值电压倍数、励磁电压上升速度（电压响应比）、励磁电压上升响应时间。

1. 强行励磁顶值电压倍数

强行励磁顶值电压倍数，用于衡量励磁系统的强励能力，一般是指在强励作用下励磁功率单元输出的最大励磁电压倍数（顶值电压 U_{Fmax} 与额定励磁电压 U_{FN} 的比值），可用下

式表示为

$$K_U = U_{Fmax}/U_{FN}$$

式中：K_U 为稳态顶值电压倍数，又称强励倍数。

现代同步发电机励磁系统，强励倍数一般为1.5～2.0。强励倍数越高，越有利于电力系统的稳定运行。强励倍数的大小涉及制造成本等因素。大容量发电机受过载能力约束，一般承受强励倍数能力较中小容量发电机低，但在电力系统稳定性要求严格的场合，即使是大容量发电机也应按需要选取较高的强励倍数。

2. 励磁电压上升速度（电压响应比）

励磁电压上升速度（电压响应比）是励磁系统性能重要的指标之一，可用来反映响应速度快慢。

3. 励磁电压上升响应时间

目前还采用另一个反映响应速度快慢的指标，即励磁电压上升响应时间，其定义是：励磁电压从额定值 U_{FN} 上升到 $95\%U_{Fmax}$ 的时间，称为励磁电压上升响应时间。对于响应时间小于0.15s的励磁系统，通常称其为高起始响应励磁系统。

三、机组励磁系统的性能要求

对机组的励磁系统的基本要求如下：

（1）励磁能源应满足发电机正常或故障各种工况下的需要。

（2）保证发电机运行可靠性和稳定性。

（3）应能维持发电机端电压恒定并保证一定的精度和并联机组间稳定分担无功功率。

（4）具有一定的强励容量，要求强励倍数为2倍时，响应比为3.5倍/s。

（5）在欠励区域保证发电机稳定运行。

（6）对于机组过电压、过磁通具有保护作用。

（7）对于机组振荡能提供正阻尼，改善机组动态稳定性。

（8）具备电力系统静态稳定器（PSS）功能，能够有效抑制系统的低频振荡。

第二节　发电机的调压特性及机组间无功功率分配

电力系统的电压调节和无功功率分配密切相关。调整发电机母线电压水平是电力系统调压的一个重要手段。当系统调度给定了发电厂母线电压曲线或无功负载曲线后，保证维持给定的母线电压水平和稳定合理地分配机组间的无功功率，就是各个机组自动励磁调节装置的任务。机组间能否合理稳定地分配无功功率，与发电机的调压特性有直接关系。

一、发电机的调压特性

从同步发电机正常运行的分析可知，发电机正常运行时，由于在同步电抗 X_d 上产生压降，若保持励磁电流为某一定值不变，则发电机端电压将随负荷电流的变化而显著变化。汽轮发电机在额定负载功率因数（电感性）和额定励磁电流下，从空载到额定负载时的电压变化，一般达额定电压的30%～50%或更大。为了保证系统电压的质量，现代同步发电机都装有自动励磁调节器，它能根据端电压的变化自动调节励磁电流，使发电机电压保持给定水平或基本不变。

发电机负荷变化时，端电压的变化主要是由定子电流无功分量 I_Q 变化引起，所以通常以发电机端电压 U_G 随无功电流 I_Q 的变化，即 $U_Q=f(I_Q)$ 特性曲线，来分析带自动励磁调节器的发电机电压调节问题，并称 $U_G=f(I_Q)$ 特性曲线为发电机的电压调节特性（亦称调压特性）。

图 4-2 为具有下倾直线的发电机电压调节（调压）特性。

特性曲线 $U_G=f(I_Q)$ 的倾斜度通常用调差系数 δ 表示。调差系数 δ 定义为，当负荷电流的无功分量 I_Q 从零增加到额定值 $I_{QN}=I_G\sin\varphi_n$ 时，发电机电压的相对变化值，即

$$\delta=\frac{U_0-U_N}{U_N}\times100\%$$

式中：U_N 为发电机额定电压（与 I_{QN} 对应）；U_0 为发电机空载电压。

图 4-3 所示为发电机调压特性（也称调节特性）的三种类型。发电机端电压随无功电流增大而降低的，$\delta>0$ 称为正调差特性；发电机端电压随无功电流增大而升高的，$\delta<0$ 称为负调差特性；发电机端电压不随无功电流变化，一直保持不变的，$\delta=0$ 称为无差特性。前两种 $\delta\neq0$ 的情况统称为有差调节特性。

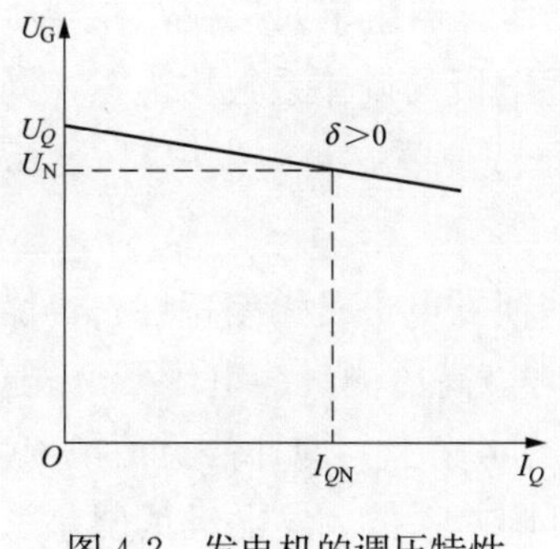

图 4-2　发电机的调压特性

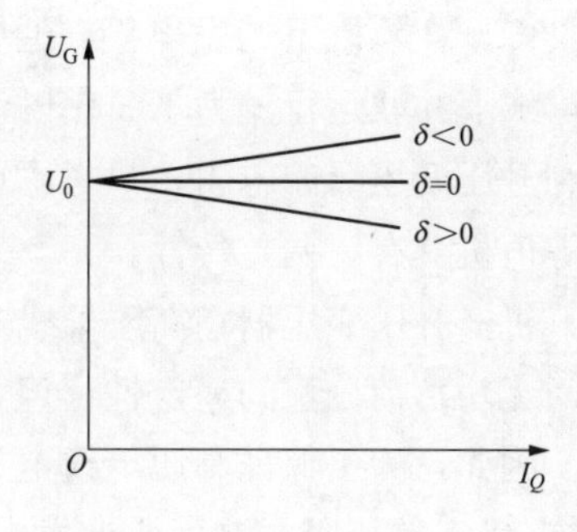

图 4-3　发电机调压特性三种类型

二、机端并列运行机组间无功功率的分配

1. 正调差特性的发电机并列运行

当机端母线负荷无功电流变化时，各台发电机无功电流变化量与各台发电机的调差系数 δ（即倾斜度）成反比。

通常要求机端母线上总无功负荷按机组容量大小成比例地分配给各台发电机。并要求母线无功总负荷发生波动时，各台发电机无功负荷的波动量与它们的额定容量成正比，即希望各发电机无功电流波动量的标幺值 ΔI_{Q1*} 相等，这就要求在机端公共母线上并联运行的发电机具有相同的调差系数。

2. 无差调节与有差调节机组并列运行

一台无差调节特性的发电机可以和多台正调差特性的发电机并联运行。具有无差调节

特性的发电机将承担全部无功功率变化量，使机组间的无功功率分配不合理，故一般不采用这种运行方式。

3. 两台无差调节特性的机组不能并联运行

如果两台发电机都是无差调节特性，则不能在机端母线上并联运行，因为母线无功负荷的任何变动可在两台发电机之间任意分配，即母线总无功负荷在两台发电机之间不能稳定地分配，并可能导致一台发电机迟相运行，另一台发电机进相运行。

4. 负调差特性机组在机端并联运行问题

两台有负调差特性的机组，两台发电机间有确定的负荷分配。若两台发电机的负调差系数相同（$\delta_{\mathrm{I}}=\delta_{\mathrm{II}}<0$），机组间的无功功率分配也能达到合理。

负调差系数机组并联运行与正调差系数机组并联运行比较，两者不同之处是：当机端总无功负荷增大时，前者使母线电压升高，而后者使母线电压降低。

当系统总无功负荷变化时，为了在并联运行的各台发电机之间合理地分配无功负荷，各台发电机的调差系数应相同；为了既合理又稳定地分配并联运行的各台发电机所带的无功负荷，各台发电机的调差系数不应为零或接近零。对于并联运行于发电机电压母线上的发电机，通常要求调差系数为+3%～+5%。

三、发电机经升压变压器后并联工作时的无功功率分配

装设600MW机组的发电厂，通常都采用发电机-变压器组单元接线，在升压变压器高压侧母线上并联运行。为了简化讨论，先假定两台发电机的调差系数均为零，同时忽略发电机和升压变压器的电阻，只考虑电抗。因此，从母线侧看，每一发电机-变压器组单元接线等值机具有正调差特性。

发电机经升压变压器在高压母线上并联运行时，即使发电机是无差特性，也能保证各发电机间无功负荷分配的稳定性，但系统总无功改变时，高压侧母线电压U_{B}仍随负荷变化较大。因此，为了保证高压母线电压维持在所希望的水平上，即补偿负荷电流I_Q在变压器电抗X_{T}上的压降，这就要求发电机具有适当的负调差系数。发电机负调差系数的取值与变压器的漏抗压降有关，要使发电机-变压器组单元的调差特性，即变压器高压侧母线上的调差特性$U_{\mathrm{B}}=f(I_Q)$适当向下倾斜，具有一定的正调差系数，以保证机组间无功分配的稳定性，变压器额定负荷时的漏抗压降：一般中小型变压器为4%～10%，大容量变压器为12%～15%。

同前所述，为使并联运行于高压母线上的各发电机-变压器组单元合理地分配无功负荷，它们（各单元等值机）应具有相同的调差系数。所要求的调差系数值需通过各发电机本身的自动励磁调节装置中的调差单元的调整来达到。

第三节　自动励磁调节装置原理

一、自动励磁调节装置的作用

自动励磁调节装置是自动励磁控制系统中的重要组成部分，如图4-4所示。图中表

明，励磁调节器检测发电机的电压、电流或其他状态量，然后按给定的调节准则对励磁电源设备发出控制信号，实现控制功能。

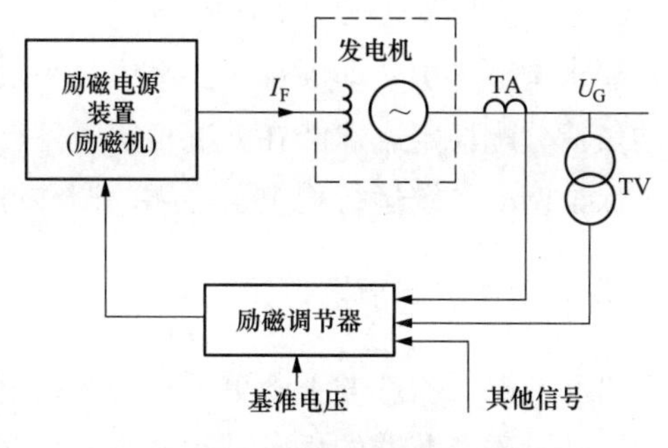

图 4-4　励磁控制系统框图

自动励磁调节器最基本的功能是调节发电机的端电压。调节器的主要输入量是发电机端电压，它将发电机端电压（被调量）与给定值（基准值或称参考值）进行比较，得出偏差值 ΔU，然后再按 ΔU 的大小输出控制信号，改变励磁机的输出（励磁电流），使发电机端电压达到给定值。励磁控制系统通过反馈控制（又称闭环控制）达到发电机输出电压自动调节的目的。

自动励磁调节器除输入发电机端电压进行反馈控制完成调压任务外，还可输入其他补偿调节信号，例如自复励系统中还加入定子电流作输入信号，以补偿由于定子电流变化引起的发电机端电压的波动。此外，还可以补偿输入电压变化速率（$\mathrm{d}U/\mathrm{d}t$）信号，以获得快速反应（时间常数小）的效果；也可以输入其他限制补偿信号、稳定补偿信号等。总之，在本章第一节中所述励磁系统的作用要通过自动励磁调节器来参与完成。

自动励磁调节器的基本任务是实现发电机电压的自动调节，故又称其为自动电压调节器（automatic voltage regulator，AVR）。

二、对自动励磁调节器的一般要求

自动励磁调节器除能参与完成本章第一节中所述的任务和要求外，还必须满足下述要求：

（1）具有较小的时间常数，能迅速响应输入信息的变化。一般要求量测时间常数不大于 20ms。

（2）调节精确。自动励磁调节器调节电压的精确度，是指发电机负荷、频率、环境温度及励磁电源电压等在规定条件内发生变化时，受控变量（即被调的发电机端电压）与给定值之间的相符程度。电压调节精确度有如下两个指标。

1）负荷变化时的电压调节精确度。负荷变化时的电压调节精确度（或称稳态电压调整率），是指在无功补偿单元（即调差装置）不投入的情况下，发电机负荷从零增长至额定值时端电压变化率。此变化率即励磁控制系统调压特性曲线的自然调差系数 δ_0。调压精确度的大小主要与励磁控制系统稳态电压放大倍数有关。稳态电压放大倍数越大，自然调差系数 δ_0 越小，即调压精确度越高。从发电机稳定运行分析中可知，增大励磁控制系统的电压放大倍数，可显著地提高发电机的同步转矩系数，有利于提高电力系统的动态稳定。因此要求自动励磁调节装置必须保证一定的调压精确度。现代的励磁调节装置调压精确度一般在±1%之内。

2）频率变动时的电压调节精确度。这是指发电机在空载状态下，频率在规定范围内变动 1%时，发电机端电压的变化率。现代的半导体型自动励磁调节装置的励磁系统，频率变动1%时，发电端电压的变化率小于0.25%。

(3) 要求调节灵敏，即失灵区要小或几乎没有失灵区。这样才能保证并列运行的发电机间无功负荷分配稳定，才能在人工稳定区运行而不产生功角振荡。

(4) 保证调节系统运行稳定、可靠，调整方便，维护简单。

三、数字式励磁调节器原理

随着自动装置元器件的不断更新，励磁调节器经历了机电型、电磁型、半导体型及数字发展阶段，励磁调节器的任务，也从单一的电压调节功能发展为目前的多种综合功能。目前新投运的大、中型机组上广泛采用数字式励磁调节器。

1. 数字式励磁调节器的构成

由于采用数字化控制方式，传统意义上的测量比较、综合放大和移相触发（触发晶闸管）等单元已经被软件数字运算所替代，已经没有独立的原部件。数字式励磁调节器的型式很多，但它们的基本框图却很相近。一般情况下，数字式调节器均采用比例积分微分（PID）自动控制方式。基本传递函数形式分为并联PID和串联PID两种形式。

(1) 并联PID传递函数如图4-5所示。

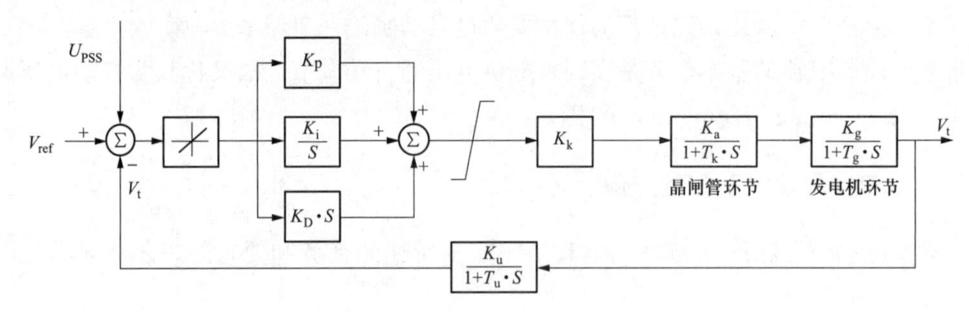

图4-5 并联PID传递函数示意

参数说明：

K_p——比例增益；K_i——积分增益；K_D——微分增益；K_u——量测增益；T_u——量测时间常数；K_k——比例增益；K_a——晶闸管放大系数；T_k——晶闸管时间常数；K_g——发电机放大系数；T_g——发电机时间常数。

(2) 串联PID传递函数如图4-6所示。

参数说明：

K_v——比例增益；T_1——一级超前时间常数；T_2——一级滞后时间常数；T_i——积分时间常数；T_r——量测时间常数；T_B——晶闸管时间常数；K_G——发电机放大系数；T'_{d0}——发电机时间常数；K_c——比例系数（增益）；K_f——比例系数；T_f——隔直环节时间常数；K_D——比例系数（增益）。

(3) 励磁系统中通常还有手动部分，一般采用励磁电流控制方式，采用比例积分（PI）控制或纯比例控制方式。调节器手动方式（含按发电机或交流励磁机的磁场电流的闭环调节）作为励磁调节器自动方式故障情况下的后备运行方式，能够在紧急时给发电机

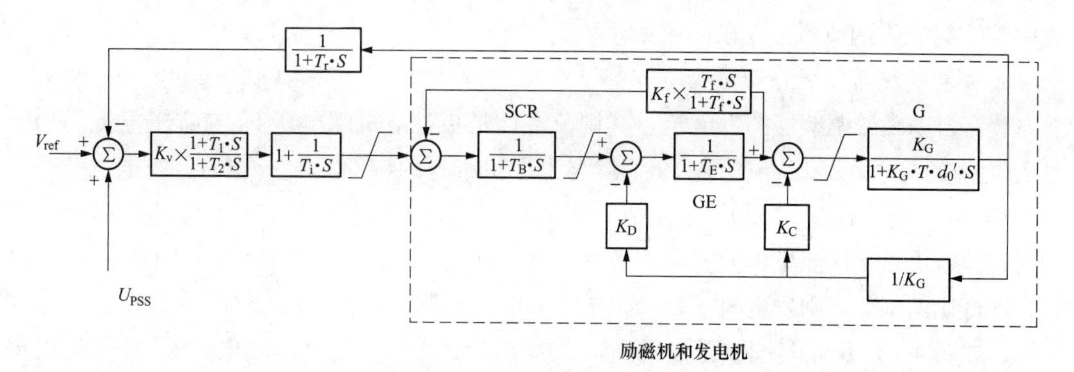

图 4-6　串联 PID 传递函数示意图

提供励磁，保证发电机不致失磁跳闸。但此时，励磁调节器只能保证给发电机转子提供基本的励磁电流。其他有关机组及电网稳定的附加功能［如过励磁限制、过励限制、低励限制、强励功能、电力系统静态稳定器（PSS)、调差功能等］均已经退出。因此，在手动方式运行期间，在调节发电机的有功负荷时必须先适当调节发电机的无功负荷，以防止发电机失去静态稳定性。

标准手动 PI 控制方式传递函数如图 4-7 所示。

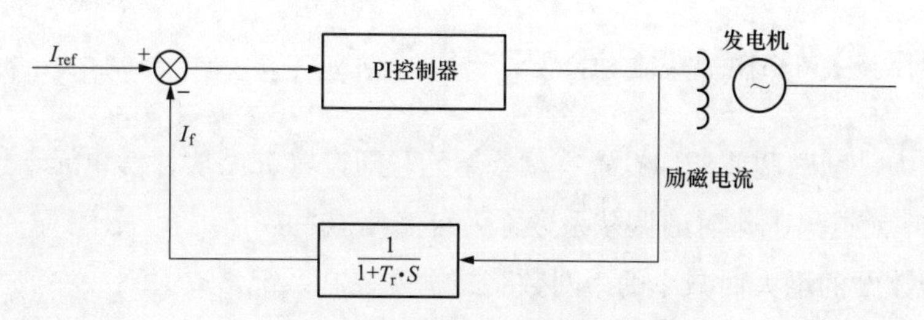

图 4-7　手动 PI 控制传递函数示意图

参数说明：

T_r——励磁电流量测时间常数。

2. 励磁调节器的基本特性

励磁调节器最基本的功能是调节发电机的端电压。常用的励磁调节器是比例式励磁调节器，它的主要输入量是发电机端电压 U_G，其输出用以控制励磁功率单元，以调节发电机的励磁电流 I_F。

比例式励磁调节器静态工作特性 $I_F=f(U_G)$ 如图 4-8 所示。由图可见，比例式励磁调节器在 ab 线段范围内工作，U_G升高，励磁电流 I_F急剧减少；U_G降低，I_F就急剧增加。据此，可达到维持发电机端电压在某一水平的目的。

如图 4-8 所示工作特性对应于励磁调节器的电压设定值（测量比较单元的基准值）为某一定值时的特性。当设定值改变时，调节器的静态工作特性曲线将随给定值变化而向左或向右移动。

励磁调节器的特性曲线在工作区内的陡度，是调节器性能的重要指标之一，即

$$K=\Delta I_F/\Delta U_G$$

式中：K 为励磁调节器工作段的放大系数。

3. 发电机调节特性

装有自动励磁调节器的发电机，其调节特性是指发电机端电压 U_G 与定子电流无功分量 I_Q 之间的关系，即 $U_G=f(I_Q)$。它除与发电机本身的特性［U_G 一定时，发电机转子电流 I_F 与 I_Q 的关系 $I_F=f(I_Q)$］有关外，主要决定于调节器的工作特性。如果励磁调节器中没有调差单元，让测量单元直接测量发电机端电压，只按电压偏差（测量值与基准值之差）进行比例调节，则发电机带自动励磁调节器后的调差特性 $U_G=f(I_Q)$ 为略有下倾的直线，如图 4-9 所示，其调差系数很小，无功电流变化时，发电机端电压 U_G 可保持近似恒定不变。

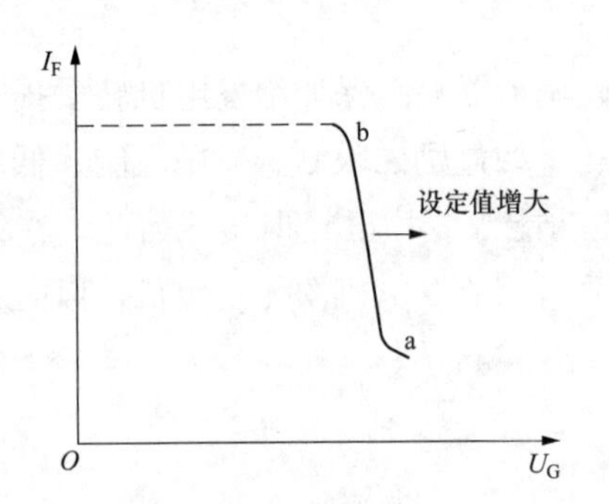

图 4-8　比例式励磁调节器的静态工作特性

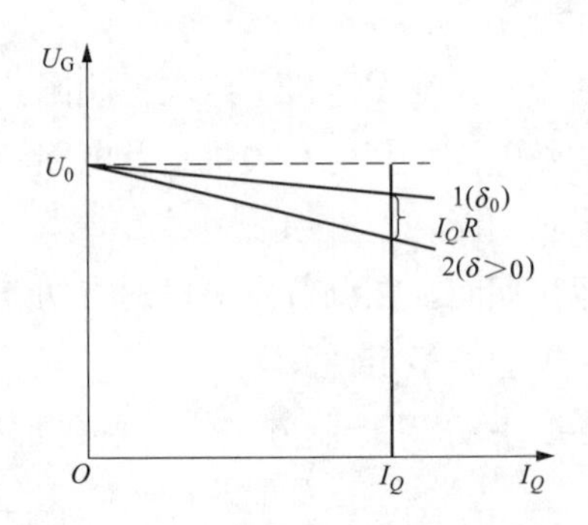

图 4-9　接入调差单元后发电机调压特性

励磁系统中，励磁调节器均设置有调差单元，即设置有无功补偿单元，用于改变调差系数 δ。调差单元退出工作时的调差系数称为自然调差系数，用 δ_0 表示。δ_0 值是随励磁控制系统放大倍数 k 的增大而减小的。对数字式励磁控制系统，放大系数 k 较大，δ_0 一般在 1%以内。并列运行各机组的调节特性应满足如下要求：

（1）为了使并列运行的各机组间无功负荷得到合理分配，要求各机组的调压特性曲线 $U_{G^*}=f(I_{Q^*})$ 具有相同的倾斜度，即要求调差系数相同；

（2）为了使并列运行的各机组所带的无功负荷得到稳定地分配，要求并列在发电机电压母线上的机组，其 $\delta=3\%\sim5\%$，通过升压变压器并列在高压母线上的机组，其 δ 一般取负值。

（3）为了达到这些目的，在励磁调节器中都设置有调差单元，使发电机调压特性的调差系数 δ 可在 $\pm5\%$ 或更大的范围（$\pm10\%$）内调整，以满足各种运行要求。

发电机的调压特性曲线，可通过励磁调节器中的电压设定值（基准电压）的调节而使其向上或向下平移，达到电压或无功调节目的。

4. 调差单元接线及工作原理

调差单元的基本工作原理是，在励磁调节器中电压设定值上增加一个与无功电流成比例的补偿值 U'_{ref}，即

$$U'_{ref}=U_{ref}\pm kI_G\sin\varphi$$

式中：k 为系数。

当无功电流增加或减小时，调差功能将通过励磁调节去减小或增大发电机的励磁，这样就实现了发电机的调差功能。无功补偿的附加电压（$kI\sin\varphi$），是励磁调节器通过发电机电压、电流测量计算后得出的。

发电端电压随感性无功负荷电流的增大而下降。调差单元对发电机调差特性的影响可用图 4-9 表示。图中直线 1 为励磁控制系统的自然调差特性，I_QR 是调差单元对调压特性的影响，它与特性 1 综合后就形成直线 2 的正调差特性。

如果调差功能通过励磁调节器的作用增加励磁，升高发电机电压，使电压调节特性向上倾斜，即具有负的调差系数。反之则为正。

5. 励磁限制和保护

励磁调节器除了上面介绍的基本组成外，还有一些限制和保护功能。例如，为了避免机组起励升压过程中发生超调，采用起励超调限制（或称空载励磁限制）；为了避免在系统电压或频率长期低落之下励磁电流超过额定值而引起励磁绕组过热，采用励磁过载延时限制与低频过励限制。此外，对于高顶值的励磁系统，常采用瞬时过励限制（或称最大励磁限制），为了避免在进相运行工况下欠励过分而引起失步，常采用欠励限制（或称最小励磁限制）。有的调节器上还设有电力系统稳定单元。

当然，并不是所有的数字式励磁调节器都必须具备上述所有的辅助功能，而是要根据运行要求和机组的具体情况，有选择地配置。下面介绍其中一些有代表性的限制和保护功能。

（1）空载励磁限制。空载励磁限制主要是避免启励升压过程中电压较低，励磁调节器产生不必要的强励作用及减少电压上升过程的超调量。一般做法是在机组并网之前，将发电机的励磁电流限定在对应于额定转速下的空载励磁电流附近，如限定在对应于 1.1 倍空载额定电压时所需的励磁电流。这样就避免了机组启励升压过程中发生过励超调。在发电机并网之后，空载励磁限制单元便自动退出工作，以使发电机能带上无功负载。

（2）励磁过载延时限制。励磁过载延时限制是为了发电机转子励磁绕组长期过载而采取的限制励磁的措施。一般当系统电压突然下降时，自动励磁调节器应迅速将发电机励磁增至顶值，进行强励，以保证发电机并联运行的稳定性。短时强励的程度应不致使转子温度升高达到威胁转子绕组绝缘。但是，如果经历了允许的强励时间（按转子温升限制10～20s 左右）之后，若强励电流还不能自动降下来，则励磁过载延时限制环节动作，退出强励，自动将励磁电流限制到发电机转子温升所容许的电流附近，故这种励磁限制也称延时励磁限制。其延时又分定时限和反时限两种，是避免长时间强励造成转子绕组损坏的一种保护措施。

过励延时限制曲线的形式如图 4-10 所示。

（3）最大励磁限制（瞬时过励限制）。有的励磁系统为了获得高起始响应速度，常采用提高转子励磁顶值电压（晶闸管阳极电压），而限制励磁电流超过容许值的强励倍数的办法，这就需要采用瞬时（非延时）过励限制，以限制强励电流的最大值。例如某无刷励

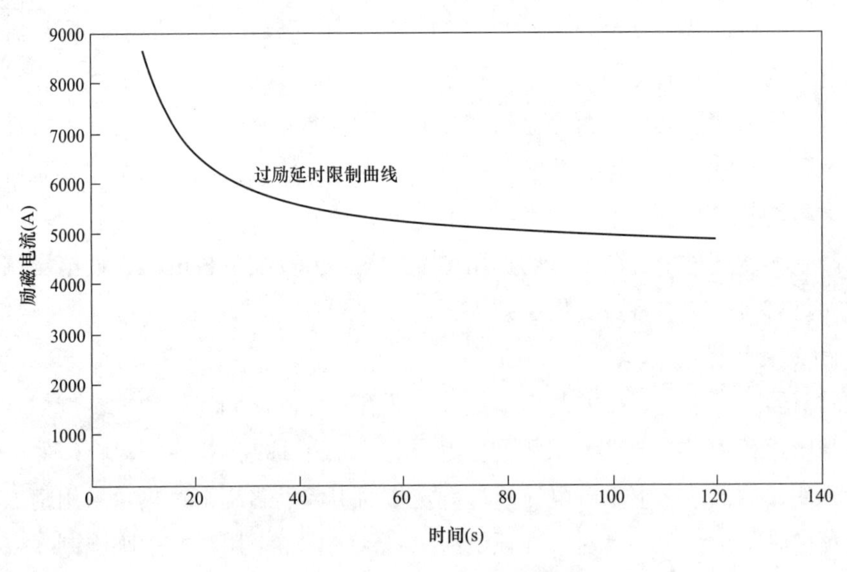

图 4-10 过励延时限制曲线图

磁系统（三机励磁系统），通过调节励磁机的励磁电流来调节发电机的电压，但励磁机的时间常数却较大，此时为获得高起始响应，就采用提高励磁机励磁电压的强励倍数（10倍以上）而限制励磁电流倍数的方法而获得。为了提高该励磁系统的可靠性，采用三级瞬时电流限制：

1）第一级整定值等于强励倍数（励磁机的强励顶值电流与额定励磁电流之比）。

2）第二级整定值等于强励倍数的 1.05 倍。

3）第三级整定值等于强励倍数的 1.1 倍。

三级限制定值逐级升高，后级保护前级，第三级动作延时 0.2s 跳发电机灭磁。如果这个系统的限制电路故障而不能限制强励电流，则在很短的时间内励磁机的励磁电流就会接近其额定励磁电流的 30 倍，发电机及其励磁系统就会严重损坏。

（4）最小励磁限制（欠励限制）。最小励磁限制的作用就是在发电机处于进相运行时，将其最小励磁值限制在发电机临界失步稳定极限范围内，并且使最小励磁值不致低于发电机进相运行时定子端部绕组及铁芯部件的发热允许范围。

当发电机端电压维持在额定值时，发电机定子电流的有功分量和无功分量就分别与该机的有功功率 P 和无功功率 Q 成正比。一般就利用这种关系来构成使发电机运行在稳定极限功率圆图之内的最小励磁限制功能。

欠励限制曲线的形式如图 4-11 所示。

（5）V/Hz 限制（U/f，电压/频率限制）。发电机和变压器的工作磁通密度（磁感应强度）$\boldsymbol{B}$ 与电压、频率比 U/f 成比例，其表达式为 $U=4.44f_{\mathrm{N}}\boldsymbol{B}S\times10^{-8}$。对于给定的发电机或变压器，绕组匝数 N 和铁芯截面积 S 都是常数，令 $k=10^{8}/4.44NS$，则其工作磁通密度的表达式可写成 $\boldsymbol{B}=kU/f$。

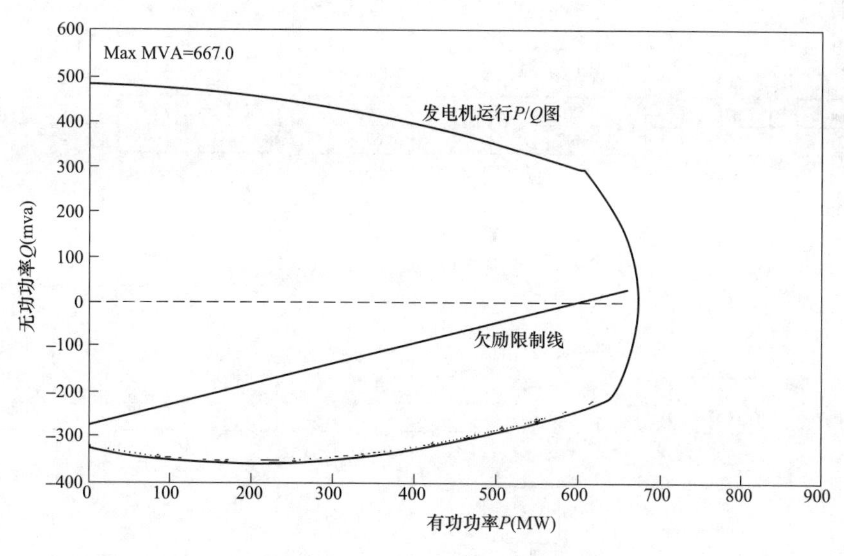

图 4-11 欠励限制曲线图

可见，电压升高或频率降低都将使工作磁通密度增加。工作磁通密度增加使励磁电流增加，特别是在铁芯饱和后，励磁电流急剧增大。

V/Hz 限制单元就是限制发电机的端电压与频率的比值，其目的是防止发电机和主变压器（发电机-变压器组）在空载、甩负荷和机组启动期间，由于电压升高或频率降低使发电机及主变压器铁芯饱和而引起的发热超过危险值。

V/Hz 限制单元的定值视机组运行要求而定。例如某些机组的励磁调节器，不但设有 V/Hz 限制，而且还设有 V/Hz 保护。其 V/Hz 限制的定值为 1.08 倍额定 V/Hz 值，限制的效果是：当发电机电压上升时，限制发电机的电压不会升高到使 V/Hz 比值超过给定限值；当发电机转速下降时，限制器使发电机端电压下降。V/Hz 保护的设定值是 1.1 倍额定 V/Hz 值，动作后报警并延时跳发电机灭磁。

（6）电力系统稳定器（power system stabilizer，PSS）。使用励磁调节器（AVR）可以控制电压，提高电网电压运行质量和稳定水平，但也带来负阻尼效应，在一定情况下系统将产生 0.1～2.0Hz 的低频振荡。为此增加一个自动调节环节 PSS，当发电机转子发生的 $\Delta\omega$ 角度变化，端电压也将发生 ΔU_t的变化，由于励磁系统的惯性，由 ΔU_t所起的作用会滞后于 $\Delta\omega$ 一个角度，相位滞后，减小了机组对电网的阻尼效果。为增加机组的阻尼作用，引入 PSS 附加控制，以便产生一个超前的相位，送到励磁调节器进行补偿，使最后综合的相位达到稳定区[$\pm(90\pm30)°$]。通过 PSS 可以引入一个附加的 $\Delta\omega$（或 $\Delta\omega \cdot \Delta P$）信号，经过处理向励磁调节器提供正阻尼。

按照 IEEE 标准，按照 PSS 工作原理，国内外主要有 PSS1A、PSS2A 两种形式。

1）PSS1A 标准传递函数图如图 4-12 所示。PSS1A 方式，采用发电机有功功率变量 ΔP_e 信号作为 PSS 的输入量，通过相位校正，为励磁提供附加控制，增加正阻尼。

2）PSS2A 标准传递函数图如图 4-13 所示。PSS2A 方式，同时采用 ΔP_e 和 $\Delta\omega$ 作为输入量，通过相位校正，为励磁提供附加控制，增加正阻尼。

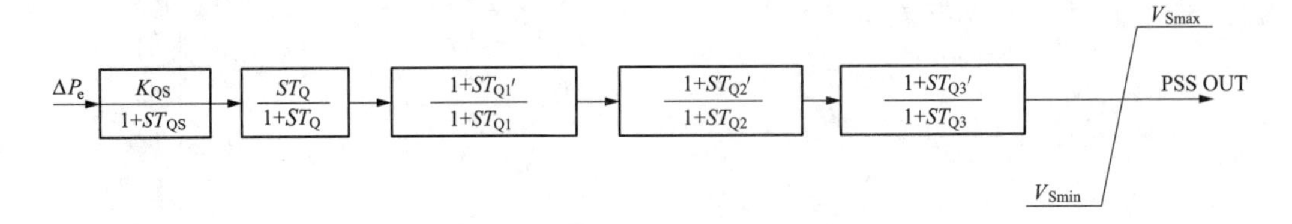

图 4-12　PSS1A 标准传递函数图

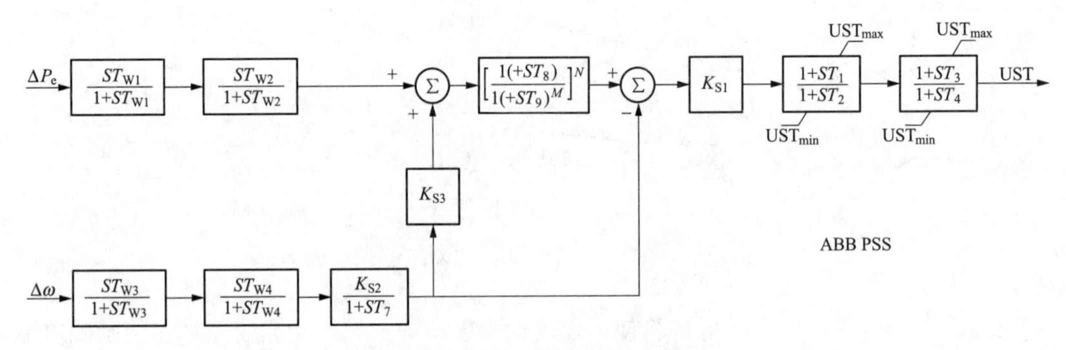

图 4-13　PSS2A 标准传递函数图

（7）举例：现场实际测量 PSS 投入和退出状态下对系统扰动的抑制情况

1）PSS 未投入时，机组有功功率振荡波形如图 4-14 所示。

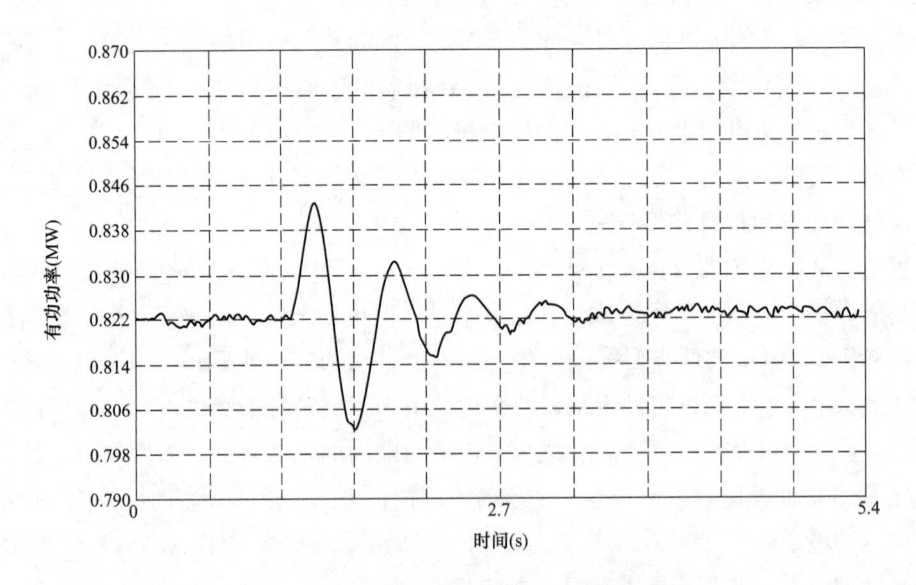

图 4-14　PSS 未投入时机组有功功率振荡波形

2）PSS 投入后，机组有功功率振荡波形如图 4-15 所示。

通过波形比较，可以看出，PSS 投入后，能够有效地减小机组有功功率的振荡，有利于机组的稳定运行。

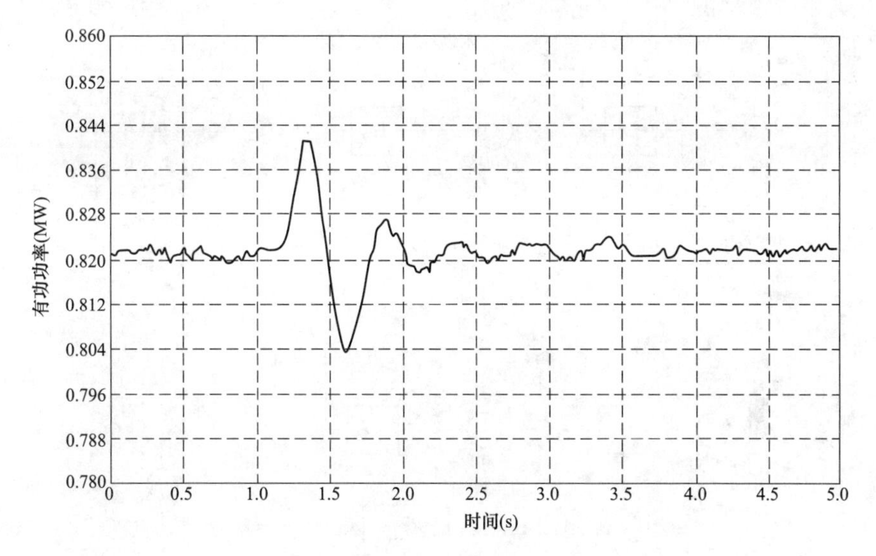

图 4-15　PSS 投入后机组有功功率振荡波形

第四节　励磁系统的运行与异常事故处理

一、概述

200MW 以上同步发电机的励磁系统所采用较多的励磁方式多为他励交流励磁机（三机励磁）方式和自并励静止励磁方式。

（1）他励交流励磁机（三机励磁）静止励磁工作方式是发电机同轴的交流副励磁机（永磁机）输出电压经晶闸管整流后给主励磁机励磁，而交流主励磁机输出电压经静止的硅整桥整流后通过电刷和滑环给发电机励磁。其励磁工作方式采用的是三机励磁方式，即同轴交流副励磁机输出经晶闸管功率整流柜（SCR）整流后给主励磁机励磁，再由主励磁机输出经硅整流后给发电机励磁，同时由励磁调节器来控制励磁电流的大小，从而实现调节发电机无功和电压的目的。

采用他励交流励磁机（三机励磁）方式的优点是：①励磁电源可靠，②不受电力系统和发电机出口端短路故障的影响，③励磁机的容量不受限制等。不足之处是由于带有旋转部件，增加了机组轴系长度，导致结构比较复杂从而降低了可靠性，并使得轴系稳定性差，励磁响应慢，机组占地面积大。

他励交流励磁机（三机励磁）励磁系统主要由中频交流副励磁机、交流主励磁机、励磁整流单元、自动励磁调节装置和手动励磁调节装置、励磁系统开关几大部分组成。与其配套的主要装置是由三相全控桥式整流装置、灭磁及转子过压保护装置、启励装置、微机励磁调节器及手动控制装置、必要的监测、保护、报警等辅助装置组成。他励交流励磁机（三机励磁）励磁系统原理如图 4-16 所示。

（2）自并励静止励磁工作方式是先由外部提供初始励磁电源给发电机转子回路励磁，当发电机电压升到额定值的 20%～30%，初始励磁电源自动退出，由取自发电机出口电压

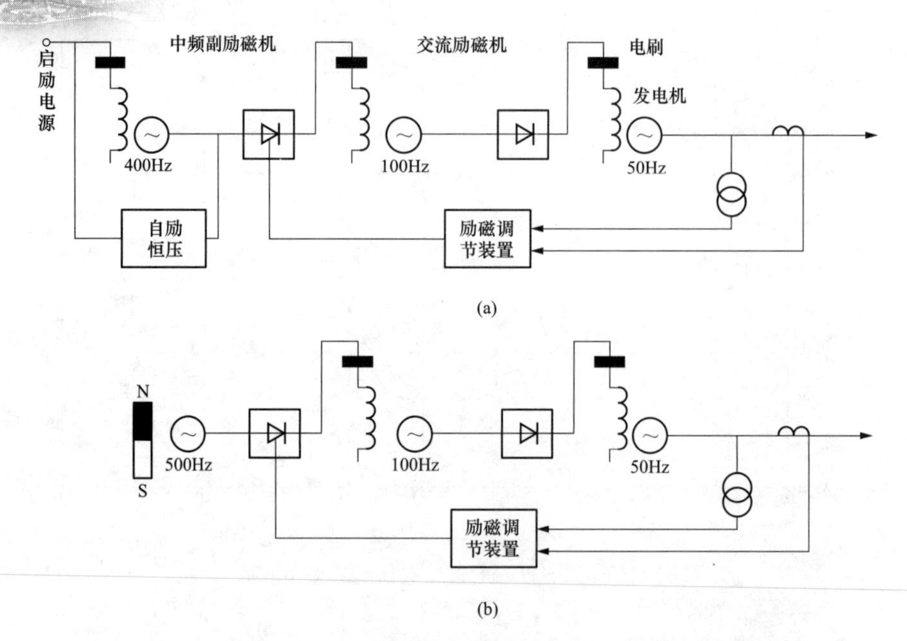

图 4-16 交流励磁机静止硅整流器励磁系统原理图

(a) 采用自励恒压中频副励磁机；(b) 采用永磁式中频副励磁机

经静止的励磁电源变压器及静止的晶闸管桥整流后供给发电机转子绕组励磁。

采用自并励静止励磁方式的特点是：该励磁方式由于没有旋转部件，减少了机组轴系长度，因而具有结构简单、可靠性高、轴系稳定性好、励磁响应快、机组占地少等优点。不足之处是当发电机和系统事故时，对励磁调节系统有一定的影响。与他励晶闸管励磁系统相比在其他条件相同的情况下，暂态稳定极限约低 2%～5%。

自并励静止励磁系统主要由励磁调节柜、整流柜、整流器辅助柜、磁场断路器柜、励磁变压器（EXT）等几大部分组成。与其配套的主要装置由三相全控桥式整流装置、灭磁及转子过压保护装置、启励装置、微机励磁调节器及手动控制装置、必要的监测、保护、报警等辅助装置组成。自并励静止励磁系统原理简图如图 4-17 所示。

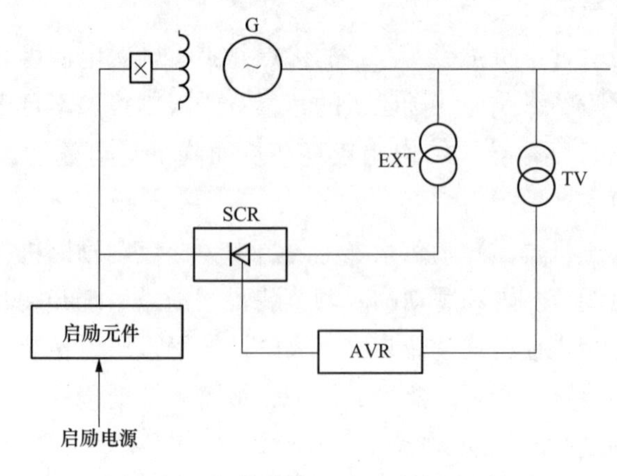

图 4-17 自并励静止励磁系统原理简图

二、自并励静止励磁系统主要设备的作用和特点

（一）励磁功率单元

1. 启励（初励）单元

该单元的启励电源一种是由厂用低压交流400V母线接取，通过初励降压变压器送入硅整流后，输出的直流再由初始励磁开关给发电机转子绕组励磁建立初始电压（一般达到发电机额定电压的30%以上定值退出）。另一种是由本机组的直流系统220V或110V母线接取，再由初始励磁开关给发电机转子绕组励磁建立初始电压（一般达到发电机额定电压的30%以上定值退出）。初始励磁成功后会自动退出初始励磁开关转为本机励磁电源。初励变压器为短时工作方式，允许间隔5min通电启励一次。启励时，当发电机电压不大于10%，启励装置应保证励磁调节器能可靠投入。当发电机端电压上升到规定值时，启励回路自动脱开。并设启励投入和启励故障远方信号。

2. 励磁变压器

励磁变压器采用干式变压器，Y/△接线，干式变压器一次、二次绕组间设可靠的屏蔽层并引出接地。励磁变压器能承受整流负载电流分量中高次谐波所产生的热量。励磁变压器能承受通过6.3kV厂用电对发电机-变压器组进行空载试验时130%额定机端电压和短路试验110%额定电流。励磁变压器的容量能满足强励和发电机各种运行工况，在环境温度－5～＋45℃下连续运行不超温。

3. 励磁整流单元

（1）晶闸管整流装置柜设计数量是根据机组的容量大小一般为4～7组，静态晶闸管的整流方式为三相全控桥，并具有逆变能力。如一个柜故障退出报警，其他柜可满足包括1.1倍额定励磁和强励在内的各种运行工况的要求；退出二个柜能保证发电机在额定工况下连续运行。均流系数应大于90%，晶闸管桥不采用串联设计。可以优先考虑在带电运行时退出故障的整流柜，以便于检修更换部件。每个晶闸管元件设快速熔断器保护，可及时切除短路故障电流。每柜的交流侧设浪涌吸收措施抑制尖峰过电压，直流过压保护采用电压滤波器。冷却方式采用强迫风冷，采用可靠的低噪音风机，设有同等风量的备用风机。在风压或风量不足时备用风机自动投入。提供两路冷却风机电源，两路电源能自动切换。

（2）灭磁开关柜装有灭磁开关、启励装置、非线性灭磁电阻及远近控切换手把、就地合拉闸按钮、控制直流、信号直流等相关元件，其灭磁开关主要作用是在正常或事故情况下接通和断开发电机励磁电源回路。逆变灭磁装置的作用是在正常情况下用晶闸管整流逆变后逆变灭磁。非线性灭磁电阻的作用是在故障情况下跳开直流灭磁开关并接通跨接器使发电机转子绕组接入非线性电阻进行灭磁。启励装置是在发电机开机初期，给发电机转子绕组提供初始励磁电流。

（二）励磁调节装置

1. 自动励磁调节器

自动励磁调节器最基本的功能是能自动调节发电机的端电压。调节器的主要输入量是

发电机端电压，它将发电机端电压与给定值进行比较，得出偏差值 ΔU，然后再按 ΔU 的大小输出控制信号，改变晶闸管的输出（励磁电流），使发电机端电压达到给定值。励磁控制系统通过反馈控制（又称闭环控制）达到发电机输出电压自动调节的目的。自动励磁调节器的基本部分由调差、测量比较、综合放大、移相触发（触发晶闸管）四个基本单元构成。每个单元再由一至若干个环节组成。

自动电压调节器的控制系统为双自动励磁调节器（AVR）结构，即励磁调节控制系统为双通道（A 和 B），并在每个通道中设有手动/自动两种调节方式，通道之间及方式之间均设有自动跟踪装置，以实现平稳无扰动切换。正常运行时，一个通道工作，另一个通道备用。为尽量保持双 AVR 二次回路的独立性，两套 AVR 所输入的发电机电压取自不同的电压互感器（一般惯例设 A 套为工作、B 套为跟踪备用），正常运行时由 A 套调节器控制励磁变低压侧的多组 SCR 功率屏直流输出，而 B 套为无偏差自动跟踪 A 套输出脉冲同步信号，以保证 A 套发生故障时自动切到 B 套时不会造成发电机的无功波动或进相。反之 B 套运行而 A 套无偏差自动跟踪时的切换逻辑一样。

为保证发电机电压调节性能和系统的动静态稳定，自动励磁调节器配置有：欠励限制、过励延时限制、最大励磁电流瞬时限制、强励限制、低频（V/F）励磁限制、空载过压限制、部分功率柜切除时的励磁电流限制等多种限制功能和 PSS 装置。

2. 手动励磁调节器

手动励磁调节器的主要输入量是发电机励磁电压或电流，它将发电机励磁电压或电流与静态电压或电流给定器预先整定的参考电压或电流进行比较，由此得出偏差信号送入综合放大单元，然后再按偏差信号的大小输出控制脉冲信号，改变晶闸管的输出（励磁电流），使发电机端电压达到给定值。达到发电机输出电压自动调节的目的。手动励磁调节器的基本部分由检测器、测量比较、综合放大、移相触发（触发晶闸管）四个基本单元构成。各单元再由不等环节组成。

手动励磁调节器正常时发出备用自动跟踪自动励磁调节器的脉冲同步信号，以保证自动励磁调节器 A、B 套同时发生故障时自动切到手动励磁调节器时不会造成发电机的无功波动或进相。

三、励磁系统的运行方式与倒换

（一）励磁调节系统运行方式

1. 两套自动励磁调节器系统运行方式（A 类）

（1）两套调节器自动方式运行。

（2）单套调节器自动方式运行。

（3）调节器手动方式运行。

（4）整流柜手动方式运行。

正常运行方式为两套调节器自动方式运行时，调节器手动方式均为自动跟踪备用状态。整流柜手动方式为手动跟踪备用状态，调节器手动和整流柜手动方式均为非正常运行方式。

2. 两套自动励磁调节器系统运行方式（B类）

（1）A（B）套调节器自动 B（A）套为跟踪方式运行。

（2）单A套调节器自动方式运行。

（3）单B套调节器自动方式运行。

（4）整流器手动方式运行。

调节器正常的运行工作方式为两套调节器中任意一套为自动工作，另一套为自动跟踪备用方式，手动调节器为手动跟踪工作中的自动调节器做备用。当一套自动调节器工作另一套自动调节器退出或调节器手动方式运行均为非正常运行方式。

（二）励磁调节控制系统运行中的切换

发电机的自动励磁调节系统在运行状态下，调节器装置本身或测量信号、通道及交流、直流工作电源出现严重故障时，调节器会自动切换为另一套自动或调节器手动方式，两套及以上均故障时会自动切换为整流柜手动方式。

因自动励磁调节器中的任一套系统的一次或二次设备出现轻微异常现象，并且检修人员要求进行检查或消除处理时，需由运行人员进行操作将故障自动励磁调节器系统退出运行以采取相关必要的安全技术措施后方能进行处理为前提下进行的人为倒换。

发电机的自动励磁调节系统在运行状态下，因自动励磁调节器多套系统的一次或二次设备均出现异常故障，使自动励磁调节器不能正常稳定工作，并且检修人员要求进行检查处理时或继电保护人员需要改变自动励磁调节器的相关定值进行试验时，需由运行人员进行操作将自动励磁调节器多套系统同时退出运行，并倒为手动励磁调节器方式。

1. 励磁调节器的自动切换

（1）两套自动励磁调节器系统的自动切换（A类）。

1）励磁调节器在自动方式运行，两个通道的电压互感器信号故障时，励磁调节器自动切换到手动方式运行。

2）励磁调节器的两个自动通道发生通信故障时，励磁调节器自动切换到整流柜手动方式运行。

3）一个自动通道故障时，故障通道无扰动退出，并发出报警信号。

4）任一套励磁调节器本身故障时，调节器自动切换到手动方式运行。

5）两套励磁调节器同时故障时，励磁调节器自动切换到整流柜手动方式运行。

（2）两套自动励磁调节器系统的自动切换（B类）。

1）当A套装置运行中工作不正常时（如调节器的控制电源消失、本身用的电压检测量电压断线或消失、通道故障、脉冲信号中断或消失等），将自动由A套切换到B套运行并发出报警信号。

2）当B套装置运行中工作不正常时（如调节器的控制电源消失、本身用的电压检测量电压断线或消失、通道故障、脉冲信号中断或消失等），将自动由B套切换到A套运行并发出报警信号。

3）当A、B套调节器运行中工作不正常，如调节器的控制电源消失、本身用的电压检测量、电压断线或消失、脉冲信号中断或消失时，自动调节器A、B套自动切换到手动方式运行（A、B套故障→跳SCR输出断路器→合入SR输出断路器）并发出报警信号。

调节器的电压互感器出现故障后，调节系统将自动切为另一套自动工作方式，并发出报警信号。

一套调节器故障后，调节系统将自动切为另一套自动工作方式，并发出报警信号，不影响调节器的自动调整。

当两套调节器故障后，调节系统将自动切为整流器手动方式运行，以维持发电机电压正常。

整流器手动方式运行，A或B套自动调节器均可自动跟踪手动，可直接由手动切为自动方式运行（但多数厂采用并列转移负荷的方式进行倒换）。

2. 励磁调节器的手动切换

（1）两套自动励磁调节器系统的手动切换（A类）。

切换操作：

1）磁调节器由自动切换为手动方式时，在励磁控制盘或DCS励磁画面上按手动按钮，励磁控制盘上自动指示灯灭，手动指示灯亮。

2）励磁调节器由手动切换为自动方式时，在励磁控制盘或DCS励磁画面上按自动按钮，励磁控制盘上手动指示灯灭，自动指示灯亮。

3）由励磁调节器手动切换为整流柜手动方式时，按下整流辅助柜上手动投入按钮，AVR投入指示灯灭，整流柜投入指示灯亮。

4）由整流柜手动切换为励磁调节器手动方式时，按下整流辅助柜上AVR投入按钮，整流柜投入指示灯灭，AVR投入指示灯亮。

上述倒换应注意的要点：

1）调节器由自动切换为调节器手动方式时，不需调节励磁电流。

2）励磁调节器的手动与整流柜手动方式之间的切换应在整流柜控制面板上进行。

3）禁止直接进行励磁调节器的自动与整流柜手动方式的切换操作，必须先将励磁调节器的自动切为调节器手动方式后，再与整流柜手动方式进行切换。

（2）两套自动励磁调节器系统的手动切换（B类）。

由A套自动倒换为B套自动的操作原则：

1）励磁调节器由A套自动倒换为B套自动前，应检查A、B套的电压给定值一致和脉冲触发角度相等。

2）按下自动励磁调节器盘内B套主CPU面板上的主/从切换按钮自动励磁调节器由A套倒换为B套运行。

由B套自动倒换为A套自动的操作原则：

1）自动励磁调节器由B套自动倒换为A套自动前，检查A、B套的电压给定值一致和脉冲触发角度相等。

2）按下自动励磁调节器盘内A套主CPU面板上的主/从切换按钮自动励磁调节器由B套倒换为A套运行。

上述倒换应注意的要点：

1）倒换之前发电机运行正常，励磁回路应无接地，并且相关各参数无异常变化。

2）倒换之前自动励磁调节器A、B套均不影响倒换的已知因素。

3）当A、B套的电压给定值（或跟踪偏差大）不一致时，A、B套之间不能进行倒换，否则倒换过程中会造成发电机无功负荷增减的波动和出口电压过高过低，当各种原因巧合时还会发生失磁。

4）当A、B套的脉冲触发角度不相等时，A、B套之间也不能进行倒换，否则倒换过程中会造成发电机无功负荷增减的波动和出口电压过高过低，当脉冲触发角度过小时还会造成发电机失磁。

5）两台机组的自动励磁调节器安装在同一室内时，值班人员在执行上述操作之前必须认真核对机组和设备装置的名称编号无误后再进行操作，以免发生人为的错误操作。

由A或B套自动倒为手动方式的步骤：

1）检查手动励磁调节器系统在正常备用状态；

2）将手动调压器接近下限位置（注意SR柜输出电压数值在最低位置）；

3）在控制盘或后台工业电视（CRT）操作画面将手动调压器直流输出断路器合上；

4）缓慢增加手动输出电流，至无功负荷及主励电流略有升高；

5）缓慢减少自动输出电流，保持无功负荷不变；

6）待手动输出电流到预定，自动输出电流最小时，拉开自动输出直流断路器。

由手动倒为A或B套自动方式的步骤：

1）检查自动励磁调节器系统在正常自动跟踪状态；

2）查看自动输出电流为零；

3）在控制盘或CRT操作画面将自动调压器功率屏直流输出断路器合上；

4）缓慢增加自动调压器的输出电流，至无功负荷及主励电流略有升高；

5）缓慢减少感应调压器的输出电流，维持发电机端电压及无功负荷不变；

6）待自动输出电流到预定，手动输出电流最小时，拉开手动柜直流输出侧断路器。

上述倒换应注意要点：

1）自动倒手动或手动倒自动前，发电机励磁回路应无接地或其他影响倒换的异常现象。

2）自动倒手动前，必须检查感应调压器为下限位置，否则合上手动励磁调节器功率屏直流输出侧断路器后，会造成发电机无功负荷的波动和出口电压过高。

3）手动倒自动前，必须检查自动励磁调节器触发角应大于110°，并且SCR直流输出侧电流应指示为零。

4）自动倒手动时的调整操作，应先增加感应调压器的输出电流，再降低自动励磁调节器的输出电流，否则，当自动励磁调节器欠励限制（最小励磁限制）失控时就会造成发电机的进相或失磁。

5）手动倒自动时的调整操作，应先增加自动励磁调节器的输出电流，再降低手动励磁调节器的输出电流，否则，手动励磁调节器本身无最小励磁限制和电机制动功能更容易造成发电机的进相或失磁。

6）自动倒手动或手动倒自动的调整过程中，要实时监视发电机端电压及无功负荷参数基本保持不变，避免发生人为的误调整。

7）自动倒手动的调整过程终止后，在拉开自动励磁调节器功率屏直流输出侧断路器前，还应再次确认发电机的无功负荷已全部由感应调压器带，SCR 功率屏直流输出电流近于零。

8）手动倒自动的调整过程终止后，在拉开手动励磁调节器 SR 功率屏直流输出侧断路器前，还应再次确认发电机的无功负荷已全部由自动励磁调节器带，SR 功率屏直流输出电流近于零。

四、励磁系统运行中的异常故障处理

（一）自动励磁调节器（AVR）系统的异常故障处理

1. AVR 用电压互感器断线

现象：

（1）主盘及 CRT 应发出“AVR-PT 断线”报警信号；

（2）“调节器 A 套故障”报警信号发出；

（3）调节器柜相应报警灯亮，显示窗有具体报警内容；

处理：

（1）应检查 A 套自动励磁调节器自动切换到 B 套或由自动切为手动方式，调整有关参数至正常；

（2）未自动切换时，应立即手动进行切换；

（3）注意发电机的无功和电压参数有无波动和变化，并及时进行调整；

（4）通知保护专业人员进一步查找并确定断线的相别后，做好 A 套自动励磁调节器的安全隔绝措施再将发生断线故障相的电压互感器做停电处理；

（5）重点检查一次和二次熔断器有无烧断，如因熔丝烧断引起的，应重新更换同型号阻值近似的熔断器，再将电压互感器和自动励磁调节器恢复到正常方式；

（6）如一次和二次熔断器检查正常时，还应对故障电压互感器的一次和二次绕组分别进行通断和直阻的测量。发现绕组内部断线或直阻增大，应更换同型号并且特性相同的整组电压互感器，更换前由专业人员对新更换的电压互感器做相关的电气试验均正常后，再将电压互感器和自动励磁调节器恢复到正常状态；

（7）自动励磁调节器和保护共用电压互感器发生断线故障异常处理时，还要考虑退出相关的保护，恢复后将退出的保护投入。

2. 电压调节器失灵

现象：

（1）系统电压变化，发电机端电压不能维持恒定，且无功表计指示异常；

（2）发电机励磁电压、电流变化指示异常；

（3）励磁调节装置故障报警信号发出。

处理：

（1）因调节器内部故障且相应的信号发出时，应调整手动、自动输出平衡，由自动切为手动调节，使功率因数在0.85～0.95间运行；

（2）对三机励磁系统应查看A套、B套输出电压应基本接近，将调节器由A套切为B套运行，并调整各励磁参数至正常；

（3）通知专业检修人员查找处理，待故障消除后，将调节器恢复为自动方式或A套运行。

3. 电压调节器输出不稳定

现象：

（1）发电机转子电流、电压表计摆动；

（2）发电机定子电压、电流及无功功率表计摆动；

（3）AVR输出电压、电流表计摆动；

（4）调压器装置故障报警信号有可能发出。

处理：

（1）如调节器内部参数发生变化或相关元件、模块故障时，对AVR双柜或多通道运行方式的，应将故障柜或故障通道退出运行，由保护人员查找处理好后，恢复运行；

（2）AVR单柜或单、双通道方式时，应将AVR由自动切换到手动方式。手动切换失灵时，则应切到备用励磁或整流器手动方式；

（3）AVR为A套或B套方式时，应将AVR由A套切换到B套或由B套切换到A套方式。如切换失灵时，则应切到手动调节器或备用励磁方式；

（4）对励磁回路现场检查是否有断续接地或接触不良现象，发现后及时找检修处理，并及时恢复。

4. 电压调节器综合限制动作

现象：

（1）AVR综合限制光字信号发出；

（2）V/F、过励、强励、欠励其中任一限制光字信号发出；

（3）发电机各表计与相对应的限制动作发生对应变化；

（4）强励动作与强励限制相继发出；

（5）系统频率、电压会降低。

处理：

（1）V/F限制动作时，注意发电机频率如在47.5Hz以上发电机定子电压应不变。当发电机频率低至47.5Hz以下时，发电机定子电压随频率降低而下降。发电机频率降低至45Hz及以下时，则逆变灭磁，使发电机失磁掉闸，此时按发电机自动掉闸处理。

（2）过励限制动作时，应注意发电机转子电流应自动降低，使无功功率降至允许值，否则，应手动调整减少发电机转子电流，降低无功功率至允许值内。

（3）当励磁电流超过额定，在10s内不得干涉调整。时间超过10s未恢复强励限制动作时，应注意励磁电流应限制在1.1倍额定励磁电流以内，否则人为将励磁电流降到允许值内。

(4) 发电机运行在进相状态时，如欠励限制动作，将使发电机进相无功功率限制在允许值内，否则手动调整减少进相无功负荷至与有功负荷相对应规定值。

(5) 当AVR综合限制动作时，值班人员应记录动作原因及发电机的无功功率和出口电压、频率、励磁电流、电压等有关参数。若处理中发电机-变压器组主断路器掉闸时，应按发电机主断路器自动掉闸处理。

5. 自动强行励磁装置动作

现象：

(1) 发电机出口电压上升、无功负荷上升；

(2) 转子励磁电压、电流增大、转子温度急速上升，有时到最大值；

(3) 无功负荷有突增现象，其幅值大小与强励大小有关，有可能过负荷；

(4) 强励动作延时报警信号发出；

(5) 10s后强励限制动作信号发出。

处理：

(1) 查明是否为系统故障引起，强励动作后，自动励磁方式下强励动作后，20s（按本厂规定）内不得干预调整，20s后如发电机定转子电流不能恢复正常，应将AVR调节器切为手动方式，将励磁电流调到1.05倍的额定值以下；

(2) 如强行励磁装置继续动作，应将强励装置暂时退出运行；

(3) 如强行励磁装置误动作，应将故障调节器通道退出或切为手动方式；

(4) 必要时，联系调度适当降低发电机有功，相应增加无功负荷，同时监视定子铁芯温度不超过允许值；

(5) 处理过程中励磁过流保护动作时，应按发电机事故掉闸处理；

(6) 强励动作后，应对发电机、励磁机滑环和电刷进行检查，看有无烧伤痕迹；

(7) 注意电压恢复后短路磁场电阻的继电器触点是否打开。

6. AVR功率柜故障

现象：

(1) AVR功率柜故障报警信号发出；

(2) SCR柜快速熔断器熔断灯亮；

(3) 冷却风机故障掉闸灯亮。

处理：

(1) SCR柜冷却风机停止运行时，应检查风机电源及控制回路是否正常，若为电源故障应及时查找处理，及时恢复风机运行；

(2) 若控制回路或风机本身故障，通知检修人员处理，处理期间监视风温打开盘门，必要时降低发电机转子电流或倒手动方式；

(3) SCR柜快熔熔断器熔断时，查看SCR输出电压、电流变化情况，检查熔断器熔断的相别与数量和其他异常情况，必要时可倒为手动方式调节（多只熔断器熔断可能会将自动调节器切为手动调节器），并通知检修人员检查处理。

(二) 主整流柜单元的异常故障处理

1. 冷却风机掉闸

现象：

（1）“主整流柜故障”报警信号发出；

（2）就地盘柜风机运行灯灭，跳闸灯亮。

处理：

（1）就地检查主整流柜风机掉闸原因，根据具体掉闸原因，尽快恢复风机运行；

（2）短时不能恢复时，应注意监视该组主整流柜风温，必要时可采取装设临时冷却设备的措施；

（3）处理过程中若主整流柜温度达到报警温度时，应适当降低发电机励磁电流或退出该组主整流柜运行。

2. 整流柜温度高（冷却风压低）

现象：

（1）主整流柜故障；

（2）CRT 报警显示主整流柜温度高。

处理：

（1）检查冷却风机运行是否正常，有异常工况时，联系检修人员尽快处理；

（2）若为入口风篦子脏造成堵塞使风量减少时，应及时进行清理；

（3）若为检测元件问题应进行校验或更换；

（4）确定主整流管温度高时，若条件允许可适当降低励磁电流的方法，若条件不允许应尽量采取强制降温措施。

3. 快速熔断器熔断

现象：

（1）主盘主整流柜及 CRT 显示×组整流柜熔丝断报警信号发出；

（2）就地主整流柜盘门上对应的熔断器监视灯熄灭；

（3）熔断器熔丝断指示器动作或弹出；

（4）故障主整流柜交流侧断路器跳闸。

处理：

（1）主整流柜交流侧断路器接跳闸时，应在主盘或 CRT 画面中将断路器复归至跳闸后状态。

（2）查看 CRT 励磁监视画面中其他组主整流柜负荷电流增加变化情况。

（3）就地检查熔断器的故障相别和数量，将故障整流柜交、直流侧断路器、隔离开关及控制电源断开后，通知检修人员更换同参数的熔断器，消除后将主整流柜恢复正常运行。

（4）若两组主整流柜同时出现此故障时，断路器未接跳闸的不得同时将主整流柜退出，应分别进行处理。断路器接跳闸的应将电压调节器由自动切换为手动调整，带有强励装置的将其退出，并注意发电机转子电流不得超过单组主整流柜的额定电流。

（5）全部故障消除后，将主整流柜和电压调节器恢复正常运行。

4. 主整流柜两侧断路器、隔离开关触头过热

现象：

（1）测温蜡片融化或测温纸变色，严重时接触部位有过热发白现象；

（2）用测温仪测温时，发热部位温度明显升高，涂漆或包有绝缘部分有过热痕迹；

（3）盘柜内有过热刺鼻异味。

处理：

（1）若温度异常高时，则应立即降低负荷电流；

（2）检查冷却风机运行是否正常，通风滤网是否堵塞，按情况分别处理；

（3）打开盘柜门加装临时通风冷却措施；

（4）倒换运行方式，将故障设备进行隔绝处理；

（5）特殊情况下不能消除时，应加强监视并申请停机处理。

（三）励磁主回路异常故障处理

1. 发电机外部励磁主回路绝缘降低

现象：

（1）"励磁回路一点接地"报警信号出；

（2）发电机各表计指示正常；

（3）保护屏一点接地信号灯亮，显示窗有接地报警记录。

处理：

（1）接地报警信号发出时，值班人员应先复归接地信号，确认为瞬间接地，还是永久性接地，同时查看接地极性。

（2）如为瞬间接地时，应到现场检查确因有电刷维护或做卫生人员因工作不慎而引起，要立即停止其工作，未查出原因要注意下次是否再发接地报警并记录间隔时间做进一步查找。

（3）如为永久接地时，对励磁回路进行外部检查，未发现异常时；再用高内阻电压表测量正、负极对地电压，来判断是发电机转子内部绕组接地还是外部励磁回路接地（测量前应将一点接地端断开，测量完恢复）。

（4）若外部接地，采取对励磁回路进行吹尘清扫，加热干燥或断开可能断开的励磁二次设备，看绝缘是否上升，仍不能消除时报告公司领导听候处理；

（5）若判断为转子内部线圈为稳定金属一点接地时，应尽快申请安排停机处理。

2. 励磁变压器温度高

现象：

（1）"励磁变压器温度高"报警信号发出；

（2）CRT 显示温度为报警数值，励磁电流指示可能增大；

（3）冷却系统故障可能报警。

处理：

（1）监视并调整励磁电流到允许值内，观察温度是否下降；

（2）检查本体温度与遥测温度是否一致，偏差大找检修人员处理；

（3）检查冷却系统是否正常（根据风机或制冷设备以及电源有无掉闸等情况，及时查找恢复）；

（4）若环境温度高使变压器温升增大，应采取加装临时冷却装置或其他降温措施，必要时，可再降低励磁电流。

思考题

1. 何谓同步发电机的励磁系统？其作用是什么？

2. 同步发电机的励磁方式有哪些？

3. 实现自动调节励磁的基本方法有哪些？

4. 自动调节励磁装置按其结构可分为哪几类？说明其特点及应用范围。

5. 何谓继电强行励磁装置？其作用是什么？

6. 继电强行励磁装置中的低电压继电器的动作电压是怎样整定的？对其返回系数如何要求？为什么？

第五章
电压、电流互感器

互感器是量测电器，被广泛应用于电力系统中，向测量仪表和继电保护装置提供电压或电流信号。互感器有电压互感器和电流互感器两大类。

互感器的作用有以下三个方面：

(1) 量程扩大。电网电压很高，电流很大。电气仪表和继电保护装置只有在低电压和较小电流下才有好的技术经济性能，因此需要互感器将信号变小。

(2) 电气仪表和继电保护装置的标准化。将一次回路的高电压和大电流变为二次回路标准的低电压和小电流，使测量仪表和保护装置标准化、小型化，并使其结构轻巧、价格便宜，并便于屏内安装。

(3) 隔离高压。互感器一次侧和二次侧在电气上互相绝缘，使二次设备与高电压部分隔离；二次侧的电压很低，且互感器二次侧均接地，从而较好地保证二次系统设备和操作人员的安全。

第一节 电 压 互 感 器

一、电压互感器工作原理

电压互感器是一个内阻极小的电压源，正常运行时负载阻抗很大，相当于开路状态，二次侧仅有很小的负载电流，当二次侧短路时，负载阻抗为零，将产生很大的短路电流，会将电压互感器烧坏。因此，电压互感器二次侧短路是电气试验人员的一大忌。

按原理分类，传统的电压互感器分为电磁式电压互感器和电容式电压互感器两大类。

1. 电磁式电压互感器

电磁式电压互感器是一种特殊变压器，其工作原理和变压器相同，电压互感器一次绕组并联在高电压电网的线间或线与地间，二次绕组外部并接测量仪表和继电保护装置等负荷，仪表和继电器的阻抗很大，二次负荷电流小，且负荷一般都比较恒定。电压互感器的容量很小，接近于变压器空载运行情况，运行中电压互感器一次电压不受二次负荷的影响，二次电压在正常使用条件下与一次电压成正比。

电磁式电压互感器绝缘结构是影响经济性能的重要环节。电磁式电压互感器典型结构及其应用场合如下：

(1) 干式电压互感器。干式电压互感器一般在500V及以下低电压等级上采用。

(2) 浇注式电压互感器。浇注绝缘有其独特的电气性能和机械性能，防火防潮，寿命长，且制造简单。该电压互感器广泛应用于35kV及以下，特别是10kV电压级最多。

（3）油浸式电压互感器。油浸式电压互感器普遍用于35～220kV各等级。35kV电压互感器的一次绕组和二次绕组全部套在一个铁芯上，这种一次绕组不分级的电压互感器称为单级式电压互感器。

目前我国66～220kV各等级电压互感器主要制成串级式，以简化绝缘结构。串级式电压互感器均为单相接地式互感器。所谓串级式，就是把一次绕组分为匝数相等的几个部分，每一等分匝数制成一个绕组分别套在各自的铁芯上，构成串级中的一级，再将各级绕组串联起来。

（4）SF_6 气体绝缘电压互感器。近年来，SF_6 气体绝缘电压互感器在GIS中应用较多，SF_6 气体是一种惰性气体，绝缘性能良好，不易燃，灭弧能力强，因此是一种极好的绝缘物质。SF_6 电压互感器采用单相双柱式铁芯，器身结构与油浸单级式电压互感器相似。

SF_6 气体绝缘电压互感器分为配套式（应用于GIS中）和独立式。独立式 SF_6 气体绝缘电压互感器需有充气阀、吸附剂、防爆片、压力表、气体密度继电器等部件，以保证其安全运行。

2. 电容式电压互感器

电容式电压互感器（简称CVT），具有电磁式电压互感器的全部功能，同时可兼作载波通信的耦合电容器之用。电容式电压互感器主要是由电容分压器、中间变压器、补偿电抗器、阻尼器等部分组成，后三部分总称为电磁单元。电容式电压互感器原理性电路图如图5-1所示。

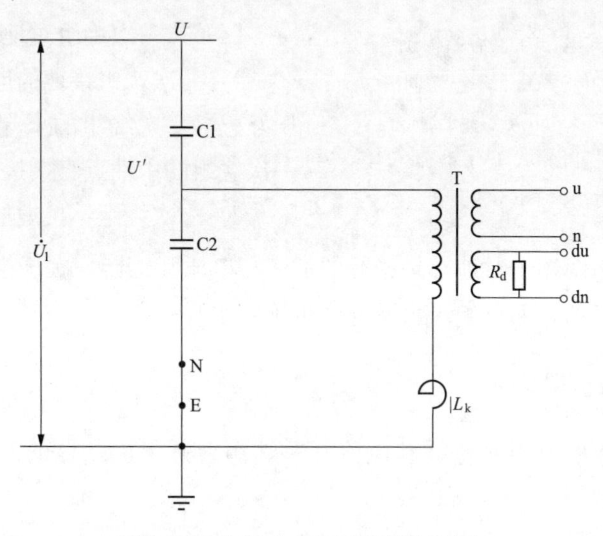

图5-1　电容式电压互感器电路图

电容式电压互感器总体上可分为电容分压器和电磁单元两大部分。电容分压器由高压电容C1及中压电容C2组成，电磁单元则由中间变压器、补偿电抗器及限压装置、阻尼器等组成，电容式电压互感器总体结构如图5-2所示。

电容式电压互感器在110～1000kV高压、超高压、特高压电力系统中得到了广泛应用。

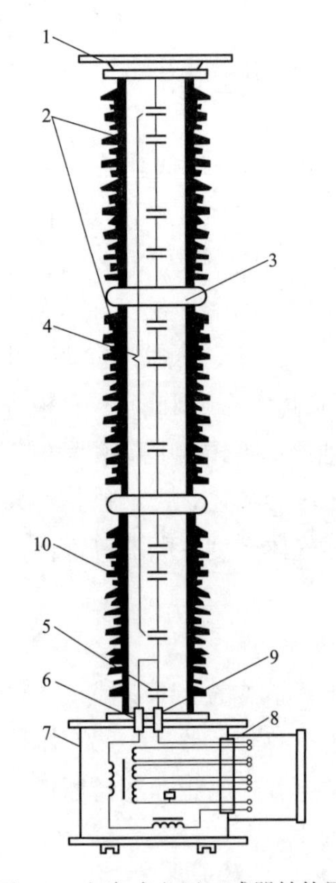

图 5-2　电容式电压互感器结构图

1—密封铁帽；2—上中节瓷套管；3—节间法兰；
4—串接电容器；5—分压电容器至通信；
6—密封底座；7—中间电磁式 TV；8—油位计；
9—串接电阻；10—下节瓷套管

二、电压互感器分类

（1）按用途分类。

1）测量用电压互感器（或电压互感器的测量绕组）。在正常电压范围内，向测量、计量装置提供电网电压信息。

2）保护用电压互感器（或电压互感器的保护绕组）。在电网故障状态下，向继电保护等装置提供电网故障电压信息。

（2）按相数分类。

1）单相电压互感器。一般 35kV 及以上电压等级采用单相式。

2）三相电压互感器。一般在 35kV 及以下电压等级采用三相式。

（3）使用条件分类。

1）户内型电压互感器。安装在室内配电装置中，一般用在 35kV 及以下电压等级。

2）户外型电压互感器。安装在户外配电装置中，多用在 35kV 及以上电压等级。

（4）按一次绕组对地运行状态分类。

1）一次绕组接地的电压互感器。单相电压互感器一次绕组的末端或三相电压互感器一次绕组的中性点直接接地。

2）一次绕组不接地的电压互感器。单相电压互感器一次绕组两端子对地都是绝缘的，三相电压互感器一次绕组的各部分，包括接线端子对地都是绝缘的，而且绝缘水平与额定绝缘水平一致。

三、组合式互感器

组合式互感器：由电压互感器和电流互感器组合并形成一体的互感器称为组合式互感器。

第二节　电 流 互 感 器

一、电流互感器工作原理

电流互感器是一种专门用作变换电流的特种变压器，将一次回路的大电流成正比地转换为二次小电流以供给测量仪表、继电保护设备使用，计算公式为

$$K_n = \frac{I_{1n}}{I_{2n}} \approx \frac{N_2}{N_1}$$

式中：K_n 为额定电流比，即电流互感器额定一次电流对额定二次电流之比；N_1 为一次绕组匝数；N_2 为二次绕组匝数。

电流互感器在正常运行时，二次电流产生的磁通势对一次电流产生的磁通势起去磁作用，励磁电流甚小，铁芯中的总磁通很小，二次绕组的感应电动势不超过几十伏。如果二次侧开路，二次电流的去磁作用消失，其一次电流完全变为励磁电流，引起铁芯内磁通剧增，铁芯处于高度饱和状态，加之二次绕组的匝数很多，根据电磁感应定律 $E=4.44fNB$，就会在二次绕组两端产生很高（甚至可达数千伏）的电压，不但可能损坏二次绕组的绝缘，而且将严重危及人身安全。再者，由于磁感应强度剧增，使铁芯损耗增大，严重发热，甚至烧坏绝缘。因此，电流互感器二次侧开路是绝对不允许的，这是电气试验人员的一个大忌。

二、电流互感器的分类

（1）按用途分。

1）测量用电流互感器（或电流互感器的测量绕组）。在正常工作电流范围内，向测量、计量等装置提供电网的电流信息。

2）保护用电流互感器（或电流互感器的保护绕组）。在电网故障状态下，向继电保护等装置提供电网故障电流信息。

（2）按绝缘介质分。

1）干式电流互感器，由普通绝缘材料经浸漆处理作为绝缘介质。

2）浇注绝缘电流互感器，用环氧树脂或其他树脂混合材料浇注成型的电流互感器。

3）油浸式电流互感器，由绝缘纸和绝缘油作为绝缘介质，一般为户外型。目前我国在各种电压等级均为常用。

4）气体绝缘电流互感器，主绝缘介质由 SF_6 气体构成。

（3）按安装方式分。

1）贯穿式电流互感器，用来穿过屏板或墙壁的电流互感器。

2）支柱式电流互感器，安装在平面或支柱上，兼做一次电路导体支柱用的电流互感器。

3）套管式电流互感器，没有一次导体和一次绝缘，直接套装在绝缘的套管上的一种电流互感器。

4）母线式电流互感器，没有一次导体但有一次绝缘，直接套装在母线上使用的一种电流互感器。

（4）按一次绕组匝数分。

1）单匝式电流互感器，大电流互感器常用单匝式。

2）多匝式电流互感器，中小电流互感器常用多匝式。

（5）按二次绕组所在位置分。

1）正立式电流互感器，二次绕组在产品下部，是国内常用结构型式。

2）倒立式电流互感器，二次绕组在产品头部，是近年来比较新型的结构型式。

（6）按电流比变换分。

1）单电流比电流互感器，即一、二次绕组匝数固定，电流比不能改变，只能实现一种电流比变换的电流互感器。

2）多电流比电流互感器，即一、二次绕组匝数可改变，电流比可以改变，可实现不同电流比变换。

3）多个铁芯电流互感器，这种互感器有多个各自具有铁芯的二次绕组，以满足不同精度的测量和多种不同的继电保护装置的需要。为了满足某些装置的要求，其中某些二次绕组具有多个抽头。

（7）按保护用电流互感器技术性能分。

1）稳定特性型，保证电流在稳态时的误差，如P、PR、RX级等。

2）暂态特性型，保证电流在暂态时的误差，如IPX、TPY、TPZ、TPS级等。

（8）按使用条件分。

1）户内型电流互感器，一般用于35kV及以下电压等级。

2）户外型电流互感器，一般用于35kV及以上电压等级。

三、电磁式电流互感器结构

（1）树脂浇注式电流互感器。目前我国普遍使用绝缘的合成树脂材料有不饱和树脂和环氧树脂两种。环氧树脂克服了不饱和树脂的缺点，性能较高。环氧树脂浇注式互感器的结构可分为半封闭（半浇注）和全封闭（全浇注）两种。

（2）油浸式电流互感器。油浸式电流互感器都是户外式产品。按主绝缘结构不同，它可分为纯油纸绝缘的链型结构和电容型油纸绝缘结构。我国生产的66kV及以下电流互感器多采用链型绝缘结构，而110kV及以上电流互感器则主要采用电容型绝缘结构，其中正立式互感器常采用U形（一次）电容结构，倒立式互感器则常采用吊环形（二次）电容结构。

高压电流互感器一次绕组大都由能够并联或串联的两个线段组成，可得到两个电流比。一般有2～6个二次绕组，其中1～2个作计量和测量用，其余的做保护用（P级），有些二次绕组也设有抽头，以便从二次侧改变电流比。

电容型绝缘结构电流互感器在实际应用中更加广泛，主要包括正立式和倒立式两种结构。正立式电容型绝缘结构的主绝缘全部都包扎在一次绕组上，若为倒立式结构，则主绝缘全部包扎在二次绕组上。正立式结构一次绕组常采用U形见图5-3（a），倒立式结构二次绕组常采用吊环形如图5-3（b）所示。

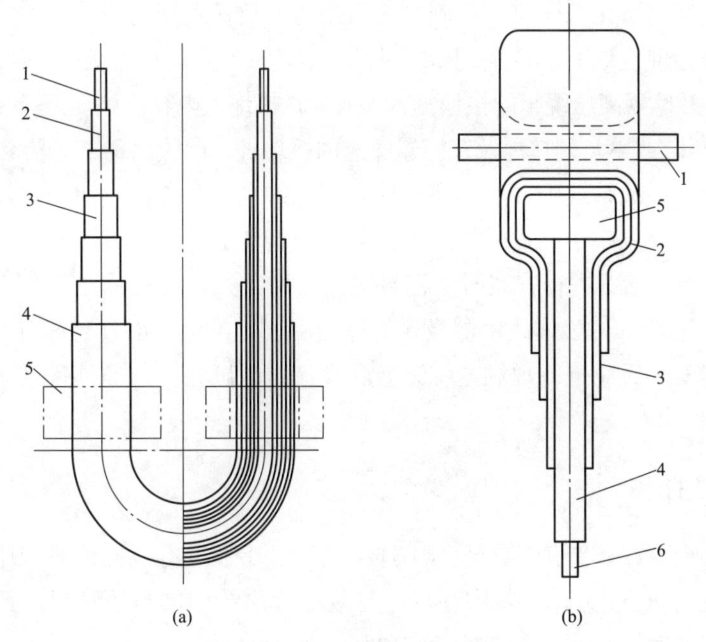

图 5-3　电容型绝缘结构图

(a) U 形电容型绝缘；(b) 吊环形（倒立式）电容型绝缘

1—一次导体；2—高压电屏；3—中间电屏；4—地电屏；5—二次绕组；6—支架

第三节　互感器的使用、维护

一、互感器的投运条件

互感器投运前应做好检查和试验，其试验结果应与出厂一致，差别较大时应分析并查明原因。不合格的互感器不得投入运行。

对于用于计量的互感器，在交接试验时应进行误差试验。电磁式电压互感器在交接试验和投运前，应进行 $1.5U_n/\sqrt{3}$（中性点有效接地系统）或 $1.9U_n/\sqrt{3}$（中性点非有效接地系统）电压下的空载电流测量，其增量不应大于出厂试验值的 5%，并且工频空载电流（折算到高压侧）不大于 10mA。

交接试验和投运前，针对有疑问的油浸式互感器应进行 90℃油介质损耗因数测量、油中溶解气体分析和微水含量分析，电磁式电压互感器要分别测量整体和绝缘支架的介质损耗因数。

停运半年及以上的互感器、已安装完成的互感器若长期未带电运行（110kV 及以上大于半年；35kV 及以下一年以上），在投运前应按照规程进行预防性试验，合格后方可投运。

事故抢修安装的油浸式互感器，应保证静放时间：放倒运输到变电站马上安装的 220～500kV 互感器，带电前应静放 24h。

新安装和检修后的互感器，投运前应仔细检查密封状况，油浸式互感器不应有渗漏油现象，并调整油面在相应位置，使之在最低环温时仍有指示。有渗漏油问题的互感器不得投运。

互感器二次绕组所接负荷应在准确等级所规定的负荷范围内。

互感器在投运前应注意检查各部位接地是否牢固可靠，如电流互感器的电容末屏接地、电磁式电压互感器高压绕组的接地端（X或N）接地、电容式电压互感器的电容分压器部分的低压端子（δ或N）的接地及互感器底座的接地等，严防出现内部悬空的假接地现象。

中性点非有效接地系统中，作单相接地监视用的电压互感器一次中性点应接地，为防止谐振过电压，应在一次中性点或二次回路装设消谐装置。

SF_6 气体绝缘互感器进行安装时，密封检查合格后方可对互感器充 SF_6 气体至额定压力，静置24h后进行 SF_6 气体微水测量。气体密度表、继电器必须经校验合格。SF_6 气体绝缘电流互感器安装后应进行现场老练试验和交流耐压试验。条件具备且必要时还宜进行局部放电试验。

二、互感器的运行

电压互感器允许在1.2倍额定电压下连续运行，中性点有效接地系统中的互感器，允许在1.5倍额定电压下运行30s，中性点非有效接地系统中的电压互感器，在系统无自动切除对地故障保护时，允许在1.9倍额定电压下运行8h。

电流互感器允许在设备最高电流下和额定连续热电流下长期运行。

电压互感器二次回路，除剩余电压绕组和另有专门规定者外，应装设快速开关或熔断器；主回路熔断电流一般为最大负荷电流的1.5倍，各级熔断器熔断电流应逐级配合，自动开关应经整定试验合格方可投入运行。

三、互感器的巡检、维护及缺陷处理

运行人员正常巡视应检查记录互感器油位情况。对运行中渗漏油的互感器，应根据情况限期处理，必要时进行油样分析，对于含水量异常的互感器要加强监视或进行油处理。油浸式互感器严重漏油及电容式电压互感器电容单元渗漏油的应立即停止运行。

如运行中互感器的膨胀器异常伸长顶起上盖，应立即退出运行。当互感器出现异常响声时应退出运行。当电压互感器二次电压异常时，应迅速查明原因（如电容式电压互感器可能发生自身铁磁谐振，电磁式电压互感器可能发生内部绝缘故障等）并及时处理。

1. SF_6 电流互感器的检查

运行中应巡视检查气体密度表工况，产品年漏气率应小于1%。若压力表偏出绿色正常压力区（表压小于0.35MPa）时，应引起注意，并及时按制造厂要求停电补充合格的 SF_6 新气，运行中应监测 SF_6 气体含水量不超过300μL/L。设备故障跳闸后，应先使用 SF_6 分解气体快速测试装置，对设备内气体进行检测，以确定内部有无放电。

2. 互感器的操作

（1）严禁用隔离开关或摘下熔断器的方法拉开有故障的电压互感器。

（2）停用电压互感器前应注意下列事项：防止自动装置的影响，防止误动、拒动。将二次回路主熔断器或自动断路器断开，防止电压反送。

（3）新更换或检修后互感器投运前，应进行下列检查：检查一次、二次接线相序、极性是否正确。测量一次、二次绕组绝缘电阻。测量熔断器、消谐装置是否良好。检查二次回路。

(4) 在运行方式安排和倒闸操作中应尽量避免用带断口电容的断路器投切带有电磁式电压互感器的空母线；当运行方式不能满足要求时，应进行事故预想，及早制订预防措施，必要时可装设专门消除此类谐振的装置。

3. 互感器常见故障与处理

(1) 电磁式电压互感器故障处理。

1) 三相电压指示不平衡，一相降低，另两相正常，线电压不正常，或伴有声、光信号可能是互感器高压或低压熔断器熔断；若是新投运的互感器有可能变比不相符，应及时处理。

2) 在中性点非有效接地系统中，一相电压降低，另两相电压升高或指针摆动，可能是单相接地故障或基频谐振，或负荷较轻时，三相对地电容电流不平衡引起；如三相电压同时升高并超过线电压，则可能是分频或高频谐振，应采取消谐措施。

3) 在中性点有效接地系统中，当母线倒闸操作时，出现相电压升高并以低频摆动，一般为串联谐振现象。若无任何操作，突然出现相电压升高或降低，则可能是互感器内部绝缘故障，如串级式电压互感器可能是绝缘支架击穿或一次绕组层间或匝间短路（上绕组故障，U_2 升高，最下绕组故障，U_2 降低），上述两种情况均应立即退出运行，进行检查。

4) 在中性点有效接地系统中，电压互感器投运时出现电压表指示不稳定，可能是高压绕组 N(X) 端接地接触不良，应立即退出运行，进行检查。

(2) 电容式电压互感器故障处理。

1) 三相电压不平衡，开口三角有较高电压，设备有异常响声并发热，可能是阻尼回路不良引起自身谐振现象，应立即停止运行。

2) 二次输出为零，可能是中压回路开路或短路，电容单元内部连接断开，或二次接线短路。

3) 二次输出电压高，可能是电容器有元件损坏，或电容单元低压端未接地。

4) 二次输出电压低，可能是电容器有元件损坏，二次过负荷或连接接触不良或电磁单元故障。

5) 二次电压波动，可能是二次连接松动，或分压器低压端子未接地或未接载波回路，如果是速饱和电抗型阻尼器，有可能是参数配合不当。

(3) 电流互感器故障处理。

1) 电流互感器过热，可能是一次端子内外触点松动，一次过负荷或二次开路，应立即停运。

2) 互感器产生异音，可能是有电位悬浮、末屏开路及内部绝缘损坏，二次开路，螺栓松动，应立即停运。

(4) 巡视中发现下列情况之一时，应立即将互感器停用。

1) 电压互感器高压熔断器连续熔断 2～3 次。

2) 互感器有严重放电现象，高压套管严重裂纹、破损时，浇注绝缘互感器表面裂纹放电时。

3) 互感器内部有严重异音、异味、冒烟或着火。

4) 互感器本体或引线端子严重过热时。

5）电流互感器末屏开路，二次开路，电压互感器接地端子N(X）开路，二次短路，不能消除时。

6）膨胀器已永久变形，或压力释放阀装置已冲破或互感器严重漏油。

7）电容式电压互感器电容单元出现渗漏油。

8）SF_6 气体绝缘互感器严重漏气。

（5）绝缘缺陷处理。

1）互感器进水受潮的绝缘缺陷。

a. 主要表现。绕组绝缘电阻下降，介损超标或绝缘油指标不合格。

b. 原因分析。产品密封不良，使绝缘受潮，多伴有渗漏油或缺油现象，以老型互感器为多，通过全密封改造后，这种现象已大为减少。

c. 处理办法。应对互感器进行器身干燥处理，如判断为轻度受潮，可采用热油循环干燥，如判断为严重受潮，则需进行真空干燥。对老型号非全密封结构互感器，应加装金属膨胀器，改为全密封。

2）绝缘油油质不良的绝缘缺陷。

a. 主要表现。绝缘油介损超标，含水量大，简化分析项目不合格如酸值过高等。

b. 原因分析。制造厂对进货油样试验把关不严，劣质油进入系统，或运行维护中对互感器原油的产地、牌号不明，未做混油试验，盲目混油。

3）处理办法。如系新产品质量问题，不论是否投运，一律返厂处理，通过有关试验确认，如仅污染器身表面，可作换油处理，此时还应注意清除器身内部残油。如严重污染器身，则应更换器身全部绝缘，必要时更换一次绕组导体。

4）如系老产品且投运多年，可视情况采用换油处理或进行油净化处理。

思考题

1. 对电流互感器和电压互感器的一次、二次侧引出端子为什么要标出极性？为什么采用减极性标注？

2. 造成电流互感器测量误差的原因是什么？

3. 电压互感器和电流互感器在作用原理上有什么区别？

4. 什么叫电抗变压器？它与电流互感器有什么区别？

5. 电流互感器二次负载阻抗如果超过其容许的二次负载阻抗，为什么准确度就会下降？

6. 电流互感器在运行中为什么要严防二次侧开路？

7. 电压互感器在运行中为什么要严防二次侧短路？

8. 电流互感器二次绕组的接线有哪几种方式？

第六章
厂用电系统

第一节 厂用电及厂用负荷分类

一、概述

现代大容量火力发电厂要求其生产过程自动化和采用计算机控制。为了实现这一要求，需要有许多厂用机械和自动化监控设备为主设备（汽轮机、锅炉、发电机等）和辅助设备服务，而其中绝大多数厂用机械采用电动机拖动。因此，需要向这些电动机、自动化监控设备和计算机供电，这种电厂自用的供电系统称为厂用电系统。发电厂厂用机械用电，照明用电以及直流配电装置等的电源用电称为发电厂的厂用电。

发电厂的厂用电系统接线通常采用单母线接线形式，高压厂用母线由工作电源和备用电源双路供电，低压厂用电源由接在不同母线上的变压器经降压后供电。为了保证厂用电系统供电的可靠性，厂用接线一般采用分段的原则，各段相对独立，既方便于运行、检修，又可减少事故影响的范围。大容量发电机机组还设有柴油发电机作为事故保安电源，在高压厂用电因故障全部失去时，为保安负荷供电，保证设备的安全。

二、厂用负荷分类

根据厂用设备在发电厂生产过程中的作用及其重要性，以及供电中断对人身、设备、生产的影响。厂用设备可分为以下几类：

（1）第Ⅰ类负荷。短时（手动切换恢复供电所需的时间）的停电可能影响人身或设备安全，使生产停顿（机组解列）或发电机组出力大量下降者。如给水泵、凝结水泵、循环水泵、引风机、一次风机、送风机等。对于第Ⅰ类厂用负荷应有两套，电动机必须保证能自启动，并由两个独立电源供电，当一个电源失电后，另一电源应自动投入。

（2）第Ⅱ类负荷。较长时间的停电虽有可能损坏设备或影响正常生产，但在允许的停电时间内如及时经过人员的操作而重新取得电源，不至于造成生产混乱者。如疏水泵、排污泵、输煤设备等。对于第Ⅱ类厂用电动机，应采用两个独立电源供电，一般采用手动切换。

（3）第Ⅲ类负荷。长时间停电不致直接影响生产者。如中心修配车间的电动机，一般由一个电源供电。

（4）不停电负荷。在机组运行期间，以及正常或停机过程中，甚至在停机后的一段时间内，需要进行连续供电的负荷。如计算机、热工保护、继电保护、自动控制和调节装置等。

（5）事故保安负荷。在全厂发生停电时，为了保证机组安全地停止运行，事后又能很快地重新启动，或者为了防止危及人身安全等原因，需要在全厂停电时继续供电的负荷。

按负荷所要求又可分为直流保安负荷（如汽机直流润滑油泵、发电机氢侧和空侧密封直流油泵等）和交流保安负荷（如交流润滑油泵、盘车电机、顶轴油泵等）。

第二节 厂用电源的切换

一、概述

厂用电的安全可靠关系到机组、电厂乃至整个系统的安全运行。火力发电厂中，厂用电一般包括高压和低压厂用电，厂用电源又分为工作电源和备用电源两种。当发电机-变压器组为单元式接线时，在发电机出口并列的高压厂用变压器，称为工作电源。发电机正常运行时，厂用负荷由高压厂用变压器供电。当发电机出口不设置断路器时，为发电机的启动，还需要设置启动兼备用变压器。作为厂用系统的启动兼备用电源，机组启动时，厂用负荷由启动备用变压器供电，机组并网并带有一定负荷后，厂用电源由启动备用变压器切换至高压厂用变压器供电。当机组正常停机时，则首先将厂用电源由工作电源切换至备用电源，以保证安全停机。以上两种切换称为正常切换。当发电机-变压器组系统出现故障、电气继电保护或热工保护动作跳闸时，要求备用电源尽快投入，其目的也是为了安全停机。这种切换称为事故切换。

根据厂用电系统的可靠性要求，大容量机组的厂用备用电源应取自与本厂出线电源相对独立的电源系统。如电厂的出线接入500kV电网且厂内没有装设500kV与220kV之间的联络变压器，则启动备用变压器一般单独接于地区的220kV电网。虽然这个独立的备用电源在电网中与本厂的出线电源是同步运行的，但由于在这中间横跨了一个较大的地理区域，因而造成厂用工作电源与备用电源之间可能存在着电压差和相角差，这个电压差和相角差的大小取决于电网具体的网架结构和电网潮流。电压差可以通过调节启动备用变压器的有载分接开关进行调节。而相角差则是无法控制的。按照实践经验，当相角差小于15°时，厂用电切换造成电磁环网的冲击电流是厂用变压器所能承受的。否则，就只能改变运行方式或者采用其他措施。

厂用电源的切换在厂用电系统中是非常重要的环节，在启动、停机、消缺、解列及工作电源故障等情况下，都涉及电源的切换，因此必须给予重视。

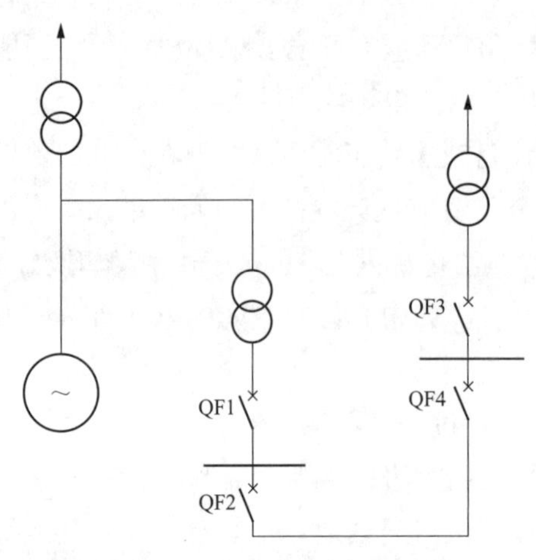

图 6-1 厂用电源一次系统示意图

二、厂用电的切换原理

1. 快速切换

假设有如图 6-1 所示的厂用电系统，工作电源由发电机端经厂用高压工作变压器引入，备用电源由电厂高压母线或由系统经启动备用变压器引入，正常运行时厂用母线由工作电源供电。当工作电源侧发生故障时，必须跳开工作电源开关 QF1，合 QF2。跳开 QF1 时厂用母线失电，由于厂用负荷多为异步电动机，电动机将惰走。母线电压为众多电动机的合成反馈电压，称其为残压，残压的频率和幅值将逐渐衰减。

用极坐标形式绘出的厂用 6kV 母线残压相量变化轨迹如图 6-2 所示。

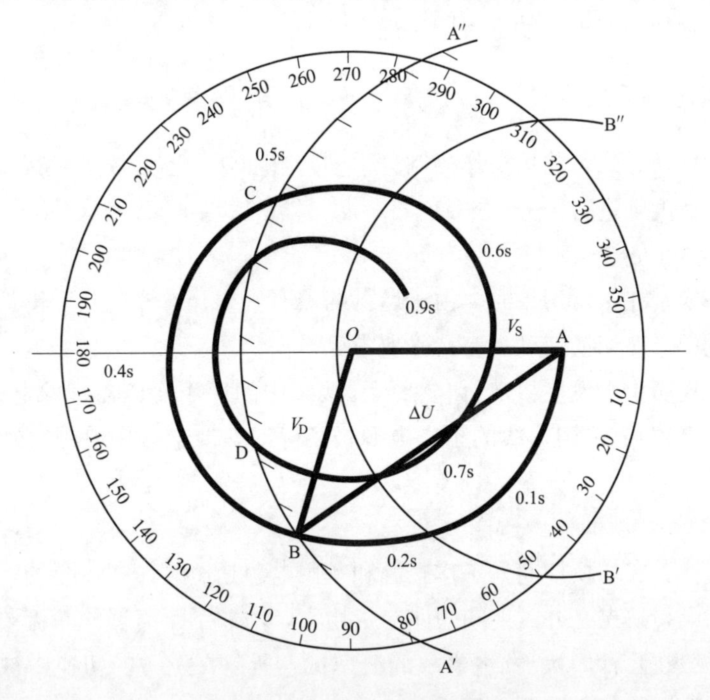

图 6-2 厂用母线残压示意图

正常运行时，工作电源与备用电源同相，其电压相量端点为 A。当母线失电后残压相量端点将沿残压曲线由 A 向 B 方向移动。如能在 AB 段范围内合上备用电源，则既能保证电动机安全又不使电动机转速下降太多，这就是所谓的快速切换。

快速切换的整定值有两个，即频差和相角差。在装置发出合闸命令前，瞬间将实测值与整定值进行比较、判断，看其是否满足合闸条件，由于快速切换总是在启动后瞬间进行，因此频差和相差整定可以取较小值，一般在 1Hz 和 30°以内。快速切换的时间一般应小于 0.2s。

2. 同期捕捉切换

图 6-2 中，过 B 点后 BC 段为不安全区域，不允许切换。在 C 点后至 CD 段实现的切换，以前通常称为延时切换或短延时切换。由于用固定延时的方法切换不可靠，因此，最好的办法是实时跟踪残压的频差和角差变化。切换装置能够在反馈电压与备用电源电压相位第一次重合时合闸，这种切换称为同期捕捉切换。切换时间以残压衰减的快慢决定。同期捕捉切换对电动机的自启动也很有利。因为，对大型机组而言，当母线残压与备用电源电压相位第一次重合时，电动机转速不至于下降很大，母线电压衰减也不是很低，且备用电源合上时冲击最小。

3. 残压切换

当母线残压衰减到 20%～40% 额定电压后实现的切换，通常称为残压切换。残压切换虽能保证电动机安全，但对于大型机组，由于母线失电时间过长，电动机自启动成功与否、自启动时间等都将受到较大限制。

上述三种切换方式，在运行时，一般以快速切换方式为主，特别是对于大型发电机组在事故解列情况下，快速切换有利于安全停机，以保证设备的安全。当由于某种原因快速切换没有成功时，切换装置自动进行同期捕捉切换。

三、厂用电源的切换方式

厂用电源的切换方式，除按操作控制分手动与自动外，还可按运行状态、断路器的动作顺序、切换的速度等进行区分。

1. 按运行状态区分

（1）正常切换。在正常运行时，由于运行的需要（如开、停机）厂用母线从一个电源切换到另一个电源，对切换速度没有特殊要求。

（2）事故切换。由于发生事故（包括单元接线中的厂用变压器、发电机、主变压器、汽轮机和锅炉等事故），厂用母线的工作电源被切除时，要求备用电源自动投入，以实现尽快安全切换。

2. 按断路器的动作顺序区分

（1）并联切换。在切换期间，工作电源和备用电源是短时并联运行的，它的优点是保证厂用电连续供电，缺点是并联期间短路容量增大，增加了断路器的断流要求。但由于并联时间很短（一般在几秒内），发生事故的概率低，所以在正常的切换中被广泛采用。但应注意观测工作电源与备用电源之间的差拍电压和相角差。

（2）断电切换（串联切换）。其切换过程是，一个电源切除后，才允许投入另一个电源，一般是利用被切除电源断路器的辅助触点去接通备用电源断路器的合闸回路。因此厂用母线上出现一个断电时间，断电时间的长短与断路器的合闸速度有关。串联切换主要用于事故切换。因为在事故情况下，当故障点或故障元件没有被切除之前，不允许备用断路器合闸，所以，事故情况下不能用并联切换。

（3）同时切换。在切换时，切除一个电源和投入另一个电源的脉冲信号同时发出。由于断路器分闸时间和合闸时间的长短不同以及本身动作时间的分散性，在切换期间，一般有几个周波的断电时间，但也有可能出现 1～2 周波两个电源并联的情况。所以在厂用母线故障及在母线供电的馈线回路故障时应闭锁切换装置，否则有可能会因短路容量增大而造成断路器爆炸的危险。

3. 按切换速度区分

（1）快速切换。一般是指在厂用母线上的电动机反馈电压（即母线残压）与待投入电源电压的相角差还没有达到电动机允许承受的合闸冲击电流前合上备用电源。快速切换的断路器动作顺序可以是先断后合或同时进行，前者称为快速断电切换，后者称为快速同时切换。

（2）慢速切换。主要是指残压切换，即工作电源切除后，当母线残压下降到额定电压的 20％～40％后合上备用电源。残压切换虽然能保证电动机所受的合闸冲击电流不致过大，但由于停电时间较长，对电动机自启动和机炉运行工况产生不利影响。慢速切换通常作为快速切换的后备。

（3）捕捉同期切换。该种切换前已述及，不再赘述。

大容量机组厂用电源的切换中，正常切换一般采用并联切换。事故切换一般采用断电（串联）切换，而且切换过程不进行同期检定，在工作电源断路器跳闸后，立即联动合上备用电源断路器。这是一种快速断电切换，但实现安全快速切换的一个条件是：厂用母线上电源回路断路器必须具备快速合闸的性能，断路器的固有合闸时间一般不要超过5个周波（0.1s）。

四、对厂用电源切换的要求

（1）正常切换中，必须保证机组的连续输出功率、机组控制的稳定和机炉的安全运行。

（2）由于事故切换一般采用串联切换，因此在切换过程中，应保证厂用电系统的所有设备（电动机、断路器等），不因厂用电源的切换而承受不允许的过载和冲击。因此，为满足上述要求，大容量机组厂用电在事故状态下的切换一般均采用快速切换。

（3）由于事故切换采用串联、快速切换，因此要求厂用高压配电装置应采用快速断路器，不能使用少油断路器，一般厂用电3kV或6kV均采用真空断路器。

第三节　厂用电系统运行检查

一、厂用电系统的运行检查

1. 厂用电检查总要求

（1）检查按时间路线安排顺序，内容按规定项目，不应遗漏。

（2）检查时应携带必要的工具，如手电筒、手套和检测工具等，真正做到耳听、鼻嗅、手摸、眼看。

（3）熟悉设备的检查标准，掌握设备的运行情况，发现问题应分析原因并及时做出处理与防范措施。

2. 厂用电系统及设备投运前的检查

（1）检查所有工作结束，工作票全部收回，拆除全部临时安全措施，恢复常设遮拦和标示牌。

（2）测量投运系统设备的绝缘电阻应符合下列要求：6kV及以上电压等级的设备，使用2500V绝缘电阻表，测得其绝缘电阻不小于6MΩ。380V及以下电气的设备，使用500V绝缘电阻表，测得其绝缘电阻应不小于1MΩ。

（3）系统设备各部清洁，无明显的接地、短路现象。

（4）各断路器、隔离开关的触头完好，无松动和脱落。

（5）配电盘、配电柜的接地良好。

（6）开关设备的操作机构完好，传动试验良好。

（7）各保护自动装置投入位置正确。

3. 厂用系统运行中的检查

（1）运行中的配电装置各部清洁，无放电现象和闪络的痕迹。

（2）配电装置各部无过热现象。

（3）各断路器、隔离开关定位完好，无欠位和过位现象。断路器状态指示正确。

（4）各断路器、隔离开关、电压互感器、电流互感器无振动和异常的声音。

（5）封闭母线各部良好，外壳及架构无过热现象，外壳接地良好，无放电现象。

（6）配电室无漏水、渗水、地面无积水，室内照明充足。

（7）配电室内温度、湿度符合规定，温度不高于40℃、湿度不超过80%。

（8）消防器材齐全，完好可用。

二、厂用电系统事故处理的一般原则

（1）事故处理应遵循保人身、保电网、保设备的原则，按照规程中规定的运行安全技术原则和措施指挥处理事故。

（2）机组运行中发生故障时，运行值班人员应保持冷静，根据仪表指示和报警信息，正确地判断事故原因，果断迅速采取措施，首先解除对人身、电网及设备的威胁，防止事故扩大蔓延，限制事故范围，必要时立即解列或停运发生事故的设备，确保非事故设备正常运行。同时消除故障根本原因，迅速恢复机组正常运行。

（3）当运行人员到就地检查设备或寻找故障点时，未与检查人取得联系之前，不允许对被检查设备合闸送电或进行操作。

（4）调整运行方式，设法保证厂用电的安全运行，尤其应保证事故保安段电源的可靠性，以确保事故保安设备的正常可靠运行。

（5）事故处理完毕，应将所观察到的现象、汇报的内容、接受的命令、发令人、事故发展的过程和对应时间及采取的处理措施等进行详细地记录，并将事故发生及处理过程中的有关数据记录收集完整，以备故障分析之需。

三、厂用系统主要异常

1. 母线、隔离开关及断路器过热的处理

（1）倒换备用设备，联系检修人员处理；

（2）降低负荷电流；

（3）如暂时不能停电或降低负荷电流侧应加强监视，设法减少发热。

2. 断路器不能合闸的处理

现象：一般为合闸操作后红灯不亮，电流表无指示。

处理：一般通知检修处理，值班人员的主要检查项目如下：

（1）合闸控制回路电源是否正常，熔断器是否接触良好，回路有无断线，控制电源断路器是否掉闸；

（2）检查合闸回路是否完好，合闸继电器是否动作，辅助触点、二次插头、机械行程断路器是否接触良好；

(3) 检查断路器弹簧储能操动机构是否正常；

(4) 检查断路器的继电保护和联锁回路是否正常；

(5) 同期回路工作是否正常，是否因同期闭锁引起；

(6) 防跳继电器触点接触及位置是否良好；

(7) 检查合闸操作按钮或控制开关触点切换接触是否良好。

3. 断路器不能跳闸的处理

现象：跳闸时绿灯不亮，电流表有指示。

处理：

(1) 跳闸回路电源是否良好，熔断器是否接触良好，回路有无断线，控制断路器是否掉闸；

(2) 检查跳闸回路是否完好，跳闸继电器是否动作，辅助触点是否接触良好；

(3) 是否因弹簧储能操动机构异常而引起闭锁；

(4) 检查跳闸操作按钮或控制断路器触点切换接触是否良好；

(5) 跳闸继电器，跳闸线圈是否断线、烧坏、卡涩或触点接触不良；

(6) 采取上述措施无效时，应用下列措施：

1) 有条件停电时立即停电，通知检修处理；

2) 改变系统接线，用上一级断路器或母联断路器断开。

4. 断路器合上后又跳闸的处理

(1) 检查系统有无突然波动，保护是否动作。

(2) 若为保护动作，检查设备有无明显故障，测绝缘合格，若为后备保护或 50kW 以下电机，通路无问题可以再试送一次；若为主保护动作，须经测试直阻合格、通路无问题后可以再试送一次。

(3) 检查有明显故障，停电转检修。

5. 断路器自动掉闸的处理

(1) 由于保护装置动作且正确，则按有关规定处理。

(2) 由于误动作而引起断路器自动跳闸，应迅速查明原因进行消除后方可再送电。引起断路器误动的可能原因如下：①人员误操作或误碰；②继电保护误动；③操动机构有故障；④操作回路有故障。

6. 6kV 系统接地

现象：

(1) 警铃响，有接地信号发出；

(2) 接地的母线段可能有断路器掉闸；

(3) 接地母线段对地电压会出现二相升高或为线电压，一相电压降低或为零。

处理：

(1) 检查接地段保护的动作情况。

(2) 根据电压监察表，确定接地相、接地性质、范围。

(3) 必要时，可以采用停电法，逐路给负荷停电，确定接地点。

(4) 如接地点在母线上时，则请示值长，尽快停电处理。

(5) 如在母线进线断路器电源系统接地，则应迅速将母线切换到备用电源。

(6) 在寻找接地点时，应穿绝缘靴，戴绝缘手套，并避免接触接地金属。

7. 母线失压的处理

现象：

(1) 报警显示厂用电相应保护动作信号；

(2) 备用电源自投装置报警。

处理：

1) 查看备用电源自投情况，如自投成功应恢复对低电压掉闸设备的供电，检查工作电源掉闸的原因。复归厂用电快切装置。

2) 若备用电源未自投，而母线电压消失时，无论当时情况如何，值班人员应首先立即把接在该母线上一切能来电的电源开关断开，同时恢复受影响的厂用电源。

3) 如在母线电压消失的同时，经检查发现在配电装置上有短路现象时（如爆炸、冒烟、起火等），值班人员应立即检查配电装置，如检查结果确定短路发生在母线上则应将故障的母线停电隔离。

4) 如发生故障的同时，在配电装置上有人进行作业或由于其他原因在该处可能有人时，在送电或升压之前必须先通知他们离开。

8. 互感器的异常运行与处理

(1) 当互感器或其二次回路发生故障而使仪表指示异常时，应尽可能根据其他表计的指示对设备进行监视，尽可能不改变设备的运行方式及参数。并查明原因，迅速消除故障。

(2) 当发生下列情况之一时，应立即将互感器停用：①高压侧熔断器连续熔断两次；②高压套管有严重裂纹、破损，互感器严重放电，已威胁安全运行时；③SF_6 互感器严重漏气、压力表指示为零；④电容式电压互感器、分压电容器出现漏油时；⑤互感器本体或引线端子有严重过热时；⑥电流互感器末屏开路、二次开路、电压互感器接地端子 N(X) 开路、二次短路不能消除时。

(3) 电流互感器二次回路开路。

现象：

1) 电流表、有功表指示失常，也可能有“差动回路断线”“电流回路断线”等光字牌出现；

2) 严重时有“嗡嗡”放电声，冒烟及焦臭味，甚至可能引起一次回路故障。

处理：

1) 将有关保护退出，按《电业安全工作规程》规定对故障的电流互感器端子进行短路接地，但必须做好安全措施，以免因开路而引起高压触电；

2) 情况严重时（如有焦味、冒烟等），在取得值长同意后立即断开故障电流互感器的一次回路，再通知检修处理。

(4) 电压互感器熔丝熔断或回路断线。

现象：

1）电压、有功、无功、频率等表计指示失常；

2）“电压回路断线”光字牌亮；

3）如系保护用电压互感器熔丝熔断，则有关低电压继电器动作或复合电压元件发出低电压动作指示；

4）如一次熔断器熔断，有可能使接地信号出现，但绝缘监视电压表正常相的指示基本上是正常的。

处理：

1）对保护用电压互感器，应立即断开相关保护（如距离、失磁、失步等）的出口连接片，以防止保护误动；

2）更换电压互感器熔断相熔断器或重新送上二次空气断路器；

3）检查电压回路所有触头有无松动、断头现象，切换回路有无接触不良现象；

4）若采取措施无效或互感器内部故障，则应将设备停电。

（5）电容式电压互感器常见的异常判断。

1）二次电压波动原因可能为二次回路连接松动、电容分压器低压端子未接地。

2）二次电压低原因：二次回路连接不良、电磁单元故障或电容元件C2损坏。

3）二次电压高原因：电容元件C1损坏、分压电容接地端未接地。

4）电磁单元油位过高原因：下节电容单元漏油或电磁单元进水。

5）运行时有异常声音的原因：电磁单元中电抗器或中压变压器螺栓松动。

（6）互感器着火时，应立即切断电源，用灭火器灭火。

（7）发生不明原因的保护动作，除核查保护定值是否正确外，还应设法将有关电流和电压互感器退出运行，进行电流复合误差、电压误差试验和二次回路压降测量。

9. 电缆的事故处理

（1）发生下列情况，必须用断路器切断电源：①电缆绝缘击穿，接地放电；②电缆外皮破裂或有过热现象。

（2）电力电缆着火应先立即切断电源，然后用二氧化碳灭火器或1211灭火器灭火。

（3）允许经联系后停电处理的故障：

1）电缆或电缆头漏油较严重者；

2）电缆头处接线脱落；

3）电缆铅皮鼓起或凹入；

4）电缆相间放电不严重者。

第四节 厂用电系统的保护

一、高压厂用变压器的保护

高压厂用变压器一般应装设下列保护。

（1）纵联差动保护。对6.3MVA及以上的变压器应装设本保护，用于保护绕组内及引出线上的相间短路故障。保护装置宜采用三相三继电器式接线或采用微机保护，纵联差动保护中装设有差动电流速断保护，防止由于故障电流过大时，电流互感器饱和导致差动保护不正确动作。保护瞬时动作于变压器各侧断路器跳闸。当变压器高压侧无断路器时，则应启动发电机-变压器组总出口，使各侧断路器及灭磁开关跳闸。

（2）电流速断保护。对6.3MVA以下的变压器在电源侧应装设本保护。保护装置宜采用两相三继电器式接线，瞬时动作于变压器各侧断路器跳闸。

（3）瓦斯保护。具有单独油箱的带负荷调压的油浸式变压器的调压装置及油浸式变压器应装设本保护，用于保护变压器内部故障及油面降低。当壳内故障产生轻微瓦斯或油面下降时应瞬时动作于信号；当产生大量瓦斯时，应动作于断开变压器各侧断路器。

（4）过电流保护。用于保护变压器及相邻元件的相间短路故障，保护装于变压器的电源侧。当1台变压器供电给2个母线段时，保护装置带时限动作于各侧断路器跳闸。当1台变压器供电给1个母线段时，装于电源侧的保护装置应以第一时限动作于母线断路器跳闸，第二时限动作于各侧断路器跳闸。当1台变压器供电给2个母线段时还应在各分支上分别装设过电流保护。

（5）低压侧分支差动保护。当变压器供电给2个分段，且变压器至分段母线间的电缆两端均装设断路器时，则每分支应分别装设纵联差动保护，瞬时动作于本分支两侧断路器跳闸。

二、高压厂用备用变压器的保护

（1）纵联差动保护。瞬时动作于各侧断路器跳闸。保护的设置及要求与高压厂用变压器相同。

（2）电流速断保护。对10MVA以下或带有公用负荷6.3MVA以下的变压器，在电源侧宜装设本保护，保护装置瞬时动作于变压器各侧断路器跳闸。

（3）瓦斯保护。包括有载调压变压器调压分接开关箱的瓦斯保护。

（4）过电流保护。对于变压器外部短路引起的过电流，并作为变压器相间短路的后备，变压器还需装设过电流保护。过电流保护电流互感器应安装在电源侧，当保护动作后作用于变压器两侧断路器跳闸。

（5）零序电流保护。当变压器高压侧接于110kV及以上中性点直接接地的电力系统中，且变压器的中性点为直接接地运行时，为防止单相接地短路引起的过电流，应装设零序电流保护。

（6）备用分支的过电流保护。该保护用于保护本分支回路及相邻元件相间短路故障。保护装置采用两相两继电器式接线，带有时限动作于本分支断路器跳闸。当备用电源自动投入至永久性故障，本保护应加速跳闸。

三、低压厂用变压器的保护

（1）纵联差动保护。2MVA及以上用电流速断保护灵敏性不满足要求的变压器应装设本保护，瞬时动作于变压器各侧断路器跳闸。

（2）电流速断保护。用于保护变压器绕组内及引出线上的相间短路故障，瞬时动作于变压器各侧断路器跳闸。

（3）瓦斯保护。当壳内故障产生轻微瓦斯或油面下降时应动作于信号；当产生大量瓦斯时，应动作于变压器各侧断路器跳闸。

（4）过电流保护。保护变压器及相邻元件的相间短路故障，带时限动作于变压器各侧断路器跳闸。当变压器供电给 2 个分段及以上时，应在各分支上装设过电流保护，带时限动作于本分支断路器跳闸。对于备用变压器，若自动投入至永久故障，本保护应加速跳闸。

（5）温度保护。400kVA 及以上的干式变压器，均应装设温度保护。用温控器启动风扇、报警、跳闸。

四、厂用电系统的单相接地的保护

（一）高压厂用电系统的单相接地保护

1. 不接地系统

（1）系统的接地指示装置用于反应系统单相接地。保护装置采用接于母线上的电压互感器二次侧开口三角形绕组的电压继电器构成，动作后向主控制室发出接地信号。

（2）若系统的单相接地电流能满足接地故障检测装置灵敏性的要求，则在厂用母线的馈线回路均应装设接地故障检测装置。检测装置由反映零序电流或零序方向的元件构成，动作于就地信号，并宜具有记忆瞬间性接地的性能。

（3）当系统的单相接地电流在 10A 及以上时，厂用电动机回路的单相接地保护应瞬时动作于跳闸。当系统的单相接地电流在 15A 及以上时，其他馈线回路的单相接地保护也应动作于跳闸。

2. 高电阻接地系统（接地保护动作于信号）

（1）厂用母线和厂用电源回路。单相接地保护应由电源变压器的中性点接地设备或专用的接地变压器上产生的零序电压来实现；当电阻直接接于电源变压器的中性点时，则也可利用零序电流来实现；当单相接地电流小于 15A 时，保护动作于信号。也可从厂用母线电压互感器二次侧开口三角形绕组取得的零序电压来实现，保护动作后向控制室发出接地信号。

（2）厂用电动机回路。单相接地电流小于 10A 时，应装设接地故障检测装置，检测装置由反映零序电流或方向的元件构成，动作于就地信号，并宜具有记忆瞬间性接地的性能。

（3）其他馈线回路。当单相接地电流小于 15A 时，单相接地保护动作于信号。

3. 低电阻接地系统（接地保护动作于跳闸）

（1）厂用母线和厂用电源回路。单相接地保护宜由接于电源变压器中性点的电阻取得零序电流来实现，保护动作后带时限切除本回路断路器。

（2）厂用电动机及其他馈线回路。单相接地保护宜由安装在该回路上的零序电流互感器取得零序电流来实现，保护动作后切除本回路的断路器。

（二）低压厂用电系统的单相接地保护

高电阻接地的低压厂用电系统，单相接地保护应利用中性点接地设备上产生的零序电压来实现，保护动作后应向值班地点发出接地信号。低压厂用中央母线上的馈线回路应装设接地故障检测装置。检测装置宜由反应零序电流的元件构成，动作于就地信号。

五、厂用电动机的保护

（一）高压厂用电动机的保护

（1）纵联差动保护，用于保护电动机绕组内及引出线上的相间短路故障。2MW及以上的电动机应装设本保护，瞬时动作于断路器跳闸。

（2）电流速断保护，对未装设纵联差动保护应装设本保护，瞬时动作于断路能跳闸。

（3）过电流保护，作为纵联差动保护的后备，定时限或反时限动作于断路器跳闸。

（4）单相接地保护，高压电动机的电源通常接于厂用电不接地系统，单相接地保护宜安装在该回路上的零序电流互感器取得零序电流来实现，保护动作后切除本回路的断路器。

（5）过负荷保护，保护装置应根据负荷特性，带时限动作于信号、跳闸或自动减负荷。

（6）低电压保护，针对不同用途类型的电动机通常分为两级低电压保护。分类如下：

1）对于Ⅰ类电动机，当装有自动投入的备用机械时为保证人身和设备安全，在电源电压长时间消失后须自动切除时，均应装设9～10s时限的低电压保护，动作于断路器跳闸。

2）为了保证接于同段母线的Ⅰ类电动机自启动，对不要求自启动的Ⅱ、Ⅲ类电动机和不能自启动的电动机宜装设0.5s时限的低电压保护，动作于断路器跳闸。

（二）低压厂用电动机的保护

（1）相间短路保护。用于保护电动机绕组内及引出线上的相间短路故障。保护装置可按电动机的重要性及所选用的一次设备，由下列方式之一构成：

1）熔断器与磁力启动器（或接触器）组成的回路，由熔断器作为相间短路保护。

2）断路器或断路器与操作设备组成的保护回路，可用断路器本身的短路脱扣器作为相间短路保护，瞬时动作于断路器跳闸。

（2）过负荷保护。对易过负荷的电动机应装设本保护。其构成方式如下：

1）操作电器为磁力启动器或接触器的供电回路，其过负荷保护用热继电器或微机（电子）型继电器构成。

2）由断路器组成的回路，当装设单独的继电保护时，可采用电流继电器作为过负荷保护，保护装置可根据负荷的特点动作于信号或跳闸。

（3）低电压保护：针对不同用途类型的电动机通常分为两级低电压保护。其分类如下：

1）对于Ⅰ类电动机，当装有自动投入的备用机械时，或为保证人身和设备安全，在电源电压长时间消失后须自动切除时，均应装设9～10s时限的低电压保护，动作于断路器跳闸。

2）为了保证接于同段母线的Ⅰ类电动机自启动，对不要求自启动的Ⅱ类、Ⅲ类电动机和不能自启动的电动机宜装设0.5s时限的低电压保护，动作于断路器跳闸。

第五节　柴油发电机及保安电源

发电厂的锅炉、汽轮机和电气设备中，有部分设备不但在机组运行中不能停电，而且在机组停运后的相当一段时间内也不能中断供电，以满足停机后部分设备继续运行，起到保护机炉设备不致造成损坏和部分电气设备电源正常运转的需要。

大型单元机组正常运行时的厂用电由机组本身提供，当机组解列或故障停机厂用电切换时因某种原因备用电源投不上时，就会出现需要继续运转的重要设备中断供电的现象。因此必须设置事故保安电源，向事故保安负荷继续供电，保证机组和主要辅机的安全停机。一般采用快速自启动的柴油发电机组作为单元机组的交流事故保安电源，由柴油机和交流同步发电机组成，它不受电力系统运行状态的影响，可靠性高。

一、对保安电源的要求

根据保安电源的性质与一般低压厂用电源的比较，保安电源应满足以下要求：

（1）保安备用电源必须具有相对独立性。保安电源不能取自本发电机组以及与本发电机组运行方式变化时受影响的电气系统；也不应取自与机组高压备用电源联系密切的系统。

（2）保安电源要十分可靠。保安电源应保证在任何情况下随时投入运行。这就要求保安电源在平时一直保持良好的备用状态，控制系统也不能发生任何失控和拒投现象。

（3）保安电源应具备快速投入的性能。

二、保安电源供电的负荷

（1）在机组正常运行中，在停机过程以及停机后的一段时间内，都要求能保证提供可靠的电源，以防止设备损坏，如大型给水泵的润滑油泵、锅炉的空气预热器等。

（2）发电机在停机过程中或停机后仍需运转的设备，如大机的润滑油泵、盘车电机、顶轴油泵、密封油泵等。

（3）直流系统蓄电池组的充电设备。

（4）其他与运行有关的设备。如事故照明电源、重要设备的通风电源、电梯电源、部分热控电源、不间断电源装置的备用电源，这些设备都是两路电源供电，其中一路应取自保安段。

三、保安电源的供电方式

保安电源的供电方式有两种。一种是由独立的柴油发电机组供电，另一种是由取自另一系统的电源供电。在发电厂中普遍用专用的柴油发电机组作为交流事故保安电源。特点如下：

（1）柴油发电机组的运行不受电力系统运行状态的影响，独立可靠。该机组的启动迅速，能满足发电厂中允许短时间断供电的交流保安负荷的供电要求。

（2）柴油发电机组制造容量有许多等级，可根据需要选择和配置合适的设备。

（3）柴油发电机组可以长期运行，满足长时期事故停电的供电要求。

（4）柴油发电机组结构紧凑，辅助设备较为简单，热效率高，因此经济性较好。

保安电源电气接线图如图 6-3 所示。

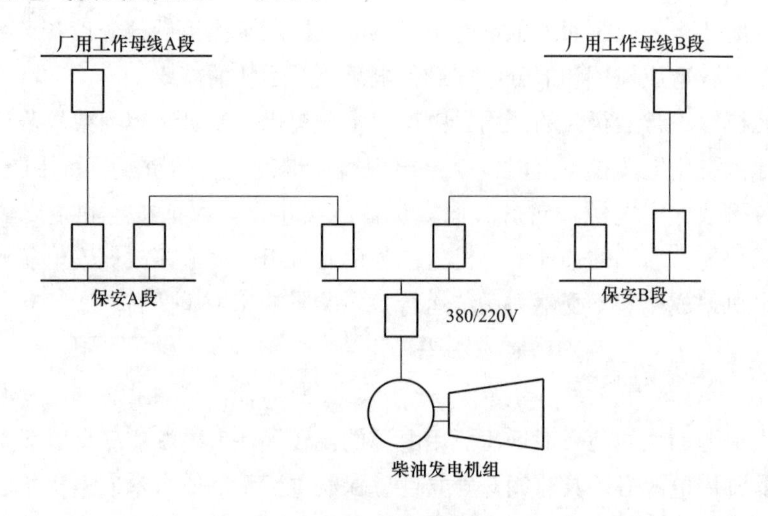

图 6-3　保安电源电气接线图

四、柴油发电机组二次接线的基本要求

（1）柴油发电机组的控制断路器应具有就地、维护、自启动、试验四个位置。断路器在自启动位置时，厂用电源一旦消失，机组应迅速可靠自启动，并投入运行，启动时间应控制在 15s 之内。断路器在就地位置时，控制回路的自启动应退出工作，此时可在柴油机上操作机组的启停；断路器在试验位置时，在厂用电源正常的情况下，能启动机组，发电机出口断路器不合；断路器在维护位置时，应向控制室发信号，同时闭锁手动启动和自启动方式，才允许检修设备。

（2）在厂用电恢复正常后，手动切换恢复厂用电源的供电，手动将机组停下。

（3）机组的辅助油泵、水泵等辅助电动机，应具有满足工艺要求的自动控制接线。

（4）机组应具有下列保护装置：发电机过电流保护、欠电压保护。对于容量在 800kW 以上的机组，可设置差动保护（这些保护动作可使主断路器跳闸）；

（5）对于中性点不接地系统的机组，还应设置接地保护信号装置。此外还应有冷却水温度高、润滑油压低、润滑油温高等动作于信号的保护装置。

自启动逻辑方框图如图 6-4 所示。

柴油发电机自启动作过程如下：在电厂正常运行时，将机组的运行方式断路器置于自动位置，当ⅠA 段母线工作电源失电后，经过延时确认（躲开备用电源自投的时间 3～5s，对于备用电源手动投入的接线，只需躲开馈线断路器的切除故障时间 1～2s）后，启动柴

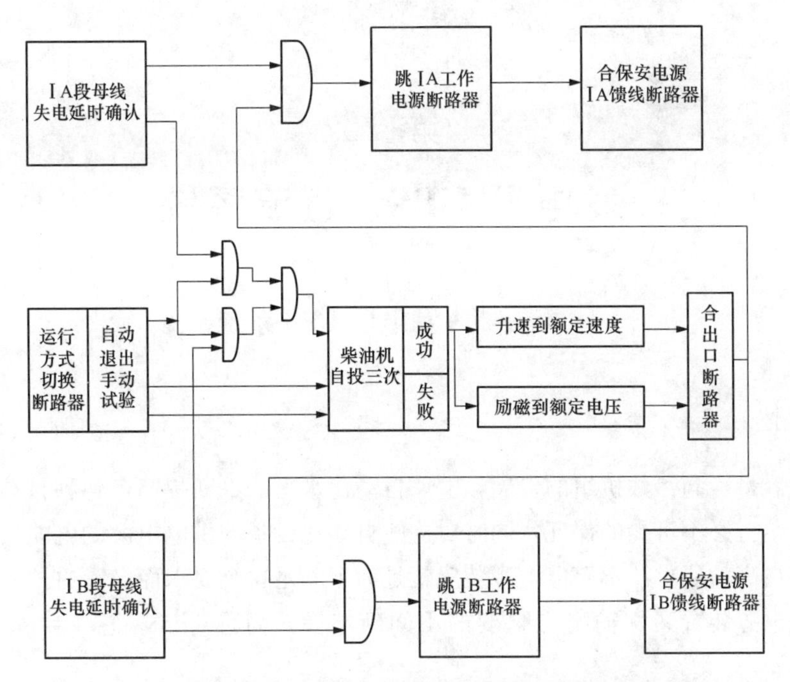

图 6-4　柴油发电机自启动逻辑方框图

油发电机组。当发电机组的转速、电压达到额定值时，闭合发电机出口断路器，此时，如果ⅠA段母线工作电源仍然未恢复正常，则等待发电机出口断路器合闸后，跳ⅠA段母线工作电源断路器，闭合保安段ⅠA段母线馈线断路器。

思考题

1. 电气设备有哪四个状态？
2. 厂用电保护配置原则有哪些？
3. 厂用6kV开关设计有哪些五防闭锁？
4. 变压器自动跳闸如何处理？
5. 变压器差动保护动作的处理有哪些？
6. 断路器合不上的原因有哪些？
7. 厂用快切装置具备什么功能？
8. 厂用电动机低电压保护起什么作用？

第七章

发电厂 UPS、直流系统

第一节 发电厂 UPS 系统

一、概述

随着大容量、高参数机组的发展，电厂自动化水平的不断提高，各种自动控制设备成为机组安全运行必不可少的保证。同时对这些自动化设备的供电电源的电能质量和不间断供电提出了更高的要求。不停电电源装置就是为了满足这个要求而设置的。

不停电电源装置又称输出无瞬变的不间断电源，简称 UPS。它主要供给以下设备用电：

1）发电机组的计算机电源。

2）部分热工自动控制系统的电源。

3）电气、热工各种仪表变送器、远动变送器、计算机变送器的工作电源。

4）通信、火灾报警等设备的电源。

UPS 系统介绍：

UPS 系统由整流变压器、整流器、逆变器、扼流线圈、旁路调压变压器、直流回路逆止二极管、静态转换开关、旁路开关、交流 230V 母线设备、控制与信号面板等元件组成。

1. UPS 系统的配置

(1) UPS 系统的组成。UPS 装置由隔离变压器、整流器、逆变器和静态开关组成。

(2) UPS 系统的供电方式。有两路交流电源和一路直流电源送到 UPS 装置，装置输出交流 380/220V 三相四线电源，供给各路负荷。

2. UPS 系统的电源系统

(1) 工作电源一般取自保安段作为 UPS 系统正常的工作电源，该电源经整流后成为 220V 直流电源，输入逆变器，再经逆变器将直流 220V 电源变成 380/220V 三相四线制交流电源经静态开关送到负荷母线。

(2) 由直流系统引来的直流电源正常时作为备用，当交流电源消失后，由这一路直流电源直接供给逆变器，这个过程是一个无瞬变、不间断的过程。

(3) 备用电源取自保安段，当装置的交流工作电源和直流备用电源均消失或逆变器、静态开关等回路有故障时，此交流备用电源可直接供电。

3. UPS 系统的运行状态

1）正常状态。由主电源供电，UPS 提供稳定的交流 220V、50Hz 正弦波电源给负载。

2）故障状态。当主电源故障时，逆变器自动改由外供的电厂单元机组蓄电池直流系统电源供电，UPS 提供稳定的交流 220V、50Hz 正弦波电源给负载，当蓄电池直流系统电源放电至极限时，UPS 逆变器将自动关断。当主电源恢复正常后，逆变器自动恢复由整流器供电。

3）旁路状态。如果因为内部故障等原因，逆变器输出电压不正常，静态开关可将负载自动切换至旁路系统的备用电源上。如果因为维修等原因，可以通过手动操作旁路断路器不间断地将负载切换至旁路系统的备用电源上，并完全与 UPS 系统其他设备绝缘，返回时负载的电源也是不间断的。

4．UPS 系统元器件

1）整流器。每套 UPS 配置一套整流系统，调节交流输入的整流器用来向逆变器提供恒定的直流电压。整流系统是由输入隔离变压器、整流器和控制板组成的。

整流器输出电压可调节以保证在所有负载条件下都不低于单元机组蓄电池电压。这将保证不管蓄电池是处于浮充或均充条件下，整流器的输出电压总是超过单元机组直流系统的电压，以免单元机组直流系统对逆变器造成反馈。

2）逆变器。每套 UPS 配置一台逆变器，逆变器的输入可以是经调节后的整流器直流输出或者单元机组的蓄电池，蓄电池电压可以在全充电压和均充电压之间变化。

在整流器的直流输出和单元机组的直流输入之间用阻塞二极管加以隔离，这样 UPS 系统的整流器输出电流就不会反馈到单元机组的直流系统去；阻塞二极管的额定负载为逆变器的最大输入电流，并且在它的输出终端有直流短路自保护。

3）旁路变压器。旁路变压器包括旁路隔离变压器和调压稳压变压器，两台变压器串接起来给每套 UPS 的主配电屏提供 380V 的交流旁路电源，旁路变压器投入运行能保持和逆变器相同的输出电压。

4）静态高速切换开关。每套 UPS 装置配置一台静态高速切换开关，以便在过载或逆变故障、UPS 系统交流负载短路、超出逆变器的容量时，能自动地把负载由逆变器供电切换到旁路电源供电。故障切除后负载能自动切回到逆变器供电。

5）手动旁路开关。为使逆变器或静态开关等设备因故障或维修等而退出工作时对负载的供电不间断，配置先通后断的手动旁路断路器，在 UPS 系统的正常交流输入端、旁路系统的交流输入端和来自电厂直流系统的输入端必须装设操作保护用断路器。

每套 UPS 装置提供若干回路交流 220V、50Hz 配电输出，每路均能承受 80kVA（机组 UPS）、8kVA（继电器室 UPS）、10kVA（除尘除灰控制楼 UPS）的输出容量，且均须经过操作保护设备（断路器）引至输出端子。

二、UPS 系统运行方式

UPS 电源系统为单相两线制系统。运行方式有正常运行方式、蓄电池运行方式、旁路运行方式、手动旁路运行方式。

正常运行时，由汽轮机 PC 向 UPS 整流供电，经整流器后送给逆变器转换成交流 220V、50Hz 的单相交流电向 UPS 配电屏供电。

220V 蓄电池作为逆变器的直流备用电源，经逆止的二极管后接入逆变器的输入端，当汽轮机PC段失电时，由220V蓄电池向逆变器供电。蓄电池达到放电极限或故障便会发出一个警报，此时旁路电源的参数是在允许范围内，装置系统自动转换成旁路运行方式，因采用静态开关切换，UPS母线不会间断供电。在正常运行及蓄电池运行方式时，旁路断路器处于自动状态，旁路供电装置能在不间断供电情况下，使UPS供电转换为旁路供电，这种转换可以是自动进行，也可以是手动操作。无论是自动或手动转换只在UPS电压、频率、相位都和旁路电源同步时才能进行，旁路电源来自保安段和备用UPS。UPS装置需检修而退出时，采用手动旁路运行方式，此时UPS主系统与旁路电源完全隔离。UPS只有在旁路方式才允许切换至手动旁路方式。

旁路电源在UPS检修完成或UPS故障消除可以正常供电时，恢复UPS正常运行方式。如果旁路运行方式下，旁路电源发生故障，此时，只要整流装置可用，装置系统自动转换为正常运行方式，而此时如果整流装置也故障，蓄电池参数在允许范围内，则转换成蓄电池运行方式。

为提高UPS系统的供电可靠性，每期工程设置三台UPS电源，其中两台为机组在线UPS，另一台UPS作为两台机UPS系统的备用电源，通过UPS切换柜完成切换功能。对所有自动切换过程，静态开关的切换时间不大于4ms。

在正常情况下，UPS负荷由机组自身UPS供电，当机组UPS故障，系统自动无间断地将UPS负荷全部转到备用UPS供电。为防止另一台UPS这时也故障切到备用UPS，造成备用UPS过负荷，此时切换屏自动将另一台UPS备用电源切换到自身的旁路稳压电源供电。

在正常情况下，机组UPS负荷由各自UPS带时，备用UPS故障，系统供电不受任何影响。

当任一台机UPS故障且已切换至备用UPS供电时，要对故障UPS进行检修，只需将故障UPS手动旁路断路器转到旁路位置，将此UPS进出线断路器断开即可；检修完，将此UPS投入运行UPS系统主要负荷。

三、UPS装置检查

（一）UPS装置投运前检查

（1）所有柜体的接地牢固且无损坏；

（2）UPS系统接线正确，各触头无松动；

（3）UPS系统各开关均在断开位置；

（4）UPS整流器电源输入电压正常；

（5）UPS各元件完好，符合投运条件；

（6）由检修测量各部绝缘电阻合格；

（7）冷却风道畅通，进、出风口无异物；

（8）各元件之间的连接牢固，所有的印刷电路板均被正确地安装，插头均被可靠地插入。

（二）UPS 装置运行中检查

（1）手动旁路开关必须在自动位置；

（2）盘内各元件无异常电磁声、无异味，触头处无过热现象；

（3）盘内冷却风扇运转正常；

（4）逆变器输出电压、负载电压、旁路输出电压、整流输出电压均正常，输出频率正常；

（5）UPS 装置输出电流及负荷电流正常；

（6）蓄电池供电回路正常；

（7）无异常报警信号，光字牌信号指示与实际运行方式相对应。

四、UPS 系统主要操作

（一）UPS 系统启动

（1）检查 UPS 系统符合运行条件；

（2）合上 UPS 系统控制、保护及信号电源熔断器（或小开关）；

（3）检查旁路电源柜中 UPS 主断路器在合位，接通整流器断路器；

（4）旁路主断路器，显示屏将显示出“system type UPS…KVA…V”；

（5）10s 后显示改变为“＊＊stand by（待机状态）＊＊”；

（6）按动面板上的按钮 S1(SYSTEM ON)；

（7）显示屏显示“power…%（正常运行负荷功率…%）”；

（8）合上 220V 直流电源配电屏上 UPS 断路器；

（9）通过按动“8（Battery Voltage）”按钮查看显示屏上的 220V 直流电压；

（10）通过按动“9（output voltage）”按钮查看显示屏上逆变器输出电压是否在允许范围内；

（11）10s 后，接着按动按钮“C”，直到报警装置所有红色灯都熄灭，UPS 装置已被投入。

（二）UPS 切旁路运行

（1）按动“#”键，然后按动光标键“↑”或“↓”直到显示屏上出现“Bypass operation OFF（旁路运行关）”；

（2）黄色的 6 号灯（SYNCHRONOUS）发光，按“1”键，如果旁路电源在允许范围之内，绿色的 9 号灯（BYPASS MAINS O. K）发光，显示屏显示“Bypass operation（旁路运行）”；

（3）不间断电源装置便转换成旁路运行方式；

（4）检查绿色 10 号灯（负荷由静态开关 EN 带）亮；

（5）在转换过程中，旁路电源故障，系统将自动切换至整流—逆变运行方式，如果整流器电源不正常将自动切换至蓄电池—逆变运行方式。

（三）旁路运行转为正常运行

（1）按动“#”键，然后按动光标键“↑”或“↓”直到显示屏上出现“Bypass operation ON（旁路运行开）”；

（2）按动“*”键，显示盘便显示出“Normal operation load power…%（正常运行负荷功率…%）”；

（3）UPS便转换成正常运行方式；

（4）检查绿色5号灯（逆变器）及7号灯（逆变器输出电压）指示灯亮。这时UPS处于整流—逆变运行方式。

（四）手动旁路运行

（1）当装置正处于正常运行方式运行时，切不可操作手动旁路断路器；

（2）将UPS装置转换成旁路运行方式；

（3）把手动旁路断路器转到“BYPASS”位置之前要确保静态开关EN是接通的绿色的10号灯（负荷由静态开关EN带）必须亮着；

（4）将手动旁路断路器转到“BYPASS”位置，绿色的11号灯（手动旁路）发光；

（5）UPS转为手动旁路运行。

（五）手动旁路转换成正常运行

（1）合上直流电源断路器（绿色的12号灯亮，红色的13号灯亮）；

（2）合上UPS输入断路器；

（3）如果UPS设置了自动启动，电压处于允许范围之内时，在60s之后，UPS自动启动（绿色14号、1号、11号灯和黄色6号、13号灯亮）；

（4）如果UPS未设置自动启动，按S1按钮，显示屏显示“Normal operation load power…%（正常运行负荷功率…%）”，此时装置正常运行（绿色的2号、5号、7号灯亮）；

（5）按“8（Battery Voltage）”键，查输出电压正常；

（6）将装置转为旁路运行。检查绿色的10号灯亮（负荷由静态开关EN带），面板显示“Bypass operation ON（旁路运行开）”；

（7）将手动旁路断路器转到“AUTO”位置；

（8）将手动旁路转换成正常运行方式（按旁路转正常操作）；

（9）按动“C”键，直到报警装置所有红色灯都熄灭，UPS装置转为正常运行。

（六）UPS装置退出运行

（1）UPS切换至手动旁路；

（2）在操作板上同时按动面板上的按钮“S1(SYSTEMON)”和“S2(OFF)”，显示屏出现“**standby**：(待机状态：)”；

（3）断开220V直流电源，即拉开220V直流配电屏上“UPS电源”断路器；

（4）断开整流器电源开关；

（5）约经过 30s，显示屏便不再显示，UPS 装置被断开，所有灯指示灯都熄灭。

第二节　发电厂直流电源系统

一、概述

发电厂的直流系统，主要用于对开关电器的远距离操作、信号设备、继电保护、自动装置及其他一些重要的直流负荷（如事故油泵、事故照明和不停电电源等）的供电。直流系统是发电厂厂用电中最重要的一部分，它应保证在任何事故情况下都能可靠且不间断地向其用电设备供电。

在大型发电厂直流系统中，普遍采用蓄电池组作为直流电源。蓄电池组是一种独立可靠的电源，它可以在发电厂内发生任何事故，甚至在全厂交流都停电的情况下，仍能保证直流系统中的用电设备可靠连续的工作。否则，在交流电源完全消失的情况下，一切控制、保护、自动装置都将失去作用，甚至在夜间照明也会没有，这显然不利于机组安全可靠运行和及时进行事故处理。

大机组的电厂中设有多个彼此独立的直流系统。如单元控制室直流系统、网络控制室直流系统（升压站直流系统）和输煤、除灰、脱硫直流系统等。对大型电厂的单元控制室和升压站直流系统的设置，应满足继电保护装置主保护和后备保护由两套独立直流系统供电的双重化配置原则。因此，在发电厂中，为了提供二次回路中的控制、信号、继电保护和自动装置用电源，以及事故情况下油泵、照明等用电，除了具备交流的厂用电系统外，还需要装设可靠的、独立的直流电源。

二、直流系统的组成与接线

直流系统的主要设备通常有蓄电池组、充电器（整流器）、端电池调节装置、绝缘监察装置、直流系统数字集中监控装置、电压监察装置、闪光装置、直流母线、变流机组、直流分电屏、直流负荷等。

对直流系统基本接线方式的要求是安全可靠、接线简单、供电范围明确、操作方便。目前各发电厂大容量单元制机组（一个单元两台机组）一般使用 220V 直流系统，直流电源的接线方式普遍采用蓄电池组、充电器二加三配置单母线接线方式。即每台机组配备一台 220V 充电器和一组 220V 蓄电池，两台机组间直流母线设有联络，另配备一台 220V 充电器作为两机组蓄电池组的备用充电器。

为满足《二十五项反措》中关于机组保护双重化的要求，目前大型发电机组（如 600MW）均按每台机组两组蓄电池设置。为了与直流动力负荷分开，有些电厂还为每台机组的直流动力负荷单独设置一组蓄电池。

三、蓄电池组的选择

选择蓄电池的容量时，一般按发电厂交流厂用电源事故停电时间 1h 考虑。具体容量的选择由设计部门根据该电厂直流负荷的统计数值、所选蓄电池的特性曲线及规程规定的时间等进行计算。选择蓄电池的个数按直流母线电压为 $1.05U_n$ 来确定蓄电池的个数 h_f，即

$$n_f = 1.05U_n / U_f$$

式中：U_n为直流系统额定电压，V；U_f 为单个电池的浮充电压，V。

四、直流系统的运行方式

(1) 充电器-蓄电池组的运行方式有充放电方式和浮充电方式两种，发电厂中的充电器-蓄电池组一般采用浮充电方式运行。浮充电方式是充电器与蓄电池组并列运行于直流母线上的运行方式。正常运行时充电器承担经常性负荷的直流用电，同时以连续的低值充电电流向蓄电池组充电，以补偿蓄电池组自放电的损耗。在充电器交流电源消失时或充电器故障使充电器停止工作时，所有直流负荷由蓄电池组供电。当出现短时大负荷，如启动事故油泵、断路器合闸时，则主要由蓄电池组以大电流放电。

(2) 采用浮充电运行方式有以下的优点：

1) 蓄电池组经常处于满充电状态，其容量可以被充分利用。

2) 正常运行中，直流母线电压是恒定的，无需调节。

3) 由于补偿了蓄电池的自放电，蓄电池的使用寿命延长。

4) 不需经常充放电，简化了运行维护，提高了安全性。

五、直流电源系统的负荷

(1) 直流电源系统的负荷按负荷容量大小可分为动力负荷和控制负荷两类。动力负荷包括直流润滑油泵、直流密封油泵、断路器电磁合闸机构、事故照明等负荷。控制负荷包括电气和热工控制、信号、继电保护及自动装置等负荷。

(2) 直流负荷按性质分类可分为经常性负荷、短时性负荷和事故性负荷三类。

1) 经常性负荷。要求直流电源在各种工况下均应可靠供电的负荷，如信号灯、位置指示器、位置继电器以及继电保护装置、自动装置与中央信号装置中的长期带电继电器等。

2) 短时性负荷。要求直流电源在设备启动或操作过程中可靠供电的负荷，如继电保护装置和自动装置的直流操作回路，跳、合闸线圈等。

3) 事故性负荷。要求直流电源在交流电源事故停电时间的全过程可靠供电的负荷，如事故照明灯和事故油泵的直流电动机等。

在一些电厂的设计中，将直流系统的动力负荷与控制负荷分开运行，在一台机组的充电器-蓄电池组的输出设置直流动力母线和控制母线。控制直流母线装有硅降压装置，根据控制母线电压需求控制硅降压装置的自动投、切，以保证控制直流母线电压在 230V 以下运行。

第三节　直流系统的运行与维护

一、概述

发电厂的直流系统可分为 220V 直流系统、110V 直流系统，一般发电厂又将各单元控制室之间及网络控制室的直流系统分开。

单元控制室的 220V 直流系统，一般每台机装设一组蓄电池组、两台充电设备（一台工作一台备用），采用单母线的接线方式。两台机组 220V 直流母线经隔离开关联络。

单元控制室的 110V 直流系统，一般每台机装设两组蓄电池组、两台或更多充电设备，采用单母线的接线方式或单母线分段的接线方式。

目前在电网中运行的大型发电机组的直流系统的配置与上述设置有所不同，详细内容可参考本章第一节概述。

对直流系统的重要组成设备的蓄电池组来讲，选择合理的运行方式关系到它的使用寿命。按维护规定，对蓄电池组定期进行充放电可以大大提高蓄电池的使用寿命，但若维护不当，不按时做充放电工作，会使其容量下降，发生极板弯曲、硫化现象。发电厂所用的蓄电池组一般都采用浮充电运行方式的直流系统，将蓄电池组与充电设备长期并联运行，由蓄电池组担负冲击负荷，充电设备担负自放电、稳定负荷和在冲击负荷以后蓄电池的电能补充。所以采用浮充方式可提高蓄电池的使用寿命，同时直流负荷的供电可靠性也得到提高。特别是在大的冲击负荷或设备事故情况下，蓄电池可以作为稳定可靠的保安电源。

二、220V 直流系统常用的运行方式

（1）直流系统正常标准运行方式。直流系统在正常标准运行时，均采用蓄电池组与充电器（整流器）浮充电带负荷的运行方式。并且一个单元两台机组之间直流母线系统的联络断路器，备用充电器输入、输出断路器，正常均为断开状态，作为备用。

（2）工作充电器（整流器）退出倒备用充电器运行方式。当工作充电器（整流器）需退出运行时，可采用备用充电器（整流器）与蓄电池组浮充带相应直流母线负荷的运行方式。

（3）一个单元两台机组间的直流母线系统互代运行方式。如一台机组的蓄电池组（或充电器-蓄电池组）退出运行时，采用一个单元两台机组之间直流母线互代运行方式。检修工作结束后，倒为正常运行方式。

（4）工作需要改变直流系统的运行方式的情况如下：

1）工作电源倒为备用电源时；

2）工作或备用电源单一退出运行，直流母线与另一机组直流母线联络运行时；

3）工作及备用电源同时退出，直流母线与另一机组直流母线联络运行时；

4）当一台机组直流母线停电，电源及负荷倒至另一台机组直流母线运行时；

5）蓄电池组退出运行，直流母线及负荷由另一机组直流母线供电时；

6）当蓄电池组退出运行时，禁止充电器单独带直流母线负荷。

三、220V 直流系统及设备的倒换和操作

（一）直流系统的并列原则

（1）直流系统并列条件：

1）两直流系统极性相同；

2）两直流系统电压相等。

（2）凡新装或大修后的设备与直流系统并列前，必须进行定相。

（3）两直流系统母线上各分路负荷分支需并列时，必须在两组母线并列后方可进行。

（4）蓄电池组严禁两组长期并列运行，只有在倒换操作时，允许短时并列。

（5）禁止两组直流系统同时存在接地或在发生不同极性接地的情况下进行并列。

（6）直流系统接地时，允许用隔离开关或断路器瞬时拉、合分路负荷查找接地点。

（7）新增或改变参数和位置的负荷，送电前必须测量设备绝缘并核对熔断器定值正确。

（二）充电器（整流器）的并列、解列及倒换操作原则

（1）充电器（整流器）的并列操作：

1）检查充电器各充电模块正常备用；

2）合上充电器交流电源输入断路器；

3）合上充电器直流输出断路器；

4）检查充电器工作正常，输出电压符合蓄电池浮充电压数值。

（2）充电器（整流器）的解列操作：

1）断开充电器直流输出断路器；

2）断开充电器交流电源输入断路器。

（3）工作充电器倒为备用充电器运行操作：

1）检查备用充电器各充电模块正常备用；

2）合上备用充电器交流电源输入断路器；

3）合上备用充电器直流输出断路器；

4）检查备用充电器工作正常，输出电压符合蓄电池浮充电压数值；

5）合上备用充电器与工作蓄电池并列断路器；

6）断开工作充电器直流输出断路器；

7）断开工作充电器交流电源输入断路器。

（4）备用充电器倒为工作充电器运行操作：

1）检查工作充电器各充电模块正常备用；

2）合上工作充电器交流电源输入断路器；

3）检查工作充电器工作正常，输出电压符合蓄电池浮充电压数值；

4）合上工作充电器直流输出断路器；

5）断开备用充电器与工作蓄电池并列断路器；

6）断开备用充电器直流输出断路器；

7）断开备用充电器交流电源输入断路器。

（三）两台机组直流母线间的倒换操作

（1）两机组直流母线互代操作：

1）检查两机组直流母线电压相等；

2）合上预并侧直流母线联络断路器；

3）合上预停侧直流母线联络断路器；

4）断开预停直流母线进线断路器；

5）断开预停充电器直流输出断路器；

6）断开预停充电器交流输入断路器；

7）断开预停直流母线绝缘监察装置接地投切断路器。

（2）两机组直流母线恢复正常方式：

1）检查预合充电器各充电模块正常备用；

2）合入预合充电器交流输入断路器；

3）合上预合充电器直流输出断路器；

4）检查预合充电器工作正常，输出电压符合蓄电池浮充电压数值；

5）检查预并充电器蓄电池组电压与运行直流母线电压相等；

6）合上对应直流母线进线断路器；

7）断开两机组直流母线联络断路器；

8）合入对应直流母线绝缘监察装置接地投切断路器。

四、220V 直流系统运行中的监视与检查

（一）220V 直流系统运行中的监视

1. 220V 直流母线电压的监视

如果直流母线电压过低会造成断路器保护动作及自动装置动作不可靠、直流电动机启动困难；若电压过高又会使长期带电的电气设备过热损坏或继电保护装置、自动装置发生误动。因此对直流系统运行中的电压应严密进行监视。

（1）直流系统电压正常情况下的监视：

1）正常运行中的直流母线电压应在正常范围内变化，220V 母线正常应维持在 227V，允许变化范围为 225～230V；

2）如直流母线采用控制母线与合闸（动力）母线分开运行的方式时，控制母线的电压应在 225～230V 范围内，合闸母线的电压应在 235～240V 范围内。

（2）直流系统电压异常情况下的监视：

1）直流母线电压最低不得低于正常母线额定电压的 80%，即 220V 母线电压不得低于 176V；

2）直流母线电压最高不得高于正常母线额定电压的 115%，即 220V 母线电压不得高

于 253V；

直流母线电压监视手段通常采用装设电压监察装置和直流系统数字集中监控装置，并且配合运行值班人员的巡回检查和抄表等项监视工作。

直流母线电压监察装置（DYJ-A 型）的主要功能是监视母线的电压数值变化和电压偏高（过压）或电压偏低（欠压）时发出报警信号。一般过压和欠压的报警设定值为正常运行电压的±10%，并在装置面板分别装有过压和欠压报警指示灯并用数字显示当时的电压值，便于值班人员查看分析。

直流系统数字集中监控装置主要有数据采集监视和故障监视两大功能。数据采集监视包括直流母线电压、蓄电池电压、充电器输出电压和电流、蓄电池输出电压和电流。故障监视包括监控装置运行、控制母线电压异常、蓄电池欠压、充电机故障、交流故障、绝缘故障、熔丝故障、馈线故障、直流系统故障。

2. 直流系统绝缘的监视

发电厂直流供电网络一般都分布较广，系统复杂并且外露部分较多，容易受到外界环境因素影响，使得直流系统绝缘水平降低，甚至可能使绝缘损坏而接地。如果是正、负极都接地，此时故障回路的熔断器熔丝就会熔断，使相应部分直流系统停电。如果负极接地，直流网络可继续运行，但这是危险的不正常情况。如断路器合闸、跳闸线圈或保护装置跳闸出口继电器动作回路的负电接地后，再发生正电接地时，断路器将会发生误合闸或误跳闸。因此对运行中的直流系统的绝缘状况必须连续进行监视。监视的手段与方法一般有在直流系统安装绝缘监察装置、数字集中监控装置、母线接地监视器（带有接地报警灯和接地电流毫安数值显示）、值班人员定期巡回检查、检修人员定期测量检查等。对绝缘监察装置的要求如下：

（1）绝缘监察装置须具有监测直流系统母线电压、测量正母线和负母线对地电压数值，具有过压、欠压、接地故障自动报警等功能。

（2）在直流母线不停电的情况下，所在直流系统的闪光装置及绝缘监察装置，必须长期投入运行。这样可以不间断地对所运行中的直流系统绝缘水准进行自动监测。

（3）两机组的直流系统由分开运行方式改为共用一组直流系统方式时，为避免降低绝缘监察装置的动作灵敏度应将绝缘监察装置退出一组。

（4）每套绝缘监察装置的接地报警启动值每年由保护专业人员进行实际核对校验一次，偏差超出规定时（一般正、负对地绝缘电阻值均低于 20～30kΩ 报警），应将其调整正常。

（二）直流系统母线及设备的检查

1. 接班前检查

每日接班前，应由专责值班人员对直流系统、母线电压、闪光装置进行一次检查。

2. 直流母线与其连接设备运行中的检查

（1）母线各触头紧固，断路器、隔离开关、熔断器接触良好不过热；

（2）电源电缆及分路负荷电缆应不漏油和过热；

（3）直流母线系统各表计指示正常；

（4）充电器输出电压、电流在允许变化范围之内；

（5）绝缘监察装置完好，无接地现象，各信号灯及光字牌指示正常；

（6）各继电器动作正确，无过热现象。

3. 充电器（整流器）运行中的检查

（1）充电器运行中应无异常响声和焦糊味；

（2）充电器各表计指示正常，并在允许变化范围内；

（3）充电器盘各指示灯、手把及转换开关位置应与运行方式相符；

（4）开关、晶闸管各触头、引线、电缆应接触良好，无过热、松动放电现象；

（5）电源变压器及电抗器温度不允许超过80℃，铁芯不允许超过85℃；

（6）快速保险应无烧断，各继电器、电阻应无过热现象；

（7）高频充电模块充电器，集中监控器显示正常，各充电模块“开/关”按钮、“均充/浮充”按钮位置正确，各交流分路断路器状态正确，各指示灯正常。

（三）事故照明切换设备的检查与切换试验

1. 运行中的检查

（1）室内应清洁，无杂物，照明充足；

（2）电源隔离开关应无过热、松动现象；

（3）交流接触器应无异常响声；

（4）电压继电器正常，无断线和过热现象；

（5）电缆及各触头无过热、漏油现象；

（6）备用直流电源正常；

（7）各分路负荷应绝缘良好，无接地、短路现象；

（8）各分路负荷熔断器定值整定正确。

2. 事故照明的切换试验

（1）当事故照明交流电源中断时，事故照明应自动切换为直流供电。当交流电源恢复后，事故照明应自动切换为交流供电。

（2）事故照明盘停电时，先停直流电源、后停交流电源（避免直流电源自动投入）。

（3）事故照明切换设备，按规定每月定期由值班人员进行交、直流切换试验，应按下面的操作步骤进行试验：

1）检查事故照明直流断路器已合入，电压正常；

2）检查事故照明交流电源指示灯亮；

3）按下事故照明试验按钮；

4）检查事故照明直流电源指示灯亮，交流电源指示灯灭；

5）检查事故照明交流接触器断开，直流接触器自动投入正常；

6）检查事故照明切换正常，并查看直流是否有接地现象；

7）松开事故照明试验按钮；

8）检查事故照明直流电源指示灯灭，交流电源指示灯亮，接触器回位正常。

第四节 铅酸蓄电池

一、概述

普通固定式铅酸蓄电池的早期产品为开口玻璃缸式，其结构简单、价格便宜，但其电解液易蒸发，充电时产生的气体大量逸出容器外影响环境卫生，需经常补充、调整电解液浓度，维护工作量大，新建电厂中已不采用这种蓄电池。

目前电厂中广泛使用的是防酸隔爆式固定铅酸蓄电池（如GF型、GGF型、GGM型、消氢式GM型、消氢式GGM型等），其容器缸体加盖密封，盖上装有防酸雾帽或防爆排气装置。防爆排气装置有各种型式，如烧结式防爆排气装置，装有以氧化铝为主要成分的烧结式过滤帽的结构型式，它能将蓄电池内部产生的气体排到外部，硫酸飞沫被泡沫板和过滤帽凝集回流，故酸雾基本不向外扩散。如果蓄电池室内空气不流通，非消氢式蓄电池产生的可爆气体积聚较多时（氢气浓度超过1%），若遇电火花或明火，混合气体仍有爆炸的危险性。这种蓄电池称为半密封式蓄电池。

全密封式铅酸蓄电池，要求内部气体生成和吸收（或复合）要平衡，采用的方式有几种。如用催化剂使氢气和氧气化合成水回到容器（电槽）内，称为催化剂方式；还有一种是电极方式，设置了氢气消失电极（第三电极）和氧气消失电极（第四电极），使容器能够完全密封。

目前使用较多的一种是全密封铅酸蓄电池，以下介绍的铅酸蓄电池均为此种电池，采用了气体重新组合技术，使水的消耗现象不再发生。这种蓄电池，出厂时已加满电解液（其密度一般为1.258g/cm^3或1.30g/cm^3），常以充好电的方式向用户提供，用户不用再管理电解液，故又常称其为少维护或免维护蓄电池，不必设置专门的蓄电池室，可直接置于需用的地方，正常使用寿命在10年以上。

二、铅酸蓄电池的基本构造

铅酸蓄电池主要由正极板、负极板、电解液和容器四部分组成。

（1）正极板采用表面式的铅板，在铅板表面上有许多肋片，以增大极板与电解液的接触面积，使内阻减小和单位体积的蓄电量增大。正极板经过特殊加工处理后，其有效物质为褐色（或深棕色）的二氧化铅（PbO_2）。

（2）负极板采用匣式的铅板（或铅合金物质），中间有较大的栅格，内充有参加电化学反应的活性物质，即由铅粉及稀硫酸等物调制成的糊状混合物，涂填在铅质栅格骨架上。负极板经过特殊加工处理后，其有效物质为灰色海绵状的金属铅。

（3）为了防止极板间发生短路，在正、负极板间用多孔性隔板分开，以使极板之间保持一定距离。为了防止工作过程中极板上的有效物质脱落到底部沉积，造成正、负极板短路，所以极板的下边与容器底部应有足够的距离。

（4）电解液是浓度为27%～37%的硫酸水溶液（稀硫酸），其密度为（1.22±0.01）g/cm^2

(20℃)。电解液的密度高低，影响着蓄电池的容量大小：密度过小，产生的离子少，蓄电池内阻相应增大，使放电时消耗的电能大，容量减小；密度过大，蓄电池的极板腐蚀和隔离物损坏也愈快，缩短蓄电池的使用寿命。电解液面应比极板上边至少高出 10mm，比容器上边至少低 15～20mm。前者是为了防止反应不完全而使极板翘曲，后者是为了防止电解液沸腾时从容器内溅出。

三、铅酸蓄电池的工作原理

（1）蓄电池的放电。把正、负极板互不接触而浸入容器的电解液中，在容器外用导线和灯泡（负载）把两种极板连接起来，此时灯泡亮，因为正极板（二氧化铅）和负极板（金属铅）都与电解液中的硫酸起了化学反应，使两种极板间产生了电动势（电压），在导线中有电流流过，即化学能变成了使灯泡发光的电能，这种由于化学反应而输出电流的过程称为蓄电池放电。

放电时，蓄电池正、负极板上的活性物质都与硫酸发生了化学反应，生成硫酸铅($PbSO_4$)，当两极板上的大部分活性物质都变成硫酸铅后，蓄电池的端电压将下降。在整个放电过程中，蓄电池中的硫酸逐渐减少而形成水，硫酸的浓度减少，电解液密度降低，蓄电池内阻增大，电动势下降，端电压也随之减小。

因此，在正常使用情况下，蓄电池不宜过度放电。因为在化学反应中生成的硫酸铅小晶块在过度放电后易结成体积较大的大晶块，晶块分布不均匀时，易使极板发生不能恢复的翘曲，同时还增大了极板的电阻，放电时产生的硫酸铅大晶块很难还原，妨碍充电过程的进行。

（2）蓄电池的充电。把蓄电池放电过程中外电路中的灯泡（负载）换成直流电源，即充电器，并且把正极板接充电器的正极，负极板接充电器的负极。当充电器的端电压高于蓄电池的电动势时，充电器的电流就会流入蓄电池，电流的方向刚好与放电时的电流方向相反，于是在蓄电池中产生了与放电过程相反的化学反应。就是说，硫酸从极板中析出，正极板又转化为二氧化铅，负极板又转化为金属铅，而电解液中硫酸增多，水减少。经过这种转化，蓄电池两极板间的电动势又恢复了，蓄电池又具备了放电条件。此时，充电器的电能充进了蓄电池变成化学能储存起来，这种过程称为蓄电池的充电。

充电时，蓄电池正、负极板上硫酸铅小晶块分别还原为二氧化铅和金属铅，极板上的硫酸铅逐渐消失。由于充电反应逐渐深入到极板上的活性物质内部，使电解液中的硫酸浓度逐渐增加，水分减少，电解液的密度增大，蓄电池内阻减小，电动势增大，端电压随之上升。

在充电过程中，随着蓄电池电压的逐渐升高，蓄电池的正、负极板上开始有气体析出，正极板上析出氧气，负极板上析出氢气，造成强烈的冒泡现象，这种现象称为蓄电池的沸腾。沸腾的原因是负极板上的硫酸铅已经很少了，化学反应逐渐转变为水的电解所造成。上述两种反应同时进行时，需要消耗更多的能量，浪费蒸馏水和电力。因此，为了维持恒定的充电电流，应逐渐提高充电器的充电电压。为了减少能量损耗，防止极板活性物质脱落损坏，在充电末期，充电电流不宜过大，在有气体放出时应减少充电电流。

（3）蓄电池的自放电现象。由于电解液中所含金属杂质可能形成内部漏电导，或电解液中金属杂质沉淀在负极板上，以及极板本身活性物质中也含有金属杂质，在蓄电池负极板上形成局部的短路，由于蓄电池的电解液上下密度不同，极板上下电动势不等，在极板之间的均压电流引起的蓄电池的自放电。这样就形成了蓄电池的自放电现象。

为了防止蓄电池的自放电造成蓄电池容量、电压不足，在正常运行中通常采用充电器-蓄电池组浮充电运行方式。

四、铅酸蓄电池的检查项目

（1）值班人员应按规定定期对蓄电池及其系统进行检查；每日接班前，应由专责值班人员对蓄电池的浮充电流等进行一次检查，当蓄电池充、放电电流大时禁止查看浮充电流。

（2）铅酸蓄电池正常运行中的检查项目：

1）蓄电池室内温度应在5～30℃之间，电解液温度不得超过35℃，在充电期间，电解液温度应控制在15～40℃范围内，最高不得超过45℃。

2）电解液液面应在规定的最高、最低液面之间（正常高于极板上边10～20mm），电解液不应混浊。

3）每个电瓶的浮充电压正常，电解液密度为（1.22±0.01）g/cm^2（20℃）。

4）各触头、连接导线紧固，不应有腐蚀、污染、裂纹现象。

5）极板应无弯曲、断裂、脱落及短路现象。

6）隔板应完整，不应浮起。

7）沉淀物不应过多，应低于极板下沿10mm。

8）电瓶应清洁完好，无渗漏及振动现象。

9）防酸栓应拧紧，严禁松开或取下。

10）室内应清洁，通风正常，照明应充足，无有机溶剂和腐蚀性气体，远离热源及易产生火花的设备。

五、铅酸蓄电池操作时的注意事项

（1）蓄电池组的投入与退出操作，应由运行值班人员负责。

（2）蓄电池组的投入与退出操作，必须在直流母线的运行方式倒好后才能进行，不允许以充电器（整流器）单独带母线负荷或以断电的方法进行蓄电池组的投入与退出操作。

（3）蓄电池的大充电、大放电应根据极板的老化程度、亏电程度和运行的时间来决定。并且蓄电池必须在脱离母线后才能进行大充、大放，该项工作应由专业检修人员负责。在大充电、大放电期间，严禁采用手动按钮方式查看浮充电流。

（4）一般装有逆变装置的充电器（整流器）在蓄电池的大放电时，应采用逆变的方式或接临时电阻的方法进行放电。

（5）如备用充电器（整流器）在给蓄电池进行大充电或大放电时，不再给其他直流母线或蓄电池组做备用。

第五节　直流系统的异常及处理

一、直流系统故障的危害性

直流系统中发生两点接地时，可能会引起直流熔断器熔断或造成保护和断路器误动作，这对安全运行有极大的危害性。

（1）直流系统中，负极发生一点接地的情况较为普遍，如发生一点接地后，在同一极的另一地点再发生接地或另一极的一点接地时，便构成两点接地短路，将造成信号装置、继电保护和断路器的误动作。

（2）两点接地还可能会造成断路器拒绝动作。

（3）两点接地引起熔断器熔断，同时有烧坏继电器触点的可能。

二、直流系统接地的现象及处理

（一）直流系统接地的现象

直流接地光字信号发出，警报响；直流母线正极（或负极）对地电压降低，负极（或正极）对地电压上升。

（二）直流系统接地的处理

（1）首先复归接地信号，如不能复归时，应查看数字集中监控装置面板上的直流系统故障和绝缘故障报警信号灯是否亮，查看显示窗内故障内容，切换绝缘监察装置查看接地电压及绝缘数值，查看接地监视器的接地电流数值应大于 15mA，还应判明接地的极性，其方法有：

1）可查看接地监视器的接地电流数值的同时，查看显示的是负或正。

2）装有正、负极分别接地掉牌的继电器的可直接确认极性。

3）可用直流电压表分别测量正、负极的对地电压值，测量电压值低的一极为故障接地（对地电压一般在 70V 及以下）。

4）也可用验电笔直接验电的方法进行确认，如验电笔带有发光二极管的在验电时，发光二极管不亮的为接地（红灯为正电，绿灯为负电，黄灯为交流电），如带有氖泡的验电笔在验电时，氖泡靠近笔帽侧亮为正电，靠近笔尖侧亮为负电，不亮侧为接地。

（2）配备有直流系统接地故障检测仪的单位可使用该仪器对分路负荷进行先重后轻的测试查找处理。

（3）未配备有直流系统接地故障检测仪的单位可根据当时运行方式、天气变化、检修设备的变动情况，进行重点拉、合试验。

（4）有备用的设备先倒备用，当此路接地，必须再倒回原方式，再查找下一级故障点。

（5）拉、合试验前，应与有关单位联系，必要时热工、保护及电气检修人员在场，防止误停、误投设备。

（6）拉、合试验时，应先拉次要负荷，如因天气影响直流系统绝缘普遍降低时，可同时拉开多路负荷查找。

（7）在切断各专用直流回路时，不论回路接地与否，应立即将其合入。通知专业检修人员处理。

（三）直流系统接地的处理原则

（1）必须确认直流一点接地的极性（正极还是负极），粗略分析直流接地的原因（天气原因、操作引起还是二次回路上有人工作引起）。

（2）若有人在二次回路上工作或对设备进行检修试验，应立即停止其工作，并拉开所用直流试验电源，查看接地信号是否消失。

（3）查找的顺序：先带有缺陷的分路，后一般分路；先户外，后户内；先次要分路，后重要分路；先新投运设备，后投运已久的设备；先负荷，后电源。

（4）如果直流系统带两段直流母线运行，可经倒闸操作拉开母线分段电源开关，确定接地点位置在哪段直流母线范围内，再进行各分路的查找。

（5）在切断各专用直流回路时，切断时间不得超过3s，不论回路接地与否均应合上。

（6）由于直流瞬时中断，可能引起的其他设备的保护、联锁、电压监视，有可能造成断路器误动时，必须在采取措施后，方可进行倒换操作。

（7）当两组直流系统发生不同极性接地时，严禁采取先并后拉的方法进行倒换操作。

（四）直流系统接地查找时的注意事项

（1）禁止使用灯泡测试法查找接地点，以防止直流回路短路。

（2）使用仪表检查直流接地时，所用仪表内阻不应小于2000Ω/V。

（3）直流系统发生接地时，禁止在二次回路上工作。

（4）查找直流系统一点接地时，应防止直流回路另一点接地，造成直流短路。

（5）查找和处理直流系统接地故障时，必须由两人及以上配合进行，其中一人操作，一人监护，并监视表计指示和信号的变化。

（6）在拉路查找直流系统接地前，应采取必要的措施，用以防止因直流电源中断而造成保护装置误动作。

三、直流母线电压过低或过高的处理

直流母线电压过低会造成断路器保护及自动装置动作不可靠；若电压过高又会使长期带电的电气设备过热损坏或引起继电保护、自动装置误动的可能。

（1）直流系统运行中，若发现直流母线电压过低，且欠压未报警时，值班人员员应检查充电器或充电模块工作是否正常（可根据装置正常运行状态灯判断），充电器输出电流、浮充电流是否正常，直流负荷是否突然增大，蓄电池组运行是否正常等。若直流系统装有降压装置，应迅速调整降压装置的投切组数，使直流母线电压保持在正常值。若充电器的浮充电压可调整，应提高浮充电压，使直流母线电压恢复正常。若某一充电模块输出参数异常时，可将该充电模块退出运行。

（2）直流系统运行中，若发现直流母线电压过高且过压未报警时，值班员应检查充电器或充电模块工作是否正常（可根据装置正常运行状态灯判断）、充电器输出电压是否正常。若充电器的浮充电压可调整，应降低浮充电压，使直流母线电压恢复正常。若某一充电模块输出参数异常时，可将该充电模块退出运行。

（3）直流母线电压过低或过高，如短时不能处理恢复时，应及时倒备用充电器运行。无备用充电器时，应倒另一直流系统母线联络方式运行。

（4）经上述检查未发现异常情况时，应通知检修或维护人员对晶闸管整流、脉冲单元进行检查，故障消除后恢复充电器运行。

（5）发现直流母线电压急剧下降时，必须查明故障点，将故障部位隔离后，再合入母线联络断路器，倒至另一直流系统以母线联络方式运行。

四、充电器（整流器）装置故障异常的处理

（一）充电器（整流器）输出电压突然降低

（1）现象：整流装置运行不正常，可能发装置故障报警；直流母线电压偏低并报警；蓄电池组给负载供电（查看蓄电池电流表显示数值增大并且为负）。

（2）处理：

1）检查充电器（整流器）及各充电模块运行状态灯是否正常，查看数字集中监控装置面板上的故障光字牌信号灯有无报警，根据故障的报警信号，再通过数字集中监控装置中菜单提示按程序查找故障的部位及性质确定故障设备；

2）检查充电器（整流器）的快速熔断器和电源熔断器是否熔断（可根据熔丝故障灯是否亮），确认某一相熔断器熔断时，应查明原因及时消除，更换熔断器后恢复整流器的运行；

3）检查晶闸管元件、充电模块是否损坏，确认晶闸管元件或充电模块损坏时，应通知检修专业人员更换处理；

4）如短时不能恢复，应及时倒备用整流器运行。如无备用整流器时，可倒与另一直流系统以母线联络方式运行。

（二）充电器（整流器）输出电流突然降至零

（1）现象：整流装置运行突然停止或保护掉闸；直流母线电压持续降低并报警；蓄电池组单独给负载供电（查看蓄电池电流表显示数值增大并且为负）。

（2）处理：

1）立即将故障充电器（整流器）交流输入和直流输出断路器断开，倒备用整流器或充电机运行。无备用时，应倒至另一直流系统以母线或电源联络方式运行。

2）检查验证充电器（整流器）的交流输入和直流输出断路器保护动作的原因，再依据其原因通知检修人员进行彻底的处理。

3）检查充电器（整流器）的快速熔断器和电源保险是否熔断（可根据熔丝故障灯是否亮来判断），确认某一相熔断器熔断时，应查明原因及时消除，更换熔断器后恢复整流器试运行，没有问题后再投入正常运行。

4）检查晶闸管元件、充电模块是否损坏，确认晶闸管元件或充电模块损坏时，应通

知检修更换处理。

5）经上述检查未发现异常情况时，应通知检修对晶闸管脉冲单元进行检查，故障消除后恢复整流器运行。

（三）充电器（整流器）或充电模块控制回路故障

（1）现象：充电器（整流器）、充电模块输出电压、电流指示波动；充电器（整流器）或充电模块输出电压调不上去或达不到额定值。

（2）处理：

1）将整流器交流电源断开，检查断路器触点是否过热或接触是否良好，位置是否正确；

2）检查直流室内环境温度是否过高，手动或自动调节电位器触点是否接触不良，旋钮是否松动；

3）经上述检查未发现异常情况时，有可能是充电器（整流器）或充电模块内控制部分插件有问题，应通知检修对晶闸管控制回路和插件、元件进行检查，故障消除后恢复整流器运行；

4）如短时不能处理恢复时，应及时倒备用整流器运行。无备用整流器时，应倒至另一直流系统以母线联络方式运行。

五、充电器（整流器）熔断器熔断或断路器掉闸的处理

（一）充电器（整流器）交、直流侧熔断器熔断

（1）现象：直流系统故障光字牌信号发出，警报响；直流母线电压偏低并报警；数字集中监控装置面板上的熔丝故障灯亮。

（2）处理：

1）复归报警，检查故障原因；

2）若因交流电压瞬时波动或过负荷引起时，在复归信号和检查设备正常后，即可恢复整流器的正常运行；

3）若因交、直流熔断器熔断造成断路器掉闸时，必须测量电缆和主回路的绝缘电阻及硅管的反向电阻，合格后方可投入运行；

4）若因装置本身故障，应将整流器停止运行，并拉开有关电源断路器、隔离开关或熔断器，通知检修维护班人员处理；

5）可将备用整流器投入或倒换直流系统运行方式，恢复蓄电池的浮充运行；

6）发现直流母线电压急剧下降时，必须查明故障点，将故障部位隔离后，再合入母线联络隔离开关。

（二）整流器交、直流侧开关掉闸

（1）现象：直流系统故障光字信号发出，警报响；直流母线电压偏低并报警；数字集中监控装置面板上的蓄电池欠压、充电机故障、交流故障、直流母线电压异常灯应亮。

（2）处理：

1）复归报警，检查故障原因，同时投入备用中的整流器或倒换直流系统运行方式，

恢复蓄电池的浮充运行；

2）当主回路故障造成交、直流侧断路器掉闸并且信号回路正常时：

a. 应对晶闸管元件、整流变压器、快速保险等做重点检查，发现异常时，将整流器停电并通知维护班人员处理；

b. 若因交流电压瞬时中断或电流过负荷引起热偶保护动作，可手动复位并检查设备正常后，即可恢复整流器的运行；

c. 若因直流回路负荷波动造成过电压继电器动作断路器掉闸时，可手动复位并检查设备正常后，即可恢复整流器的运行；

d. 若因直流回路电流过负荷造成过电流继电器动作断路器掉闸时，可手动复位并对保护范围内设备进行详细检查，待将过负荷原因消除后，可将整流器投入运行。

3）当主回路故障造成交、直流侧断路器掉闸而信号回路消失时：

a. 应对晶闸管元件、整流变压器、快速熔断器等做重点检查发现有异常问题时，可将整流器停电退出并通知检修维护班人员处理；

b. 若因交流电源 A 相消失或 A 相熔断器熔断时，将原因消除后，更换好熔断器即可恢复整流器的运行；

4）若因装置本身故障，应将整流器停止运行，并拉开有关电源断路器、隔离开关或熔断器，通知检修维护班人员处理；

5）发现直流母线电压急剧下降时，必须查明故障点，将故障部位隔离后，再合入母线联络隔离开关。

六、直流母线电源中断的处理

（一）直流母线电源中断的现象

（1）直流母线电压表指示为零。

（2）充电器、蓄电池断路器掉闸。

（3）发出直流消失光字牌信号，警铃响，所有直流供电的指示灯全部熄灭，保护和控制电源消失。

（4）所有直流中间继电器全部失磁，带电压切换的表计指示异常。

（5）由于短路造成的电压消失，短路点有强烈的弧光和烧伤现象，同时伴有浓烟和焦臭味或着火。

（二）直流母线电源中断的处理

（1）确认母线故障时，应迅速隔离故障点，恢复电源及负荷的送电。

（2）如部分负荷不能恢复时，有备用的倒备用，无备用的及时接取临时线供电。

（3）如母线设备没有发现故障点，在断开全部分路负荷并测量母线的绝缘合格后，恢复母线送电，正常后试送分路负荷（先测绝缘后送电），确认某路负荷故障越级引起时，此路则不再送电。

（4）若因直流电源中断且短时间不能恢复，必要时应将失去保护、控制的交流设备全部停电，或采取其他应急措施。

七、直流分路负荷电源中断的处理

（一）直流分路负荷电源中断的现象

（1）直流消失光字信号发出，警铃响。

（2）故障分路断路器跳闸。

（3）由直流供电的指示灯熄灭。

（4）带电压切换的表计指示异常。

（二）直流分路负荷电源中断的处理

（1）检查直流电源断路器掉闸后，核对数字集中监控装置的故障报警与故障分路断路器跳闸应相符，并测量设备绝缘，如合格又无明显故障时，可将设备送电。

（2）如因回路故障，直流电源断路器再次掉闸时，及时通知检修人员进行全面检查处理。

（3）发现负荷侧设备有明显故障时，必须查明原因并消除后方可送电，以免造成再次掉闸和设备的损坏。

（4）如电源短时间不能恢复时，还应将所控制的交流设备停电。

（5）具有双路电源供电的直流屏，应及时倒换电源供电的方式。

思考题

1. 简述 UPS 系统主要由哪几部分组成？
2. 简述 UPS 系统运行方式有几种？
3. 简述 UPS 系统主要负荷有哪些？
4. 简述 UPS 系统投运前检查项目有哪些？
5. 简述 UPS 系统运行中检查项目有哪些？
6. 直流系统的作用有哪些？
7. 直流系统有哪些电压等级，分别带什么负荷？
8. 直流系统并列有何规定？
9. 蓄电池及直流母线正常巡检检查项目有哪些？
10. 查找直流系统接地注意事项有哪些？
11. 单节蓄电池电压正常应为多少？
12. 何种情况下，蓄电池室内易引起爆炸？如何防止？

第八章
发电厂电气控制系统

第一节　发电厂的控制方式

一、单元控制室及网络控制室的控制方式

大机组发电厂的控制方式可分为单元控制兼网络控制室及单元控制室与网络控制室相互独立的两种类型。

集控发电机组，通常将一个单元的机、炉、电的所有设备和系统集中在一个单元控制室控制。大型电厂为了提高热效率，趋向采用亚临界或超临界高压、高温的机组，其热力系统和电气主接线都是单元制，各机组之间的横向联系较少，在进行启动、停机和事故处理时，单元机组内部的纵向联系较多，因而采用单元控制室，便于机、炉、电协调控制。

在单元控制室内电气部分控制的设备和元件主要有：汽轮发电机及其励磁系统、主变压器、高压厂用工作变压器、高压厂用备用变压器或启动备用变压器、高压厂用电源线、主厂房内采用专用备用电源的低压厂用变压器以及该单元其他必要集中控制的设备和元件。对全厂公用的设备，集中在第一单元控制室控制。

采用单元控制室方式的发电厂，当高压网络出线较少或远景规划明确时，电力网的控制部分可设在第一单元控制室内，各操作控制在网控屏上进行，当高压网络出线较多或配电装置离主厂房较远时，一般另设网络控制室。在单元控制室网控屏或网络控制室内控制的设备和元件有：联络变压器或自耦变压器、高压母线设备、110kV 及以上线路、高压或低压并联电抗器等，此外，还有各单元发电机-变压器组以及高压厂用备用变压器或启动备用变压器高压侧断路器的信号和必要的表计。

高压网络采用一个半断路器接线时，发电机-变压器组设备较重要，为防止误操作，与此有关的两台断路器在单元控制室控制，而在单元控制室的网控屏或网络控制室内，有上述断路器的位置信号，以便网控人员掌握发电机-变压器组的运行状态，尤其是中间断路器的运行状态。

二、断路器的控制方式

断路器的控制方式，按其操作电源可分为强电控制与弱电控制，前者一般为 110V 或 220V 电压；后者为 48V 及以下电压；按操作方式可分为一对一控制和选线控制两种。

根据不同特点，强电控制一般分为下列三类：

(1) 根据控制地点分为集中控制与就地控制两种。

(2) 按跳、合闸回路监视方式可分为灯光监视和音响监视两种。

(3) 按控制回路接线可分为控制断路器具有固定位置的不对应接线与控制断路器触点自动复位的接线。

弱电控制方式有以下几种类型;

(1) 弱电一对一控制。重要的电力设备，如发电机-变压器组、高压厂用工作变压器及启动备用变压器等，重要性较高，但操作概率较低，宜采用一对一控制。

(2) 弱电选线控制。常用的选线方式有按钮选线控制、断路器选线控制和编码选线控制等方式。

大型发电厂高压断路器多采用弱电一对一控制方式，断路器跳、合闸线圈仍为强电，两者之间增加转换环节。这样设计使控制屏能采用小型化弱电控制设备，并使操动机构强电化、控制距离与单纯的强电控制一样。

三、500kV 断路器控制回路

500kV 断路器的重要性极高，在对其控制回路进行设计时，应满足以下各项要求。

(1) 满足双重化的要求。所谓跳闸回路双重化，是在断路器中设置两组跳闸线圈、两组独立的跳闸回路。要准确可靠地切除电力系统中的故障，除了继电保护装置要准确、可靠的动作外，作为继电保护的执行元件——断路器是否能可靠地动作，这对于切除故障是至关重要的。显然，在电力系统发生故障时，即使继电保护装置正确动作，但如断路器失灵而拒动时，故障仍不能被切除，势必酿成严重的后果。断路器的可靠工作，与消弧机构(断口部分)、操动机构、控制回路和控制电源有关。其中，消弧机构和操动机构的可靠性取决于断路器的制造技术水平，而控制回路和控制电源这两部分的可靠性的提高主要取决于断路器二次回路的设计。未采用双重化设计时，在超高压电网的断路器所有拒动事故中，大部分是控制回路不良引起的。采用了双重化设计后，这种拒动的概率大大降低。所以，为了保证可靠地切除故障，220kV 及以上断路器的跳闸回路采用双重化设置是非常必要的。

(2) 跳、合闸命令应保持足够长的时间。即一旦操作命令发出，就应保证整个跳闸或合闸过程执行完成。为确保断路器可靠地跳、合闸，应在跳、合闸回路中设有命令的保持环节。在合闸回路中，一般可利用合闸继电器的电流自保持线圈来保持合闸脉冲，直到三相全部合好后才由断路器的辅助触点来断开合闸回路。在跳闸回路中，保持跳闸脉冲的方式和防跳接线有关。当采用串联防跳接线时，可利用防跳继电器的电流线圈和其动合触点来保持跳闸脉冲；在采用并联防跳接线时，一般在保护的出口跳闸继电器的触点回路中加电流自保持。跳闸回路也是由断路器的辅助触点，在完全跳开后断开。

(3) 有防止多次跳合闸的闭锁措施。在 500kV 断路器的控制接线中，常用的防跳接线有两种。一种是采用串联防跳，另一种是并联防跳。

(4) 对跳合闸回路的完好性要能经常监视。在 500kV 断路器的控制回路中，一般用跳闸和合闸位置继电器来监视跳合闸回路的完好性。

(5) 能实现液压、气压和 SF_6 浓度低等状态的闭锁。在空气断路器、SF_6 气体绝缘断路器以及其他采用液压机构的断路器中，这些工作的气体及液压的压力只有在规定的范围内时，断路器才能正常运行。否则，应闭锁断路器的控制回路，禁止操作。

通常，断路器的跳闸、合闸和重合闸所规定的气压或液压的允许限度是不同的。所以，闭锁断路器跳闸、合闸或重合闸的压力值也不同。在设计断路器的压力闭锁回路时，应按断路器制造厂的要求进行。

反应气体或液体压力的电触点压力表或压力继电器的触点容量一般较小，不能直接接到断路器的跳、合闸回路中，需经中间继电器去控制断路器的跳、合闸。断路器在操作过程中必然要引起气压或液压的降低，此时闭锁触点不应断开跳闸或合闸回路，否则会导致断路器的损坏。一般可采用带延时返回或带有电流自保持的中间继电器作为闭锁继电器，以确保在断路器的操作过程中闭锁触点不断开。

此外，当 SF_6 断路器的 SF_6 气体密度低到一定值时，应闭锁跳闸、合闸回路。

（6）应设有断路器的非全相运行保护。在500kV系统中断路器出现非全相运行的情况下，因出现零序电流，有可能引起网络相邻段零序过电流保护的后备段动作。而导致网络的无选择性跳闸。所以，当断路器出现非全相状态时，应使断路器三相跳开。

（7）断路器两端隔离开关拉合操作时应闭锁操作回路。

第二节　信号与测量系统

一、信号系统

1. 信号系统的分类及要求

在发电厂中设置信号装置，用途是供值班人员监视各电气设备和系统的运行状态。按性质信号可分为以下几种：

（1）事故信号，表示发生事故、断路器跳闸的信号。

（2）预告信号，反映机组及设备运行时的不正常状态。

（3）位置信号，指示开关电器、控制电器及设备的位置状态。

（4）继电保护和自动装置的动作信号。

（5）全厂事故信号，当发生重大事故时，通知各值班人员坚守岗位、加强监视，并通知有关人员深入现场进行紧急处理。

按信号的表示方式，可分为光信号和声音信号。光信号又分为平光信号和闪光信号以及不同颜色和不同闪光频率的光信号。声音信号又分为不同音调或语音的声音信号。计算机集散系统在电厂应用后，使信号系统发生了很大变化。

信号装置是值班人员与各设备的信息传感器，对电厂的可靠运行影响甚大。因此，发电厂的信号装置应满足以下要求：

（1）信号装置的动作要准确可靠。

（2）声、光信号要明显。不同性质的信号之间有明显的区别；动作的和没动作的应有明显区别；在较多信号中，动作的信号属于哪个安装单位，应有明显的标记。

（3）信号装置的反应速度要快。

2. 事故信号和预告信号

事故信号和预告信号合称为中央信号。近些年，引进国外技术建设的发电厂大多采用新型中央信号装置。这些装置除具有常用的中央信号装置的功能外，信号系统由单个元件构成积木式结构，接受信号数量没有限制。现将某电厂采用的信号装置做简单介绍。

信号装置采用微机闪光报警器，除具有普通报警功能外，还具备对报警信号的追忆、记忆信号的掉电保护、报警方式的双音双色、报警音响的自动消音等特殊功能。装置的控制部分由微处理器、程序存储器、数据存储器、时钟源、输入输出接口等组成微机专用系统。装置的显示部分（光字牌）采用新型固体发光平面管（冷光源）。

该装置的特殊功能分述如下。

（1）双音双色。光字牌的两种颜色分别对应两种报警音响，从视觉、听觉上可明显区别事故信号与预告信号。报警时，灯光闪光，同时音响发声；确认后，灯光平光，音响停；正常运行为暗屏运行。

（2）动合（常开）、动断（常闭）触点可选择。可对 64 点输入信号的动合、动断触点状态以 8 的倍数进行设定，由控制器内的主控板上拨码器控制。

（3）自动确认。信号报警若不按确认键，能自动确认，光字牌由闪光转平光、音响停止，自动消音时间可控制。

（4）通信功能。控制器具有通信线，可与计算机进行通信，将断路器动作情况通过报文形式报告给计算机。当使用多个信号装置时，通信线可并网运行，由一台控制器作主机，其他控制器分别做子机，且子机计算机地址各不相同。

（5）追忆功能。报警信号可追忆，按下追忆键，已报警的信号按其报警先后顺序在光字牌上逐个闪亮（1 个/s），最多可记忆 2000 个信号，追忆中当前报警信号优先。

（6）清除功能。若需清除报警器内记忆信号，操作清除键即可。

（7）掉电保护功能。报警器若在使用过程中断电，记忆信号可保存 60d。

（8）触点输出功能。在报警信号输入的同时，对应输出一动合触点，可起辅助控制的作用。

二、测量系统

大型电厂一般设有远动装置或采用计算机、微处理机实现监控，其模拟输入量都为弱电系列。在同一安装单位的相同被测量可以共用一套变送器，这样不仅简化了测量回路，同时也有利于减轻电流互感器的二次负担和提高测量的准确度。测量表计直接接在变送器的输出端，变送器将被测量变换成辅助量，一般为 4～20mA 或 0～5mV，经弱电电缆送到控制室的毫安表或毫伏表上（表的刻度按一次回路的电流互感器变比折算到一次电流）。

第三节　发电机同期系统

一、概述

将同步发电机投入电力系统并列运行的操作称为并列操作，当发电机频率升到额定值后，可进行并列操作，凡是有并列操作要求的断路器都视为同期点。并列是一项非常重要的操作，必须小心谨慎，操作不当将会产生很大的冲击电流，严重时将使发电机遭到损坏。因此并列操作的要求是并列瞬间发电机的冲击电流不超过规定的允许值，并列后发电机应能迅速进入同步运行。

发电机的同期并列方法有两种，即准同期与自同期。

火力发电厂大容量机组通常采用的是准同期方式，要求：

（1）投入瞬间发电机的冲击电流和冲击力矩不超过允许值。

（2）系统能把投入的发电机拉入同步。

两系统并列的理想条件是两系统电压的三个状态量全部相等，即：

（1）待并发电机（或系统）与系统频率相等（允许频差±0.1Hz）。

（2）待并发电机（或系统）电压与系统电压幅值相等（允许压差$\pm 5\% U_N$）。

（3）合闸瞬间，两电压相角相同（$\Delta\delta < 10°$）。

此时，两系统并列后，不但冲击电流小，而且并列后发电机与系统立即进入同步运行，不会发生任何扰动现象。

通常发电机采用的准同期并列方式有自动准同期、半自动准同期和手动准同期三种。分别为：

1）调整发电机频率、电压及合发电机-变压器组主断路器全部由运行人员来操作完成的，为手动准同期并网；

2）调整发电机频率、电压及合发电机-变压器组主断路器全部由同期自动装置来完成的，为自动准同期并网；

3）当调整发电机频率、电压及合发电机-变压器组主断路器三相中有任一项是由自动装置来完成，其余仍由手动来完成时，为半自动准同期并网。

发电厂的主控室或单元控制室应装设自动准同期装置和带有同期闭锁的手动准同期装置。网控室一般装设带有同期闭锁和自动合闸的手动准同期装置，该装置只具有同期闭锁、自动检测同期条件和自动合断路器功能，要使两系统的频率、电压差达到同期条件范围之内，还须手动调整待并机组的频率、电压来完成。

二、自动准同期装置

1. 自动准同期的采用方式

自动准同期的采用有两种方式：一种是采用集中自动准同期方式，即全厂所有需同期点的断路器共用1～2台自动准同期装置；另一种是采用分散自动准同期方式，即每台发电机的断路器分别装设和使用一台自动准同期装置。

2. 集成与晶体管结合型自动准同期装置

集成与晶体管型自动准同期装置是目前国内使用较多的自动准同期装置，ZZQ型系列主要有ZZQ-3A、ZZQ-3B和ZZQ-5型的。ZZQ-3A型的只能自动调频、自动合闸，不能自动调压。ZZQ-3B型的为双通道准同期装置是ZZQ-3A的改进型。ZZQ-3B型和ZZQ-5型的均能自动调频、自动调压和自动合闸。

ZZQ型自动准同期装置体积比较小，技术性能较高使用中也比较稳定。适用于各种型式和不同功率的发电机按准同期方式并入电网，还可用于两个独立系统之间按准同期方式并入电网。整套同期并列系统的构成有：自动准同期装置、组合同期表、同期方式切换开关（DTK）、数字电液调节系统（DEH）同期方式软投切开关、转角电压互感器（现代大型机组已不用）、中间继电器（包括增速、减速、升压、降压、同期检定、合闸、同期闭锁、直流电源监视）发电机主断路器合入后的监视灯等。为便于运行人员使用监视和检修人员调试，准同期装置面板装有定值整定旋钮、差频调整增、减速指示灯和差压调整升、降压指示灯，另外与系统同步时的同步及合闸指示灯。

ZZQ 型自动准同期装置的投入步骤：

（1）投入或检查准同期装置的直流电源应正常；

（2）将同期装置盘的方式切换开关（DTK）切“自准”位置；

（3）将机组 DEH 同期控制投入“自动”；

（4）按下同期装置启动按钮，视“自动准同期装置投入”光字牌亮；

（5）检查同期装置工作应正常。

ZZQ 型自动准同期装置的退出：

（1）确认自动准同期装置已将发电机并入电网（同期盘主断路器合入后的监视灯亮）；

（2）将同期装置盘的方式切换开关（DTK）切“停用”位置；

（3）退出准同期装置的直流电源（有的电厂不退）。

3. 微机型自动准同期装置

微机自动准同期装置以 16 位单片机为核心，配以高精度交流电压变换器（小 TV），准确快速地交流采样，计算断路器两侧电压、频率及相角差，输入/输出光电隔离、装置能自检、参数设置方便、可实现监控。

微机同期控制器的突出特点是能自动识别差频和同频同期性质，确保以最快的时间和良好的控制技术促成同期条件的实现，并且不失时机地捕捉到第一次出现的并网机会。以精确严密的数学模型，确保差频并网（发电机对系统或两解列系统间的线路并网）时捕捉第一次出现的零相差，进行无冲击并网。

微机同期控制器具备的设置参数主要有断路器的合闸时间、允许压差、允许频差、允许功角、过电压保护值、均频控制系数、均压控制系数、同频调速脉宽、并列点两侧低压闭锁值等。

微机同期控制器通常具有 8～12 个通道可供 1～12 台发电机或线路并网复用，或与多台同期装置互为备用。控制器在发电机并网过程中按模糊控制理论的算法，对频率及电压进行控制，确保最快最平稳地使频差和压差进入整定范围，实现更为快速并网。通常具备的功能有：自动识别差频或同频并网功能、能适应各种电压互感器二次电压，并具备自动转角功能、控制器自检和出错报警功能、并列点两侧的二相或三相电压互感器电压信号失压报警、并闭锁同期操作及无压合闸，在发电机并网过程中出现同频但不同相角时，控制器将自动给出加速控制命令消除同频状态，控制器可确保在需要时不出现逆功率并网。整套同期并列系统的构成有自动准同期装置（面板装有液晶显示器、组合同期表、装置方式选择开关、软触键盘、工作状态及报警指示灯等）同期方式切换开关、DEH 同期方式软投切开关、中间继电器（包括直流电源投入、直流电源退出、交流电源投入、同期检定、合闸）等。

SID-2CM微机型自动准同期装置的投入步骤：

（1）投入或检查准同期控制装置的直流电源应正常；

（2）检查同期控制装置面板上的方式选择开关在“工作”位置；

（3）将同期控制装置盘的方式切换开关（DTK）切“自准”位置；

（4）将机组DEH同期控制投入“自动”位置；

（5）检查同期控制装置盘交、直流电源中间继电器动作，面板的电源指示灯亮；

（6）按下同期控制装置启动按钮，视“自动同期装置投入”光字牌亮；

（7）检查同期控制装置工作（调压、调速、相位表转动）应正常。

SID-2CM微机型自动准同期装置的退出：

（1）确认自动准同期装置已将发电机并入电网；

（2）将同期装置盘的方式切换开关（DTK）切“停用”位置；

（3）检查同期控制装置盘交、直流电源中间继电器返回，面板的电源指示灯灭；

（4）退出准同期控制装置的直流电源（有的电厂不退）。

4. 自动准同期装置与DEH的联合动作

600MW汽轮发电机组均配有DEH（数字电液调节系统）。具有从汽轮机冲转直到带满负荷的全过程自动化功能。当转速接近额定转速时，DEH发出信号，自动将自动准同期装置投入，实现自动调节转速、自动调节电压、自动发出合闸脉冲、自动带5%初负荷，此时，自动准同期装置成为DEH功能的一个组成部分。

第四节　变电站NCS系统

一、概述

变电站综合自动化系统（NCS系统）是指在变电站中应用自动控制技术和信息处理与传输技术，通过计算机硬件系统或自动化装置代替人工进行各种运行作业，从而提高变电站运行质量和管理水平的一种自动化系统。

NCS系统是利用微机技术，将变电站的二次设备（包括控制、信号、测量、保护、自动装置、远动装置）进行功能的重新组合和结构的优化设计，对变电站进行自动监视、测量、控制和协调的一种综合性的自动化系统。它具有如下特征：功能综合化（其综合的程度可以因不同的技术而异），结构微机化，操作监视屏幕化，运行管理智能化。

下面以某电厂配置的BSJ-2200型计算机监控系统为例，对NCS系统概况进行介绍。BSJ-2200型计算机监控系统是基于网络的全分布式可配置系统，在每一节点上配置的功能只影响本节点而独立于其他节点，具有较好的独立和并发性能。利用它可以实现数据的采集与处理、断路器的控制、自动电压调节、报表的打印和通信等功能。BSJ-2200系统的人机接口是NARI公司开发的建立在UNIX操作系统上的NARI ACCESS监控系统。它是一个开放的分布式计算机监控系统，运行人员通过功能键盘可以调看画面、一览表、系统参数、发出控制指令等，通过标准键盘可以进行在线作图、报表、编写操作票、编制顺控流程等。

BSJ-2200系统采用分层分布式结构，即站控层和间隔层设备采用直接上网方式，网络采用双以太网连接，连接在网络上的设备有操作员站、工程师站、继保工作站、值长站、通信管理机、远动管理机以及各间隔NSD500测控装置等。

NSD500系列超高压变电站单元测控装置是以变电站内一条线路或一台主变压器为监控对象的智能监控设备。它一方面采集本间隔内的实时信号，另一方面可通过智能通信模件与本间隔内的其他智能设备（如保护装置）通信，同时通过双以太网接口直接上网与站级计算机系统相连，构成面向对象的分布式变电站计算机监控系统。每个NSD500监控单元均可实现对每条出线或进线的就地或者远方控制，本身也具有五防功能，可实现对就地设备的控制，继而实现遥信、遥测、遥控、遥调功能。

NSD500装置由一个标准中央控制单元（4U主机箱）和多个扩展I/O模件组成，也可根据需要扩展一个辅助机箱用以扩展I/O。主机箱内包括了电源、智能人机接口、以太网通讯模件、CPU模件和智能通讯模件。扩展的I/O模件均为智能模件。

NSD500单元测控装置各部分功能框图见图8-1。

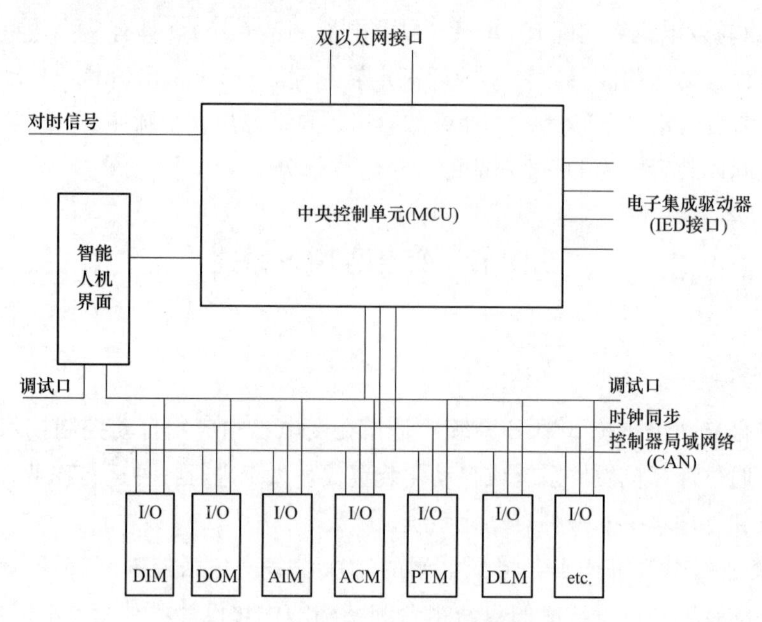

图8-1　NSD500单元测控装置功能框图

NSD500系列单元测控装置主要特点介绍如下：

1. 强大的网络功能

（1）采用交换式以太网，支持VLAN；

（2）所有端口10M/100M自适应；

（3）支持光纤及双绞线；

（4）双网完全独立冗余配置；

（5）间隔层测控单元直接上网；

（6）其他智能设备与间隔层测控单元共享网络通道；

（7）全站数据共享，实现全站控制操作的逻辑闭锁。

2. 测控单元配置灵活

（1）面向对象设计；

（2）采用多 CPU 及实时多任务操作系统（RTOS），处理能力强；

（3）测点扩展方便；

（4）内部同时支持 CAN 及 RS485 网络通信；

（5）I/O 模件可带电插拔，维护方便。

3. 人机界面新颖

（1）采用大屏幕汉字液晶显示器及键盘；

（2）实时显示本间隔一次主接线图；

（3）显示内容用户可定义；

（4）采用多级密码保护。

4. 安全可靠

（1）所有插件按电磁兼容性（EMC）四级标准设计；

（2）输入、输出分开，强弱电分开；

（3）采取多种隔离措施；

（4）可从出口继电器触点直接返读；

（5）同期操作电压互感器自动选择；

（6）采用软、硬件同步，对时精度达 1μs。

二、NCS 监控系统功能

1. 数据采集与处理

（1）模拟量采集与处理。

模拟量分直流量和交流量，直流量输入方式：0～5V 或 4～20mA 等，交流量输入方式：TV100V，TA5A 或 1A，TV 和 TA 输入到监控系统后，监控就可测出三个相电压、三个相电流、三个线电压、有功功率、无功功率、功率因数和频率等测量值，模拟量的处理有标度转换、越/复限处理和归零处理等。

（2）开关量的采集与处理。

开关量以触点的形式（动合或动断）输入到监控，开关量的处理有变位记录、变位闪光、事故追忆、事故推画面、事故推处理指导和事故启动控制等。

（3）电度量采集与处理。

电度量以电度表输出的脉冲触点输入到监控系统，监控实现对脉冲累计再按某个系数折算成电度量，并进行峰平谷电量统计。

2. 控制

控制包括断路器的合分、隔离开关的合分和主变压器分接头调节等，输出方式：继电器触点（动合）脉冲输出。

3. 自动电压调节（AVC）

通过自动调节主变压器分接头和投切电容及电抗器，使目标电压或考核电压在目标范围内。

4. 报表打印

包括一览表打印、报表打印和操作票打印，并有历史保存功能。打印方式有召唤打印、定时打印、定时打印和满打印，满打印仅对一览表而言。

5. 画面显示

显示开关量、模拟量和电度量，显示形式有数值、棒图、曲线、符号和颜色等。

6. 历史数据库

历史数据库用的是 Microsoft SQL Sever 关系式数据库，它可以保存一年甚至更长时间的模拟量、电度量和各种记录。

7. 通信

通信实现了监控系统与外部的通信，它包括调度通信、保护通信和其他各种设备的通信。

8. 远方诊断

可以利用生产厂家的一台 PC 机远程登录到现场的系统中，做一些诊断和处理的工作。

三、NCS 监控系统特点

1. 监控系统工作电源

站控层的设备采用交流 220V，间隔层的设备采用直流 110V。

间隔层各装置具有进口直流快速小断路器保护并与装置安装在同一面柜上。每一测控屏两路直流电源，两路进线设进口小空气断路器，切换后作为屏上 I/O 测控单元的装置电源，监控系统能对测控屏上的整个直流电压回路进行监视，当在该直流回路中任何一处发生断线或短路等故障时，发告警信号。

2. 站控层结构

站控层网络结构采用冗余自适应光纤以太网，网络传输速率不小于 100Mbit/s，间隔层采用冗余光纤以太网，网络设备包括集线器、联接器、通信电缆或光缆、光电转换器等。通信网络通信速率满足系统实时性要求，并不小于 1Mbit/s。

站控层设备集中设置在单控室，实现整个系统的监控功能，站控层网络连接计算机主机、操作员工作站、工程师站、远动工作站、微机五防工作站等。间隔层设备集中布置在升压站，实现就地监控功能，每一间隔的测控单元只能用于本间隔，不能与其他间隔混用。在站控层及网络失效的情况下，间隔层仍能独立完成间隔层的监测和断路器控制功能。

3. 画面监视

能通过 CRT 对主要电气设备运行参数和设备状态进行监视，任何 CRT 实时画面均应能在 2s 内完全显示出来，其他画面能在 3s 内完全显示出来，所有被显示的数据其刷新速度为 1s，画面调用采用键盘、鼠标或跟踪球。

显示的画面具有电网拓扑识别功能，即带电设备颜色标识。所有静态和动态画面存储在画面数据库内，用户可方便和直观地完成实时画面的在线编辑、修改、定义、生成、删除、调用和实时数据库连接等功能，并能与其他工作站共享修改或生成后的画面。

CRT 显示不设置屏幕保护功能且不受主机重启影响。

4. 网络监控系统控制的设备

(1) 线路间隔的断路器、隔离开关、接地开关。

(2) 主变压器进线间隔的隔离开关、接地开关。

(3) 启动备用变压器间隔的隔离开关、接地开关。

(4) 母联间隔断路器、隔离开关、接地开关。

(5) 电压互感器间隔隔离开关、接地开关（包括母线接地开关）。

(6) 220kV 的启动备用变压器后台须具备调压功能。

(7) 220kV 带断路器遥控的测控装置有合后/分后功能。

(8) 测控装置取消远方/就地、分闸/合闸把手。

(9) 断路器及隔离开关的遥控回路不需要分相操作，不需要配置重动继电器，遥控不需要遥控返回信号。

(10) 发电机-变压器组断路器，启动备用变压器断路器在分布式控制系统（DCS）控制，电力网络计算机监控系统（NCS）只监视，不控制。所有隔离开关、接地开关均在 NCS 控制，发电机-变压器组、启动备用变压器回路隔离开关、接地开关还要在 DCS 监视。

5. 同步对时

计算机监控系统配置卫星时钟设备，以接受全球卫星定位系统（GPS）的标准授时信号，对系统内各有关设备的时钟进行校正。计算机监控系统时间与标准时间 GPS 的误差不大于 1ms。授时方式灵活方便，可采用硬对时、软对时或软硬对时的组合方式，卫星时钟应由 GPS 接收机和守时钟组成，以避免卫星失锁和时间跳变造成的时间误差。当接收器出现故障不能接收卫星信号时，站控层主机的时钟应能维持系统的正常运行。

四、NCS 监控系统的操作

1. 拉开断路器操作步骤：

(1) 从操作员站主机 CRT 主接线中调出相应设备的监控图。

(2) 在主机上选中要操作的断路器。

(3) 单击“分闸”键。

(4) 单击“执行”键。

(5) 输入操作员口令。

(6) 从操作员站从机 CRT 主接线中调出相应设备的监控图。

(7) 在从机上选中要操作的断路器。

(8) 单击“分闸”键。

(9) 单击“执行”键。

(10) 输入监护员口令。

(11) 在从机弹出的顺序控制信息窗口中单击“确定”键。

(12) 确认主机、从机CRT画面中操作的断路器变位为绿色。

2. 无压合断路器操作步骤

(1) 检查NCS测控柜相应断路器合、跳闸连接片投入。

(2) 从操作员站主机CRT主接线中调出相应设备的监控图。

(3) 确认要操作的断路器颜色为绿色。

(4) 在主机上选中要操作的断路器。

(5) 单击“无压合”键。

(6) 单击“执行”键。

(7) 输入操作员口令。

(8) 从操作员站从机CRT主接线中调出相应设备的监控图。

(9) 在从机上选中要操作的断路器。

(10) 单击“无压合”键。

(11) 单击“执行”键。

(12) 输入监护员口令。

(13) 在从机弹出的顺序控制信息窗口中单击“确定”键。

(14) 确认主机、从机CRT画面中操作的断路器变位为红色。

3. 同期合断路器操作步骤

(1) 检查NCS测控柜相应断路器合、跳闸连接片投入。

(2) 从操作员站主机CRT主接线中调出相应设备的监控图。

(3) 确认要操作的断路器颜色为绿色。

(4) 在主机上选中要操作的断路器。

(5) 单击“同期合”键。

(6) 单击“执行”键。

(7) 输入操作员口令。

(8) 从操作员站从机CRT主接线中调出相应设备的监控图。

(9) 在从机上选中要操作的断路器。

(10) 单击“同期合”键。

(11) 单击“执行”键。

(12) 输入监护员口令。

(13) 在从机弹出的顺序控制信息窗口中单击“确定”键。

(14) 确认主机、从机CRT画面上操作的断路器变位为红色。

(15) 检查断路器三相电流表有指示。

4. 拉开隔离开关操作步骤

(1) 从操作员站主机CRT主接线中调出相应设备的监控图。

(2) 检查要操作的隔离开关间隔的开关颜色为绿色。
(3) 在主机上选中要操作的隔离开关。
(4) 单击“分闸”键。
(5) 单击“执行”键。
(6) 输入操作员口令。
(7) 从操作员站从机 CRT 主接线中调出相应设备的监控图。
(8) 检查要操作的隔离开关间隔的开关颜色为绿色。
(9) 在从机上选中要操作的隔离开关。
(10) 单击“分闸”键。
(11) 单击“执行”键。
(12) 输入监护员口令。
(13) 在从机弹出的顺序控制信息窗口中单击“确定”键。
(14) 确认主机、从机 CRT 画面中操作的隔离开关变位为绿色。

5. 合隔离开关操作步骤

(1) 从操作员站主机 CRT 主接线中调出相应设备的监控图。
(2) 检查要操作的隔离开关间隔的开关颜色为绿色。
(3) 在主机上选中要操作的隔离开关。
(4) 单击“合闸”键。
(5) 单击“执行”键。
(6) 输入操作员口令。
(7) 从操作员站从机 CRT 主接线中调出相应设备的监控图。
(8) 检查要操作的隔离开关间隔的开关颜色为绿色。
(9) 在从机上选中要操作的隔离开关。
(10) 单击“合闸”键。
(11) 单击“执行”键。
(12) 输入监护员口令。
(13) 在从机弹出的顺序控制信息窗口中单击“确定”键。
(14) 确认主机、从机 CRT 画面中操作的隔离开关变位为红色。

6. 拉开接地开关操作步骤

(1) 从操作员站主机 CRT 主接线中调出相应设备的监控图。
(2) 检查要操作的接地开关侧的隔离开关颜色为绿色。
(3) 在主机上选中要操作的接地开关。
(4) 单击“分闸”键。
(5) 单击“执行”键。
(6) 输入操作员口令。
(7) 从操作员站从机 CRT 主接线中调出相应设备的监控图。
(8) 检查要操作的接地开关侧的隔离开关颜色为绿色。

(9) 在从机上选中要操作的接地开关。

(10) 单击“分闸”键。

(11) 单击“执行”键。

(12) 输入监护员口令。

(13) 在从机弹出的顺序控制信息窗口中单击“确定”键。

(14) 确认主机、从机 CRT 画面中操作的接地开关变位为绿色。

7. 合接地开关操作步骤

(1) 从操作员站主机 CRT 主接线中调出相应设备的监控图。

(2) 检查要操作的接地开关侧的隔离开关颜色为绿色。

(3) 在主机上选中要操作的接地开关。

(4) 单击“合闸”键。

(5) 单击“执行”键。

(6) 输入操作员口令。

(7) 从操作员站从机 CRT 主接线中调出相应设备的监控图。

(8) 检查要操作的接地开关侧的隔离开关颜色为绿色。

(9) 在从机上选中要操作的接地开关。

(10) 单击“合闸”键。

(11) 单击“执行”键。

(12) 输入监护员口令。

(13) 在从机弹出的顺序控制信息窗口中单击“确定”键。

(14) 确认主机、从机 CRT 画面中操作的接地开关变位为红色。

五、NCS 系统异常及事故处理

1. 线路断路器故障跳闸

事故现象:

(1) 事故警报响，NCS 监控机 CRT 画面相应断路器变位、闪绿。

(2) CRT 画面上该线路有功功率、无功功率、电压、电流指示为零。

(3) 线路保护装置动作。

(4) CRT 画面相应光字牌亮。

(5) CRT 画面事故一览表中显示断路器出口跳闸信息。

(6) 简报信息框显示相关信息。

处理要点:

(1) 在 CRT 画面上单击“清音”键，复归音响信号。

(2) 在 CTR 画面索引栏中选中“断路器复位图”并打开。选中已跳闸断路器，单击“复位”“执行”键，使断路器复位。

(3) 单击“光字”键，打开光字牌索引，再打开跳闸线路光字牌，记录保护动作光字。

(4) 检查保护装置动作情况，并记录装置动作信号。

(5) 就地检查断路器动作情况、线路间隔一次设备有无异常。

(6) 通知检修人员打印录波图。

(7) 复归保护装置信号。

(8) 在 CRT 画面上复归动作光字。

(9) 按值长命令进行相应操作。

2. NCS 主工作站、操作员站全部停止运行事故处理

现象：

(1) 网控 NCS 主工作站、操作员站全部停止运行。

(2) 主工作站、操作员站 CRT 画面不刷新。

(3) 主工作站、操作员站鼠标、键盘全部失灵。

处理步骤：

(1) 立即汇报值长，通知检修人员。

(2) 立即到网控 NCS 测控屏退出所有断路器的合跳闸连接片。

(3) 如果此时发生事故需要紧急拉开断路器，应在领导批准的情况下，到就地拉开断路器，但在操作中一定要严格执行监护复诵制。

(4) 如果需要立即操作隔离开关、接地开关时，可到就地，手动分合隔离开关，在操作中一定要注意不能解锁操作。

(5) 按值长命令，进行相应操作。

思考题

1. 什么是同步发电机的并列运行？什么叫同期装置？

2. 实现发电机并列有几种方法？其特点和用途是什么？

3. 准同期并列的条件有哪些？条件不满足将产生哪些影响？

4. 按自动化程度不同，准同期并列有哪几种方式？

5. 简述自动准同期装置的构成及其各部分的作用。

6. 怎样利用工作电压通过定相的方法检查发电机同期回路接线的正确性？

第九章

发电机启动试验

第一节　机电炉大联锁保护

一、机电炉大联锁保护的作用与目的

机电炉大联锁保护是发电机组的重要保护之一，主要是在汽轮机、锅炉和发电机三部分设备当中发生任何需要跳闸停机的事故时，故障保护快速启动联锁动作，把锅炉、汽轮机、发电机在最短的时间内全部安全停下来，使故障点迅速得到隔离，防止设备损坏或造成事故的扩大。单元机组的大联锁保护实际就是将单元机组的锅炉、汽轮机、发电机-变压器组三者的各自保护系统之间构成相互联系的逻辑。试验的目的就是检验汽轮机、锅炉和发电机主保护系统各自保护动作情况，以及相互之间的联锁保护动作情况。基本的联锁逻辑原理如图 9-1 所示。

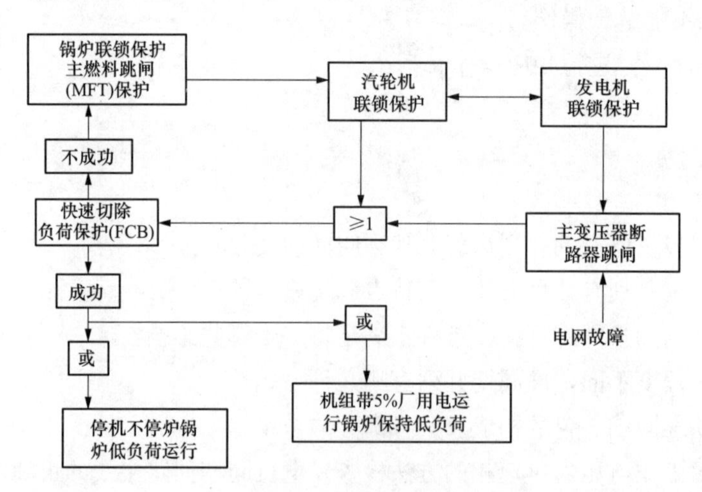

图 9-1　机电炉联锁逻辑原理图

二、机电炉大联锁保护试验条件

(1) 试验前检查机组已基本具备整套启动条件，机、电、炉均处于停止状态；

(2) 将发电机-变压器组的控制、信号、保护直流及相应的联锁装置和保护正常投入；

(3) 试验前，被试电气设备与运行系统设备进行隔离；

(4) 发电机-变压器组出口隔离开关必须在断开位置；

(5) 高压厂用变压器低压分支断路器必须在试验位置；

(6) 汽轮机挂闸后，运行人员将电气主断路器、励磁系统断路器、厂用分支断路器分别合入；

(7) 如上述断路器之间带有闭锁合闸或联锁跳闸时，应考虑断路器合入的顺序，需临时短接或拆线时，应通知保护人员。

三、机电炉大联锁保护的主要动作过程

(1) 电气部分故障：当机组的电气系统发生故障需要停机时，电气保护动作，跳开发电机主开关和励磁开关以及厂用电，同时给汽轮机发一个跳闸指令，汽轮机主汽门关闭，关闭后，给锅炉发一个跳闸指令，锅炉跳闸。即电气→汽轮机→锅炉。

(2) 汽轮机部分故障：汽轮机系统故障，需要跳闸时，汽轮机的保护发出主汽门关闭指令，主汽门关闭，关闭后，电气的非电气量保护主汽门关闭保护动作，电气跳闸；主汽门关闭后，同时给锅炉发出跳闸指令，锅炉跳闸。即电气←汽轮机→锅炉。

(3) 锅炉部分故障：锅炉的汽包水位高或其他跳机的保护动作，锅炉跳闸，给汽轮机发出一个跳闸指令，汽轮机主汽门关闭，汽轮机主汽门关闭，主汽门关闭保护动作，电气跳闸。即锅炉→汽轮机→电气。

四、机电炉大联锁试验的注意事项

(1) 试验前，电气将保护屏上的掉母联保护连接片拿下，防止母联断路器误跳闸，将失灵保护解除，防止误动作。在汽轮机的主汽门挂闸后，再合入电气主系统部分的断路器，防止断路器不能合入（当时主汽门关闭状态，机组有掉闸的指令），存在其他保护动作条件时（如发电机断水）应先退出。

(2) 试验前，通知热工人员应在工程师站将汽轮机的低真空掉闸保护和主机润滑油压低掉闸保护退出，否则汽轮机主汽门挂不上闸。同时还要将锅炉的火检保护退出，否则，灭火保护在无信号的情况下为动作状态，导致制粉系统所有的设备断路器在试验状态下无法合入。

第二节　发电机的启动、试验、并列、停机

新投产或大、小修后的发电机组，在未并列前，须对发电机-变压器组进行必要和相关的电气试验。

发电机-变压器组系统恢复之前的试验一般有：对所有的保护光字及预告信号和事故警报进行正确性试验；对调速电动机的转动灵活性和转动方向的正确性试验；励磁系统联动试验；机电炉联锁试验；主断路器、励磁系统断路器、厂用分支断路器的传动联锁试验。

汽轮机冲转后的试验有：发电机带主变压器的短路试验、发电机带高压厂用变压器的短路试验、发电机空载试验、励磁系统试验、发电机定相试验、发电机假同期试验。通过上述各种试验对发电机-变压器组及关联系统的一次、二次设备特性和技术参数进行全面的验证。同时各试验数据和特性应符合制造厂的出厂试验报告数据和特性以保证机组在投

入运行后能达到最佳运行工况。

一、发电机启动前的准备工作

（一）发电机启动前应该符合的条件

（1）一次回路接线完整、正确、牢固，绝缘电阻合格；

（2）二次回路接线完整、正确、牢固，与图纸相符，标志齐全，绝缘电阻合格；

（3）励磁系统回路接线完整、正确、牢固，绝缘电阻合格；

（4）发电机的所有附属设备均应具备运行条件；

（5）发电机的气体严密性试验合格，静止和额定转速下漏气量不应超过规定值，氢油系统正常；

（6）发电机定子水冷却系统正常，完整、可靠、水压合格，发电机端部引水管及汇流管，外部水系统正常，水质合格，无渗漏现象；

（7）自动灭磁装置动作正确可靠；

（8）同期装置接线正确，并经同期试验正确；

（9）晶闸管及整流系统设备完整、牢固、接线正确，通风设备良好；

（10）自动励磁调节装置完好，接线正确，工作可靠；

（11）主断路器、灭磁断路器及励磁系统的所有断路器合、拉及联锁、保护掉闸试验正确；

（12）发电机调速、调压、加、减方向动作正确；

（13）中央信号装置动作良好，音响正确，信号光字牌齐全；

（14）发电机灭火用二氧化碳备足，压力合格，气瓶与二氧化碳母管连接良好。

（二）发电机启动前系统绝缘的测量

（1）发电机定子绕组在不通水、干燥后接近工作温度时，其对地及相间电阻不应低于本厂或厂家规定。

（2）由于发电机内线棒及汇水管里面有剩余的冷却水，因此在通内冷水的情况下测量绝缘电阻时，要求水质合格，水压、流量与运行中基本相同，通水一段时间，待发电机里面水路各部位都充满水时，再用水内冷发电机绝缘测试仪测量。

（3）测量发电机转子绕组绝缘电阻值在冷态（20℃）用500V绝缘电阻表测量不低于1MΩ。测量发电机转子绕组绝缘时，应该把转子接地保护测量回路中的接地点甩开（串有连接片时取下）。

（4）主励定子绕组、副励电枢绕组，用1000V绝缘电阻表测量不低于1MΩ。测量副励电枢绕组绝缘时，要考虑不能给晶闸管测绝缘。

（5）主励转子绕组用500V绝缘电阻表测量不低于0.5MΩ。

（6）在汽轮机冲转前，将电气系统恢复到备用状态。不论是否并列或者电气做试验，都要把氢气冷却器投入、通水，防止转子转动时由于风损发热导致发电机内部超温。

（7）测量绝缘时要考虑不要损坏二次回路设备，如变送器、保护装置、自动装置，应断开相应的回路后再测量绝缘。

二、发电机的启动

电气运行的所有准备工作应在冲转前完成，发电机、主变压器、厂用变压器及相应的系统设备均应处于备用状态。发电机一经冲转即认为处于带电状态，除有关试验外，停止一切检修工作。

当发电机升速至额定转速的50%时，应进行下列各项检查：

(1) 应仔细倾听发电机、励磁机内部响声是否正常。

(2) 轴承油温、轴承振动及其他运转部分是否正常。

(3) 整流子或滑环上的电刷是否因振动而有接触不良、跳动或卡死现象，如发现应立即消除。

(4) 发电机各部分温度有无异常升高现象。

发电机经以上检查，一切情况正常后，可继续升速，转速达到额定值应检查轴承油流和各轴瓦温度；对水内冷发电机应检查水压、流量、检漏计等；对氢冷发电机应检查氢压、密封油压等。

汽轮发电机升速到额定转速一定时间后，经检查，各处工作情况正常时，即可升压。合上灭磁开关将转子通入励磁电流，渐渐增加励磁电流，使定子电压相应地升高，直到和电网电压相等为止。

在升压过程中及升压至额定值后，应检查发电机及励磁机的工作状态，如有无振动、电刷接触是否良好、出口风温是否正常等，并注意以下三点：

(1) 三相定子电流均应等于零。因为这时断路器未合闸，故发电机没有带负荷，不应该有定子电流。若发现有电流，则说明定子回路上有短路，如临时接地线及短路线未拆除等，应立即切除励磁，拉开灭磁开关，进行检查。

(2) 三相定子电压应平衡。以此检查发电机引出线和电压互感器回路有无开路情况。

(3) 核对空载持性。借以检查发电机转子绕组有无匝间短路。

当上述升压操作正常，发电机电压、频率已达额定值并无异常现象时，即可进行并列操作。

三、发电机的试验

电气联锁试验时，按照机组电气部分的联锁，进行传动，要求涉及带电部分的断路器，要放在试验位置，一次系统不得接通。传动时，要考虑到保护和联锁关系，防止造成一些与之相联系的断路器误动作。重点考虑汽轮机的主汽门以及网络系统母线的运行方式，防止主汽门误动作和网络系统母线上的断路器误动。

（一）发电机短路试验

1. 短路试验的目的

通过做短路试验绘出同步发电机的短路特性曲线，它可以用来判断转子绕组有无匝间短路和计算发电机的同步电抗、短路比。此外，还可进行电压调整器的整定计算。

2. 短路试验应具备的条件

(1) 发电机-变压器组系统已恢复到开机试验状态，各冷却系统运行正常。

(2) 发电机-变压器组主隔离开关在分闸位置并断开控制和动力电源；

(3) 主断路器负荷侧三相间连接的短路线已接好，并且短路线的容量能满足试验时发电机最大电流的要求和裕度；

(4) 检修试验人员应将所需的各试验表计接好；

(5) 汽轮机已定速并稳定在3000r/min。

(6) 投入发电机、主变压器、主励磁机冷却系统，投入保护跳手动、自动调节器直流输出断路器连接片；

(7) 投入主励过电流保护、发电机过压保护、断水保护、其他掉闸保护不投；

(8) 退出给母差保护用电流互感器及启失灵保护；

(9) 热工人员已解除主断路器合入后带初始负荷位置接点线；

(10) 自并励励磁系统机组的试验电源已接好。接取方式有：①将励磁变压器高压侧三相解开，由厂用6kV母线接入励磁变压器高压侧；②将励磁变压器低压侧三相解开，由整流柜输入侧接入短路试验临时电源（临时电源的保护必须投入)；

(11) 自并励励磁系统的机组应将初励电源断开，以免初励误动作；

(12) 手动励磁调节器必须在下限位置；

(13) 试验时，采用手动励磁调节器调整（或AVR装置设定为手动方式)。

3. 短路试验时的注意事项

(1) 试验时要注意检查发电机氢冷却器、定子冷却水流量和压力、温度等运行参数是否正常。

(2) 试验时，监盘人员注意保持汽轮机转速稳定在3000r/min。当转速发生变化时，要及时进行调整，维持3000r/min。

(3) 发电机-变压器组主断路器合上后，做好防止断路器跳开的措施（断操作控制直流及动力源)。

(4) 操作人员使用手动调压器（或AVR装置手动方式）调整发电机定子电流时，只能按照同一方向增加或同一方向减少调整，不能往复调整否则会使做出的曲线发生偏差。

(5) 手动调整使电流缓慢增加，发电机定子电流到额定电流的15%时，由保护人员检查各电流互感器有无开路，电流是否平衡正常。

(6) 继续调整增加发电机定子电流时，运行人员仍应监视三相电流应基本平衡，电压表指示趋于零，只有当发电机的定子电流达到额定时，电压表指示的数值为短路电压。

(7) 当发电机的定子电流达到额定时，注意监视各部温度变化情况是否正常，同时要求检修试验人员此点试验停留时间不宜过长。

(二) 发电机空载试验

1. 空载试验的目的

通过做空载试验绘出同期发电机的空载特性曲线，空载试验不仅可以检验发电机励磁系统工作情况，观察发电机磁路饱和程度，并且可以检查发电机定子、转子绕组的连接是否正确。利用它和短路特性曲线可以判断转子绕组有无匝间短路，还可判断定子铁芯有无局部短路。此外，还可计算发电机的电压变化率、未饱和的同步电抗和分析电压变动时发电机的运行情况及整定磁场电阻等。

2. 空载试验应具备的条件

（1）汽轮机继续稳定在 3000r/min；

（2）发电机-变压器组主断路器负荷侧三相间连接的短路线已拆除并恢复正常接线；

（3）发电机-变压器组主隔离开关在分闸位置，并断开控制和动力源；

（4）发电机-变压器组主断路器在断开位置，做好防止断路器合入的措施（断操作控制直流及动力源）；

（5）投入发电机-变压器组全部掉闸保护及联锁，由保护试验人员将短路试验所做的二次措施全部恢复；

（6）自并励励磁系统的机组应将短路试验临时电源拆除并恢复励磁变正常接线；

（7）自并励励磁系统的机组应将初励电源断开，以免初励误动作；

（8）手动励磁调节器必须在下限位置。

3. 空载试验时的注意事项

（1）注意保持汽轮机转速的稳定，转速发生变化时，要及时调整并维持转速 3000r/min；

（2）手动调整发电机定子电压，调整时只能按单方向缓慢升压或降压，不能往复调整；

（3）在升电压过程接近额定电压时，应控制电压调整量以防发电机过电压；

（4）发电机定子电压出现异常升高时，立即拉开灭磁开关。

（三）励磁系统试验

1. 励磁系统试验的目的

通过对励磁调节器系统的基本调节部分和辅助调节部分的调试，综合验证励磁调节装置的调节特性、并对每个构成单元的工况进行最佳的整定和调试，以满足发电机和系统正常或事故情况下的静态及动态稳定对励磁调节性能的要求。

2. 励磁系统试验应具备的条件

（1）汽轮机继续稳定在 3000r/min；

（2）试验所需的仪器仪表均已接好；

（3）励磁调节器的交、直流工作及备用电源已送好；

（4）手、自动励磁功率柜的冷却风机已开启；

（5）发电机定子电压已升到接近额定值。

3. 励磁系统试验时的注意事项

（1）试验时，监盘人员注意保持汽轮机转速稳定在 3000r/min。当转速发生变化时，要及时进行调整，维持 3000r/min；

（2）试验过程中，未经试验人员许可值班人员禁止调整发电机的电压；

（3）做阶跃试验时，注意监视发电机不得过电压，当超过规定立即拉开励磁调节器断路器；

（4）试验中注意查看各种试验的报警光字牌是否正确并及时复归。

（四）发电机定相试验

1. 定相试验的目的

通过该试验来检查发电机二次电压回路与系统的二次电压回路相序和相位是否一致相符，电压互感器二次接线和同期装置用的转角电压互感器抽头位置是否正确，同时检查手动同期闭锁继电器的定值是否合适，状态是否正确，同期表指示是否正确。

2. 定相试验应具备的条件

（1）汽轮机继续稳定在3000r/min；

（2）网络控制室人员将一条母线腾空，拉开母线联络断路器；

（3）将发电机-变压器组主隔离开关合入已腾空的母线上；

（4）发电机定子电压已升到接近额定值；

（5）热工人员已解除主断路器合入后带初始负荷位置触点线；

（6）将发电机-变压器组主断路器合入已腾空的母线上。

3. 定相试验时的注意事项

1）采取在全电压下合发电机-变压器组主断路器空充母线时，应注意空充电压和有无瞬间异常报警现象；

2）采用发电机自动带空母线零起升压时，应注意发电机不能过电压；

3）同期装置手闸投手动或自动位置时，同期表计应指示在同期点（0°）位置不动基本无偏差；

4）观察同期组合表计两系统的电压和频率差值近于零。

（五）发电机假同期试验

1. 假同期试验的目的

做假同期试验是为了检查同期装置内自动调压、自动调速、自动同期检定、自动合闸脉冲等各单元整定值是否合适，动作是否正确，组合同期表接线是否正确。手动同期闭锁继电器的定值合适，过同期点时应动作正确。只有在发电机定相、假同期试验全部合格后，发电机进行并列时，才不会发生非同期并列。

2. 假同期试验应具备的条件

（1）恢复网络系统正常双母线运行方式；

（2）发电机定相试验已完并正常；

（3）汽轮机继续稳定在3000r/min；

（4）热工人员已解除主断路器合入后带初始负荷位置触点线；

（5）发电机-变压器组两组主隔离开关全部在分闸位置，并断开控制和动力源；

（6）保护人员应由二次部分将某组主隔离开关模拟合入；

（7）投入使用自动电压调节器；

（8）将发电机定子电压已升到接近额定值；

（9）先投入手动准同期做手动同期合闸，后投入自动准同期做自动同期合闸；

(10) 做自动同期合闸并列时，先将汽轮机数字电液控制系统（DEH）同期投入自动。

3. 假同期试验时的注意事项

(1) 手动准同期合闸试验时，同期表旋转指示在手动同期闭锁角度±20°（国外机组±10°）范围外应合不上，在闭锁范围内应能合上，此时同期表应继续旋转；

(2) 自动准同期合闸试验时，查看同期装置的自动调压和自动调速装置应根据电压和频率差值进行自动调整，此时值班人员不得手动参与调整；

(3) 同期表缓慢旋转到同期点并符合同期条件时，合闸脉冲灯亮，同步灯灭，发电机-变压器组主断路器应自动合入，此时同期表应继续旋转；

(4) 发电机-变压器组主断路器自动同期合入后，应注意CRT操作画面及后备手操指示灯的状态变化是否正常；

(5) 做假同期试验期间，试验时间最长不超过15min，以免造成同期装置的损坏。

四、发电机并列

发电机的各种相关试验合格后，才能进行机组与电网系统的并列，一般均采用自动准同期并列方法，在自动准同期装置投入前，将发电机的电压、频率粗略的与系统调整一致后，再将自动准同期装置投入，自动准同期装置就会按发电机与系统的电压和频率差值自动进行调整，使之达到自动合闸同期条件。

汽轮发电机采用准同期并列，准同期并列的优点是发电机没有冲击电流，对电力系统也没有什么影响。但因为某种原因造成非同期并列时，则冲击电流很大，甚至比机端三相短路电流还大一倍。

发电机和系统进行准同期并列时必须满足以下三个条件：

(1) 电压相等（电压差小于5%）；

(2) 相位一致；

(3) 频率相等（频率差小于0.1Hz）。

如果发生非同期并列，这时的冲击电流很大，会使发电机、变压器受到巨大的电动力作用并引起强烈发热。当既有相角偏移、频率又不相等的情况下合闸时，还将产生相当大的功率振荡。特别是当功率振荡频率和转子的固有频率相接近时，功率振荡的幅值就更大，同时，发电机还可能产生强烈的机械振动。

防止非同期并列，应重视以下几个方面：

(1) 大修之后或新装的发电机投运之前，要检查发电机和系统的相序并进行定相，当有关的电压互感器二次回路检修后，也应定相；

(2) 在大修期间，应认真校核同期装置、同期检查继电器、整步表的准确性；

(3) 在机组运行中及停机后均应认真检查直流系统的接地情况，一旦发现主断路器二次回路有接地，必须消除；

(4) 并网操作应使用同期装置，并试验同期装置是否正常；

(5) 发电机进行并网操作时必须使用操作票，并做好监护工作，杜绝麻痹思想，严格遵守规章制度。

五、发电机解列

发电机解列停机的操作分为正常解列停机和紧急解列停机两种。正常解列停机包括机组停备、有预计临时检修（消缺）、节日检修、机组小修、机组大修、需解列进行的试验等。紧急解列停机包括机组或人身发生紧急事故情况下需要值班人员将发电机组立即解列或打闸停机。

若发电机采用单元接线方式，在发电机解列时、应先将厂用电倒至备用电源供电，然后降低发电机的有功及无功负荷，待有功和无功负荷降到零，为了防止汽轮机超速，先将汽轮机打闸，通过逆功率保护动作跳开发电机出口断路器。发电机解列后应检查灭磁开关是否断开，否则手动断开，检查发电机是否灭磁。

除紧急情况外，解列发电机必须有值长（调度）的命令方可进行；正常情况下，应由汽轮机打闸并通过逆功率保护来跳发电机出口断路器。只有在发电机出口三相全部断开后，才能进行灭磁；停机后应测量励磁回路的绝缘电阻，如测量结果不合格、应安排处理。

第三节　发电机的进相运行

随着电力系统不断发展，输电线路电压等级越来越高，输电距离越来越长，因而线间及线对地的电容加大，加之有的配电网络使用了电缆线路，从而引起了电力系统电容电流以及容性无功功率的增长。尤其在节假日、午夜等低负荷期间，线路所产生的无功功率过剩，使得电力系统的电压上升，以致超过容许范围。曾考虑采用并联电抗器或同步调相机来吸收这部分剩余无功功率，但有一定限度，且增加了设备投资。近年来，我国也广泛开展了进相运行的试验研究。实践证明，这是一项切实可行的办法，无需增加额外设备投资而收到同样效果。

图 9-2（a）表示发电机直接接于无限大容量系统的情况。设其端电压U_G恒定，并设发电机电势为E_q，负荷电流为I，功率因数角为φ。这时调节励磁电流i_f，E_q随之变化，功率因数角φ也在变化。如增加励磁电流，E_q变大，此时负荷电流I产生去磁电枢反应，功率因数角φ是滞后的，发电机向系统输送有功功率和无功功率，这种运行状态称为迟相运行。反之，如图 9-2（b）所示，减少励磁电流i_f，使发电机电势E_q减小，功率因数角φ就变为超前的，发电机负荷电流I产生助磁电枢反应，发电机向系统输送有功功率，但吸收无功功率，这种运行状态称为进相运行。

发电机要实现进相运行有几个限制条件，第一是静稳定极限限制，第二是发电机端部发热条件限制，第三是厂用电电压限制。

发电机从发有功、无功状态转为进相运行过程中，随着无功功率逐渐减小至变向，功率因数角δ也逐渐增大，从而使静态稳定性降低。进相较深时，功率因数角可达到70°左右。此过程中，发电机端电压降低，厂用母线电压降低，发电机端部漏磁通加大，导致发电机端部铁芯及结构件温度上升。目前，大型汽轮发电机已采取多种措施减少端部发热。

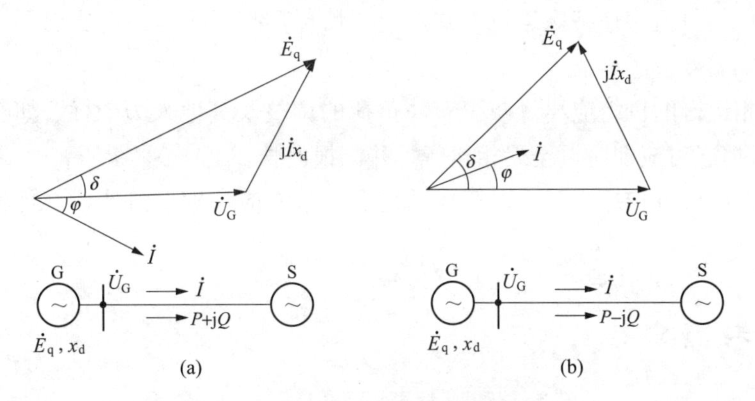

图 9-2　迟相与进相运行概念图

(a) 迟相运行；(b) 进相运行

如将定子铁芯的边段制成阶梯形、采用非磁性钢的转子护环、非磁性材料的定子压圈、压指、铜板屏蔽等都是减少大型汽轮发电机端部发热的常用措施。发电机应在厂家给定的 *P-Q* 运行图范围内运行时，端部温度不超过其限制值。

厂用电压问题实际上是现场真正限制发电机进相运行的主要因素。厂用电通常引自发电机出口或发电机电压母线。进相运行时，随着发电机励磁电流的降低，发电机无功功率倒流，发电机出口处的厂用电电压也要降低，因此应将厂用变压器分头调整至合理的位置，使发电机进相运行时厂用电压不低于 95%额定电压，保证厂用系统设备的正常供电。

发电机进相运行要求及注意事项：

(1) 调度下达的电压曲线正常调整能够满足电网电压要求时，不做进相运行调整。

(2) 所有发电机组无功负荷已达到电厂电压调整管理规定中的低谷要求（功率因数为 1.0），而电网电压仍不能满足要求时，由值长下令，机组可进相运行。

(3) 进相运行条件为自动励磁调节装置运行，当自动励磁调节装置故障时，将发电机调为迟相运行，立即查找原因处理。严禁在手动励磁方式下进相运行。

(4) 应通过试验的方法确定发电机正常可调有功范围内进相运行时的无功参数。应在制造厂提供的 *P-Q* 图范围内进行试验调整。

(5) 发电机进相运行时，厂用 6kV 母线电压不得低于 5.7kV，厂用 380V 母线电压不得低于 360V。

(6) 发电机进相运行时，手动励磁方式输出电压应固定在规定的一对应迟相无功位置不变，不再对自动励磁调节器进行跟踪。

(7) 当某台发电机进行进相调整或进相运行时，其他发电机无功负荷应尽量维持不变。

(8) 发电机进相运行时如机组运行参数发生变化，值班人员应及时调整，使符合有功变化后对应的无功数值。

(9) 当发电机功率因数为 1 或进相运行时，若机组需调整（增加或减少）有功负荷时，必须先增加励磁电流将发电机调整为迟相运行状态后再调整有功。稳定后根据需要再进行无功调整。

(10) 如厂用负荷存在特殊运行方式，应视情况调整厂用母线电压以利于厂用负荷的启动和自投。

(11) 进相运行的机组应尽量减少有功负荷的调整及其他人为干扰。如有影响机组稳定运行的异常情况时应即时调至迟相运行，并汇报值长。

(12) 当发电机进相运行时，本厂或系统发生事故应根据事故性质按规程中的有关条文处理。

思考题

1. 怎样利用工作电压通过定相的方法检查发电机同期回路接线的正确性?
2. 假同期试验的目的及条件是什么?
3. 发电机启动前的准备工作有哪些?
4. 发电机短路试验目的及条件是什么?
5. 发电机空载试验目的及条件是什么?
6. 励磁系统试验的目的及条件是什么?
7. 发电机定相试验目的及条件是什么?
8. 机电炉大联锁保护的作用与目的是什么?

第十章
阻塞滤波器保护

第一节　阻塞滤波器保护组成

串联补偿技术（后简称串补）是一种提高稳定极限的经济有效的手段，在输电线中间加入串联电容器，能减小线路电抗，缩小线路两端的相角差，从而获得较高的稳定裕度及传输较大的功率。但是，串补输电网络（包括发电机、变压器、线路、串联电容器等部件）将形成一个电气谐振回路，如果这一电气谐振回路的固有频率与汽轮发电机组轴系扭振固有频率互补时（其和等于同步频率），就会因网机耦合而彼此互激，发生次同步谐振（sub-synchronous resonance，SSR）问题。

次同步电气谐振模态频率 f_{sub}（即 LC 回路电气谐振频率 f_e 的补频率）随着串补度、开机台数以及线路运行情况等的变化而变化，其最大值和最小值都随着串补度的增加而减小，而其变化范围随着串补度的增加而增大，整体向低频区域移动。若次同步电气谐振模态频率 f_{sub}接近机组轴系扭振固有频率 f_n，则可能引发较为严重的 SSR 问题。

当系统接入串补后，限制 SSR 电流进入发电机以保证发电机运行在允许的扭矩应力范围内。发电机面临的不稳定 SSR 状况以及系统故障后在发电机轴上产生的暂态扭矩都将被限制在一个可接受的范围，提供双重的扭矩应力继电保护（TSR）。TSR 将通过测量发电机轴，在 SSR 抑制设备故障或运行超出设计标准时来保护机组。

一、阻塞滤波器作用与组成

阻塞滤波器（BF）由电抗器、电容器、电阻器以及 MOV 非线性电阻器构成，其中电抗器和电容器经过串并联构成高阶的带通、带阻滤波器，电阻器用于提高滤波器的阻尼，MOV 非线性电阻器用于过电压保护。阻塞滤波器设备安装在主变压器高压侧的中性点处，分相安装，如图 10-1 所示。正常运行时，静态阻塞滤波器对工频呈现低阻抗状态，对特定的次同步频率呈现高阻抗状态，可以有效阻塞次同步电流，减小次同步电流对发电机组的影响。此外，阻塞滤波器还装设了旁路开关（图 10-1 中省略未画出），当阻塞滤波器出现异常时，旁路开关闭合，阻塞滤波器退出运行。阻塞滤波器也是一种串联补偿，而且是一种分段的串联补偿，为两个或者三个 LC 并联谐振段和一个电抗器段。

（一）阻塞滤波器作用

1. 采用串联电容器补偿对线路的影响

图 10-2 为一个简单的串联补偿输电系统的示意图。如果没有串联补偿电容，在一般的实用计算中，线路输送功率 P 为

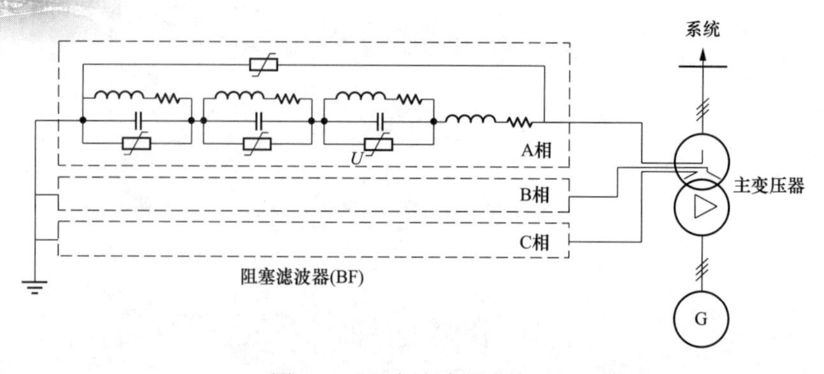

图 10-1 阻塞滤波器系统图

$$P = \frac{U_1 U_2}{X_L} \sin\delta = P_{\mathrm{m}} \sin\delta \tag{10-1}$$

式中：U_1、U_2 为线路首末端电压，V；X_L 为线路电抗，Ω；δ 为线路首末端电压相角差，即功角，rad；P_{m} 为线路极限输送功率，即线路静态稳定极限，W。

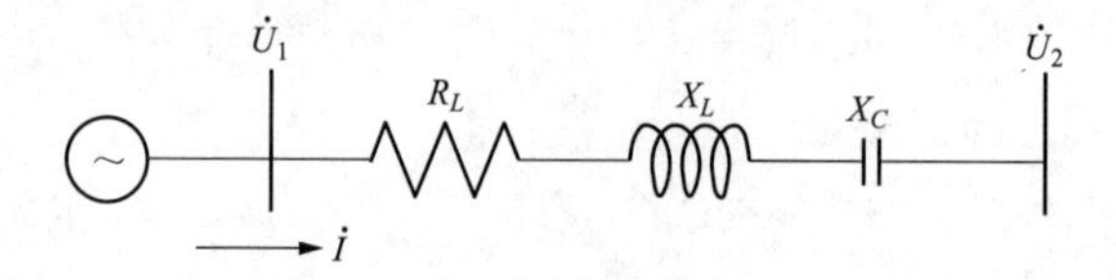

图 10-2 串联补偿输电系统示意图

可见，如果能降低输电线路的电抗，就能提高稳定极限和传输功率。在高压远距离输电线路上，串联补偿电容器的作用相当于缩短线路的电气距离，从而提高线路的稳定极限和传输容量。串联容抗为 X_C 的电容器后，线路的输送功率为

$$P = \frac{U_1 U_2}{X_L - X_C} \sin\delta \tag{10-2}$$

在同一功角 δ 下，增加的输送功率倍数为

$$\frac{X_L}{X_L - X_C} = \frac{1}{1 - K_C} \tag{10-3}$$

式中：$K_C = X_C / X_L$ 为串补度。

2. 线路加装串补后对机组的影响

为了提高发电机组送出线路的输送能力，分别在托源（托克托—浑源）四回线加装了45%的串补、源安（浑源—安定）两回线加装了40%的串补、源霸（浑源—霸州），两回线加装了35%的串补。输电线路加装串补后使托克托发电公司机组面临严重的次同步振荡（SSR）问题，次同步振荡对机组影响最大的系统运行方式如下：

（1）所有线路及串补均投入运行，发电厂有 6 到 8 台机组运行。若无 SSR 阻塞滤波器，这是所有机组模态 2 失稳的最严重情况之一。

（2）托源任一回线路退出运行，运行线路串补均投入运行，发电厂有 6 到 8 台机组运行。若无 SSR 阻塞滤波器，这是 5～8 号机组模态 1 和 1～4 号机组模态 2 失稳的最严重情况之一。

（3）源霸任一回线路退出运行，运行线路串补均投入运行，发电厂有 6 到 8 台机组运

行。若无 SSR 阻塞滤波器，这是 5～8 号机组模态 1 和 1～4 号机组模态 2 失稳的最严重情况之一。

(4) 所有线路均投入运行，托源四回线路串补退出运行，源安和源霸线路串补投入。若无 SSR 阻塞滤波器，这种降低补偿度的运行方式是 5～8 号机组模态 3 失稳的最严重情况之一。

加装 SSR 阻塞滤波器后 GE 模拟 50 000 种运行工况，在 80%运行工况，寿命损失小于 0.4%，所有运行工况下，寿命损失小于 0.85%，最坏情况下也能达到未加串补和未加 SSR 阻塞滤波器时寿命损失的 2%。

机组负荷大于 50%时允许 SSR 阻塞滤波器一相旁路，但 SSR 阻塞滤波器一相旁路时间应尽可能得短，因为 SSR 阻塞滤波器一相旁路时，寿命损失在极端情况下比未旁路时增加了 0.7%～9%。

(二) 机组 SSR 保护设备

SSR 阻塞滤波器是用来限制 SSR 电流进入发电机，以保证发电机运行在允许的扭矩应力范围内。为了避免汽轮发电机的大轴因 SSR 而损坏，采用了以下保护设备。

1. 机组 SSR 保护设备组成

(1) 三相 SSR 阻塞滤波器和冗余的 SSR 阻塞滤波器保护。SSR 阻塞滤波器安装在发电机主变压器高压绕组和中性点之间，SSR 阻塞滤波器将包括针对每一个次同步谐振模态的各种阻波器单元。SSR 阻塞滤波器保护系统是冗余的，它保护 SSR 阻塞滤波器并监测每个阻波器的失谐情况。对于轻微的失谐情况（一个电容器故障），系统将会报警并指出发生故障的相和模态，而该阻波器仍然能正常工作。对于严重的失谐情况（多个电容器故障或其他故障），故障相将会被旁路。

(2) 冗余的扭矩应力继电保护（TSR）。每两台机组将有两套 TSR，两套 TSR 将对每两台机组提供冗余的保护。TSR 的作用是在 SSR 阻塞滤波器故障或运行中发电机组大轴扭振超出允许时保护发电机。TSR 从机组的大轴齿轮传感器获取发电机组大轴扭振信号。当测到大轴的扭振超常时，任何一套 TSR 都可以使机组跳闸。

2. 机组 SSR 保护设备跳闸方式与调谐方式

(1) SSR 阻塞滤波器监控系统跳闸方式。将监视 SSR 阻塞滤波器的每相，SSR 阻塞滤波器的冗余保护装置和两套 TSR 的状态。满足以下条件时，使机组跳闸：

1) 两套 TSR 保护装置均故障。

2) 任意两相 SSR 阻塞滤波器被旁路。

3) SSR 阻塞滤波器两套保护装置均故障。

4) 原动作条件任一套 TSR 保护装置均故障和任一相 SSR 阻塞滤波器被旁路已改为 SSR 阻塞滤波器 IED1 保护装置变压器引出线 MOV 过流或电缆零差保护动作。

(2) SSR 阻塞滤波器调谐方法。

SSR 阻塞滤波器调谐原则：在 SSR 阻塞滤波器初始调试阶段先调节电容器组使电抗器分接头处于中间位置，SSR 阻塞滤波器运行中出现失谐时尽量通过调节电抗器的分触头来满足要求。

SSR阻塞滤波器电容器组由两部分组成：固定部分和调节部分。调节部分电容器有两种类型，一种是粗调部分，配制容量相同的标准电容器单元；另一种是细调部分，其电容容量是标准电容器单元容量的三分之一。在使用电容器组调谐时，如SSR阻塞滤波器谐振频率高于调谐频率则减少电容器单元，如谐振频率低于调谐频率则增加电容器单元。如电容器组由多个电容器单元串联组成的，在增加电容器单元时，先从最下面的电容器单元开始依次往上进行，如到最上面电容器单元仍不满足要求，再从最下面的电容器单元开始重复进行，电容器单元的减少顺序与上述顺序相反。在增加或减少电容单元时，在同一电容器组两个电容串中同时增加或减少相应的电容器单元。为了保证同一电容器组两个电容串的电流平衡，考虑电容器单元制造时存在误差，必要时将同一电容器组中两个电容串中的相应电容单元进行互换。在使用电抗器调谐时，如SSR阻塞滤波器谐振频率高于调谐频率则电抗器分接头向阻抗增加方向移动，如谐振频率低于调谐频率则电抗器分接头向阻抗减少方向移动。

3. TSR保护装置

（1）TSR保护设置说明。加装串补后，经过GE公司和华北电力设计院计算分析，托克托发电公司运行机组存在次同步谐振问题，除需要在托克托发电公司机组主变压器中性点处加装阻塞滤波器，还需加装TSR保护装置以保证机组安全。

通过实测机组参数，每台机组有三个次同步谐振频率。机组每一次同步谐振频率对应TSR保护装置中一个模态。托克托发电公司每单元两台机组安装两台TSR保护装置，每台TSR保护装置对同一单元两台机组均起保护作用，两台TSR保护装置互为冗余备用。为了防止同一单元两台TSR保护装置均故障机组失去保护因次同步谐振造成损坏，另在每台机组阻塞滤波器监控系统增加了同一单元两台TSR保护装置均故障机组跳闸功能。

（2）TSR保护设定。

1）TSR保护装置反时限跳闸设定。TSR反时限跳闸设定值是根据机组大轴的寿命曲线来设定的，TSR保护装置将次同步谐振引起的机组大轴寿命损失限制在1%以内。TSR反时限跳闸功能有一积分器，当机组大轴扭矩超过反时限跳闸功能的启动值时，积分器开始启动并发一报警信号，当积分器达到跳闸值时发电机跳闸；如在积分器达到跳闸值前扭矩降到启动值以下，积分器返回。

2）TSR保护装置不稳定跳闸设定。TSR不稳定跳闸是根据机组大轴感受到的次同步谐振发散情况而设定的。当TSR保护装置感受到的扭矩大于低值（即启动值）且小于中值，TSR不稳定跳闸功能启动，若1s后大于中值，TSR延时30ms出口跳发电机；如在1s内小于低值或大于中值，本保护返回。机组各模态不稳定跳闸功能设定值如表10-1、表10-2所示。

表10-1　　1～4号机组不稳定跳闸定值

模态	低值	中值
1	0.195%	0.39%
2	0.12%	0.24%
3	0.44%	0.88%

表 10-2 5～8 号机组不稳定跳闸定值

模态	低值	中值
1	0.25%	0.5%
2	0.33%	0.66%
3	0.44%	0.88%

3）防止机组失去 TSR 保护运行。TSR 保护装置在发电机并网信号反馈错误、输入转速信号失去、输出跳闸回路断线等情况下，此台 TSR 将对机组失去保护作用，但此时 TSR 保护装置并不发 TSR 故障信号，如这时另一 TSR 保护故障或不起作用，阻塞滤波器监控系统也不会跳闸指令使失去 TSR 保护的机组跳闸。因此，不论任何情况，只要本台机组 TSR 保护不起作用，时需强制此台 TSR 保护装置发出 TSR 故障信号，以防止另一台 TSR 保护装置故障时机组失去 TSR 保护运行。

（3）机组检修后对 TSR 保护影响。

机组主要部件更换或轴系检修使机组自然扭振频率发生改变时，应重新测机组参数，根据实测参数修改 TSR 保护参数。机组前箱转速探头进行工作使转速探头间隙发生改变后，应对 TSR 保护装置重新调试、试验以保证 TSR 保护能正确动作。机组加装 TSR 保护装置后，可避免因次同步谐振造成机组大轴损坏，但使机组可靠性降低，增加了机组非停的机会，甚至有可能发生同一单元两台机组厂用电全失事故，危及设备安全。

二、阻塞滤波器保护

1. 阻塞滤波器保护屏介绍

每台机组阻塞滤波器配置两套保护装置，保护动作合旁路开关。将一相阻塞滤波器的所有保护功能做在一个 4U 机箱的保护装置内，三相静态阻塞滤波器共设 3 台保护装置 PCS-987F，组成一面保护屏。保护双重化配置，一台发电机组的静态阻塞滤波器配置功能完全相同的 2 面保护屏，共 6 台保护装置 PCS-987F。

2. 阻塞滤波器保护配置

（1）阻塞滤波器可能发生的故障。阻塞滤波器单相接地；两个及以上电容器熔丝熔断或者故障；电抗器匝间短路故障；阻塞滤波器过电压或 MOV 击穿故障；旁路开关操作失灵。

（2）阻塞滤波器主要不正常工作状态。电容器过负荷、电抗器过负荷、差动保护的差流超限、旁路开关位置异常、测温异常、单个电容器熔丝熔断或者故障。

（3）阻塞滤波器应配置保护及作用。

1）差动保护（变斜率比率差动、高值比率差动、差动速断），反应阻塞滤波器内部两相短路接地故障或三相短路接地故障。

2）接地保护（两折线比率差动、高值比率差动、零序定时限过流），反应阻塞滤波器内部包括零序差动范围内的电缆出现单相接地故障。

3）1～3 阶电容器不平衡保护（电容差电流、电流比率），反应阻塞滤波器内部 1～3

阶电容器组内部出现电容器单元 2 个及以上熔丝熔断的故障。

4）1～3 阶 *LC* 失谐保护（电流比率越限），反应阻塞滤波器内部 1～3 阶并联的电抗器与电容器参数是否正常，既可以反应电容器熔丝熔断，又可以反映电抗器匝间故障。

5）0 阶 MOV 过流保护（定时限两段），反应阻塞滤波器出现不正常的过电压，或者出现 0 阶 MOV 击穿。

6）1～3 阶 MOV 过流保护（定时限两段），反应阻塞滤波器出现不正常的过电压，或者出现 MOV 击穿。

7）0～3 阶电抗器过流保护（定时限两段、反时限），反应阻塞滤波器电抗器内部匝间短路及不正常过流。

8）1～3 阶电容器过流保护（定时限两段、反时限），反应阻塞滤波器电容器熔丝熔断及不正常过流。

9）旁路断路器失灵保护，反应阻塞滤波器旁路断路器内部故障导致开关拒动现象。

10）差动保护的差流异常报警，反应阻塞滤波器不平衡电流超限。

11）接地保护的零差过流报警，反应阻塞滤波器三相电流不平衡。

12）1～3 阶电容器不平衡保护的电流比率报警，反应阻塞滤波器内部 1～3 阶电容器组内部出现电容器单元 1 个熔丝熔断的故障。

13）旁路断路器位置异常报警，反应阻塞滤波器旁路断路器位置不一致。

14）电压互感器异常报警，反应主变压器高压侧电压异常。

15）测温异常报警，反应阻塞滤波器环境温度过高或过低。

3. 阻塞滤波器监控系统

阻塞滤波器监视控制系统由四块锁定继电器板件组成的 CZX-12G 继电器装置、其出口连接片和相关监视回路组成。满足以下条件时，锁定继电器动作使机组跳闸：

（1）LOR1 阻塞滤波器变压器引出线电缆零差保护动作。

（2）LOR2 阻塞滤波器两相旁路动作。

（3）LOR3 阻塞滤波器旁路断路器合闸失灵。

（4）LOR4 阻塞滤波器变压器引出线 0 阶 MOV 过流保护动作。

第二节　阻塞滤波器保护原理

一、保护原理介绍

（1）差动保护。差动保护反映阻塞滤波器内部两相短路故障或三相短路故障。以 A 相阻塞滤波器为例，如图 10-3 所示，出线侧 CT30 测量的电流是差动 1 侧电流，中性点侧 CT00 测量的电流是差动 2 侧电流，两侧电流做差动保护。当旁路开关 PSW1 闭合时，需闭锁差动保护。

差动保护使用了变斜率比率差动、高值比率差动和差动速断。阻塞滤波器差动保护逻辑图如图 10-4 所示。差动两侧电流的参考方向都是指向阻塞滤波器的出线侧。差动电流、

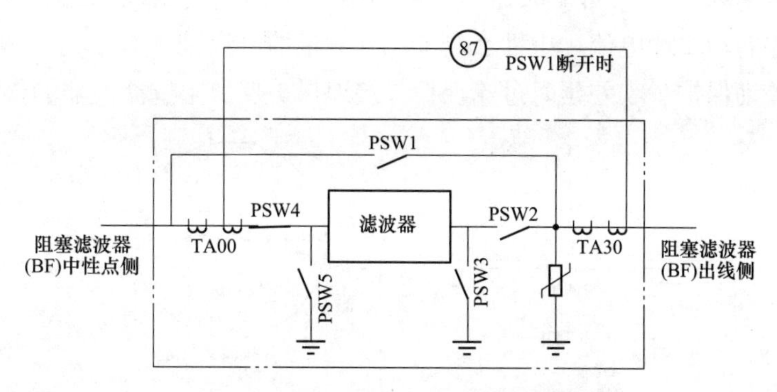

图 10-3　阻塞滤波器差动保护配置图

制动电流的定义为

$$\begin{cases} I_{\mathrm{d}}=|\dot{I}_1'-\dot{I}_2'|=|k_1\dot{I}_1'-k_2\dot{I}_2| \\ I_{\mathrm{res}}=|(\dot{I}_1'+\dot{I}_2')/2|=|(k_1\dot{I}_1+k_2\dot{I}_2)/2| \end{cases}$$

变斜率比率差动、高值比率差动和差动速断的动作方程分别为

$$\begin{cases} I_{\mathrm{d}}>\left(S_1+\dfrac{S_2-S_1}{2n}\times I_{\mathrm{res}}\right)I_{\mathrm{res}}+I_{\mathrm{pkp}}, & \text{当 } I_{\mathrm{res}}\leqslant n \\ I_{\mathrm{d}}>\left(\dfrac{S_2+S_1}{2}\right)n+I_{\mathrm{pkp}}+S_2(I_{\mathrm{res}}-n), & \text{当 } I_{\mathrm{res}}>n \end{cases}$$

$$I_{\mathrm{d}}>\max\{1.2, I_{\mathrm{res}}\} \qquad I_{\mathrm{d}}>I_{\mathrm{inst.\,set}}$$

式中：I_{pkp}为差动启动定值；S_1 为变斜率比率制动特性曲线的起始斜率；S_2 为变斜率比率制动特性曲线的终止斜率；n 为终止斜率时对应的制动电流值（比率制动拐点）；$I_{\mathrm{inst.\,set}}$为差动速断定值。

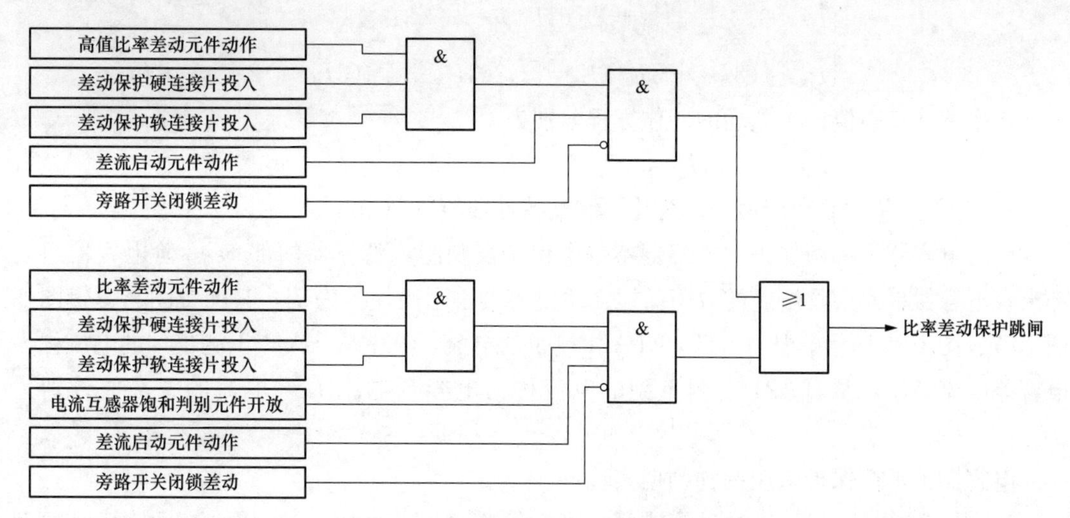

图 10-4　阻塞滤波器差动保护逻辑图

（2）接地保护。接地保护反映阻塞滤波器内部包括零序差动范围内的电缆出现单相接地故障。A、B、C 三相阻塞滤波器出线侧的三相电流计算得到自产零序电流，中性点侧

有外接零序电流。以 A 相阻塞滤波器为例，如图 10-5 所示，出线侧三个 TA30 测量的电流相加后为零差差动 1 侧电流，中性点侧 TA70 测量的电流是零差差动 2 侧电流，两侧零序电流做零序差动保护、零差延时过流保护。接地保护反映阻塞滤波器的接地故障。

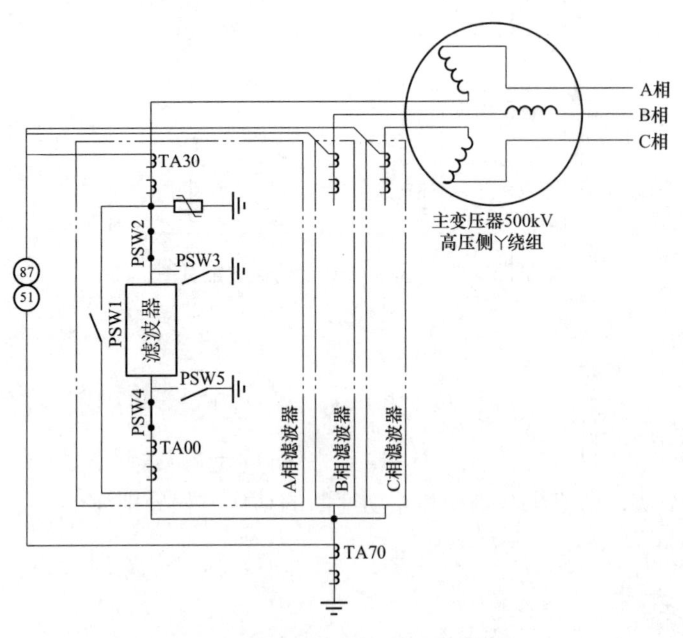

图 10-5　阻塞滤波器接地保护配置图

接地保护零序电流差动保护使用两折线比率差动、高值比率差动。阻塞滤波器接地保护逻辑图如图 10-6 所示。差动两侧电流的参考方向都是指向阻塞滤波器的出线侧。差动电流 $\dot{I}_{d}$、制动电流 $\dot{I}_{res}$的计算公式：

$$\begin{cases}\dot{I}_{d}=3\dot{I}'_{01}-3\dot{I}'_{02}=k_{01}(3\dot{I}_{01})-k_{02}(3\dot{I}_{02})\\ \dot{I}_{res}=(3\dot{I}'_{01}+3\dot{I}'_{02})/2=[k_{01}(3\dot{I}'_{01}+k_{02}(3\dot{I}_{02})]/2\end{cases}$$

比率差动、高值比率差动的动作方程分别为

$$I_{d}>\max\{I_{pkp},\ SI_{res}\}\qquad I_{d}>\max\{1.2,\ I_{res}\}$$

I_{pkp}为零差差动启动定值；S 为比率制动特性曲线的斜率。

（3）电容器不平衡保护。电容器不平衡保护反映阻塞滤波器内部 1～3 阶电容器组内部出现电容器单元熔丝熔断的故障。以 1 阶电容器不平衡保护为例，其配置图与逻辑图如图 10-7、图 10-8 所示。从 TA41 和 TA21 测量的电流，其中从 TA41 上测量到的电流称为电容差电流 ΔI_{C}，从 TA21 上测量到的电流称为电容合电流 I_{C}。电流的二次值分别为 $\Delta I'_{C}$、I'_{C}。

电容器不平衡保护采用两种判据实现：

1）电容差电流 $\Delta I'_{C}$ 延时过流跳闸。当不等式（$\Delta I'_{C}>\Delta I'_{C.set}$）成立，且持续时间超过设定的延时定值时，保护动作。$\Delta I'_{C.set}$是差流过流定值。

2）电流比率 $\Delta I'_{C}/I'_{C}$ 越限跳闸。当公式$\begin{cases}I'_{C}>I'_{C.set}\\ \Delta I'_{C}/I_{C}>I_{ratio.set}\end{cases}$的两个不等式成立，且持

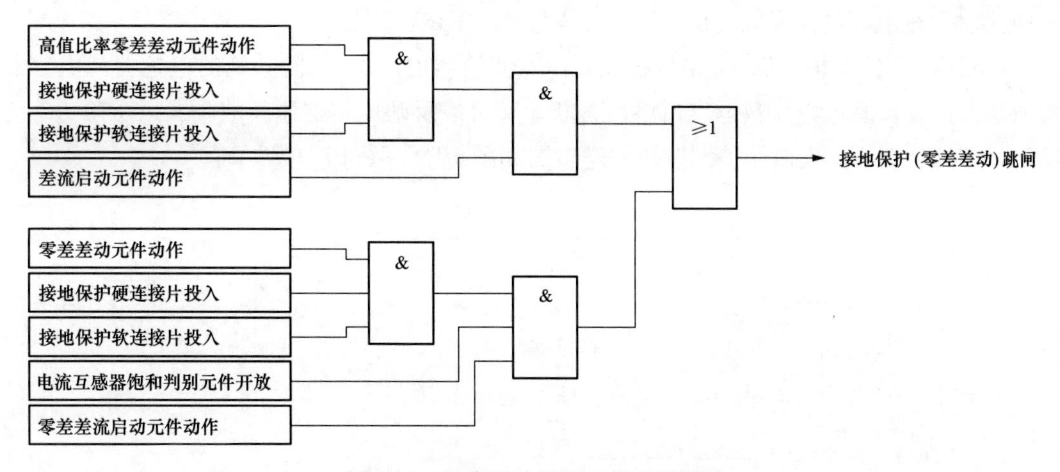

图 10-6　阻塞滤波器接地保护逻辑图

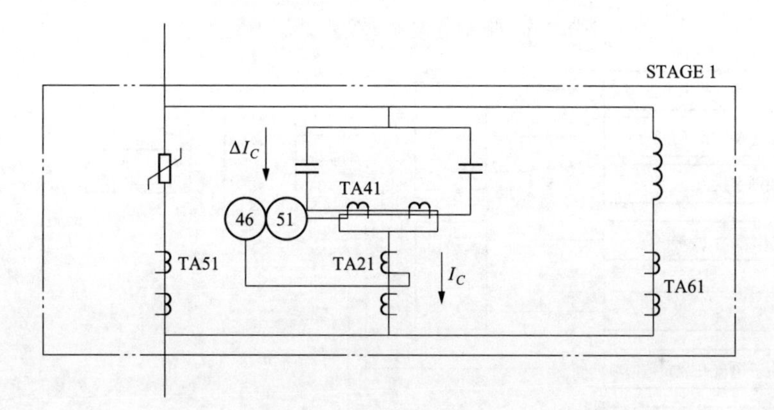

图 10-7　阻塞滤波器电容器不平衡保护配置图

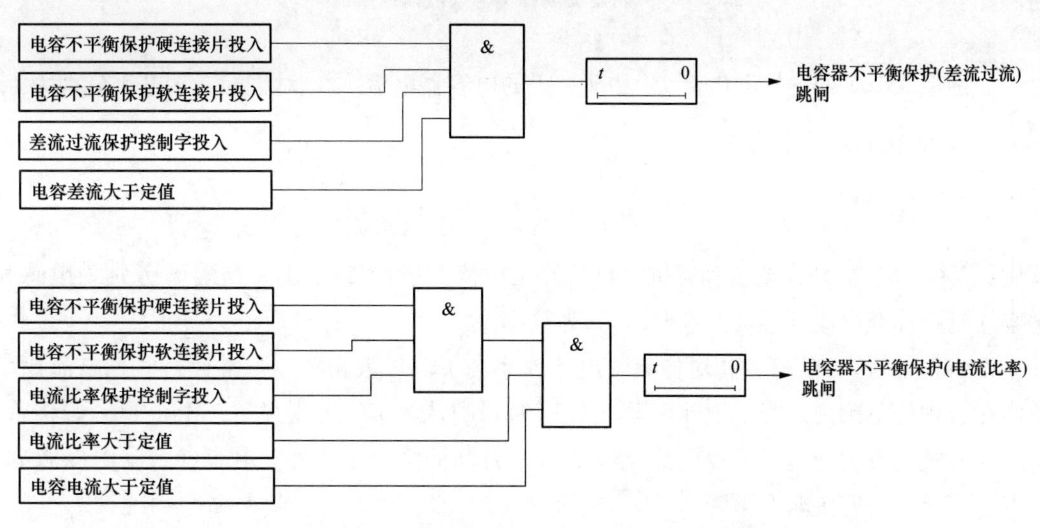

图 10-8　阻塞滤波器电容器不平衡保护逻辑图

续时间超过设定的延时定值时，保护动作。

式中：$I'_{C.set}$ 是电容电流开放定值；$I_{ratio.set}$ 是电流比率定值。

（4）*LC* 失谐保护。*LC* 失谐保护反映阻塞滤波器内部 1～3 阶并联的电抗器与电容器参数是否正常，既可以反映电容器熔丝熔断，又可以反映电抗器匝间故障。以 1 阶 *LC* 为例，阻塞滤波器 *LC* 失谐保护配置图和逻辑图如图 10-9、图 10-10 所示。

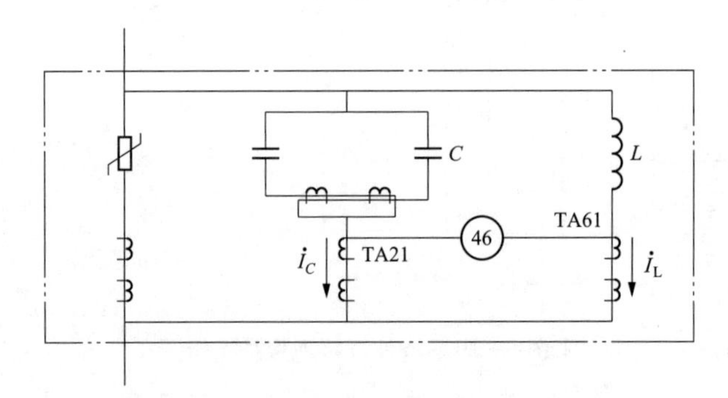

图 10-9　阻塞滤波器 *LC* 失谐保护配置图

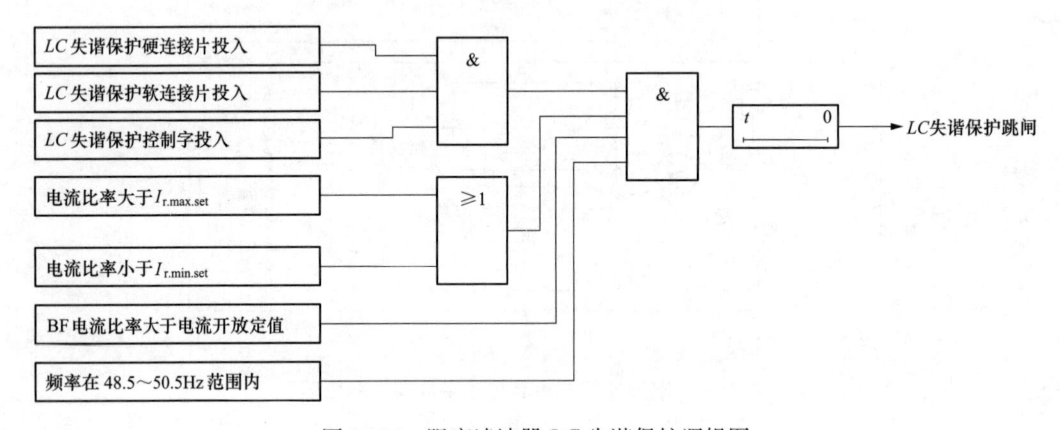

图 10-10　阻塞滤波器 *LC* 失谐保护逻辑图

分别取 TA61 的电抗器电流 $\dot{I}_L$ 和 TA21 的电容器电流 $\dot{I}_C$，对应的二次电流分别为 $\dot{I}'_L$ 和 $\dot{I}'_C$，计算它们的比率为

$$I_{ratio}=\frac{I'_L}{I'_C}=\frac{1/X'_L}{1/X'_C}=\frac{1}{(2\pi f)^2L'C'}$$

式中：X'_L，X'_C 分别为电抗和容抗（已折算至电流互感器二次侧），L'、C'分别为电感和电容（已折算至电流互感器二次侧），f 为频率。

设备正常时，*LC* 参数相对稳定，电流比率与 *LC* 参数相关。正常运行时，电流比率应当在合理的范围内。当电流比率超出范围时，则认为 *LC* 出现异常。由于频率偏移后，电抗与容抗会发生变化，所以电流比率随频率升高而降低。此外，电容参数受温度影响，随着温度升高，容抗略有下降。

按下面的公式进行频率补偿和温度补偿，分别为

$$I_{ratio1}=I_{ratio}\times\frac{f^2}{(50)^2}=\frac{1}{(2\pi\cdot 50)^2L'C'}$$

$$T_{\text{cap}}=CI^2+d+T_{\text{amb}}$$

$$I_{\text{ratio2}}=I_{\text{ratio1}}\times\frac{aT_{\text{cap}}+b}{aT_{\text{b}}+b}$$

式中：I_{ratio}为校正前的电流比率；f 为当前频率；I_{ratio1}为电流比率校正值 1；I_{ratio2}为电流比率校正值 2；T_{b} 为基准温度；T_{amb}为测量到的环境温度；T_{cap}为电容器温度；I 为电容电流一次值；a、b、c、d 为固定的常数，应根据电容器的温度特性设置这些参数。

当阻塞滤波器中性点侧电流大于门槛值，且 LC 电流比率超过了定值范围（大于比率上限定值，或者小于比率下限定值），持续时间超过延时定值时，保护动作。动作方程如下

$$\begin{cases}I'_{\text{CT00}}>I'_{\text{CT00, set}}\\ I_{\text{ratio}}>I_{r.\text{max. set}}\ \text{OR}\ I_{\text{ratio}}<I_{r.\text{min. set}}\end{cases}$$

式中：I'_{CT00}为阻塞滤波器中性点侧电流互感器二次电流值；$I'_{\text{CT00. set}}$为阻塞滤波器电流开放定值；I_{ratio}为计算的电流比率；$I_{r.\text{max. set}}$和 $I_{r.\text{min. set}}$分别为电流比率上限定值、电流比率下限定值。

（5）MOV 过流保护。BF 出线侧 MOV（即 0 阶 MOV）的电流取自 TA30，当电流互感器二次电流大于保护定值，且持续时间超过延时定值时，保护动作。阻塞滤波器 MOV 过流保护配置图、逻辑图分别如图 10-11、图 10-12 所示。该保护反映阻塞滤波器出现不正常的过电压，或者出现 0 阶 MOV 击穿。

动作方程如下

$$I_{\text{MOV}}>I_{\text{Ⅰ. set}}\qquad I_{\text{MOV}}>I_{\text{Ⅱ. set}}$$

式中：I_{MOV}为测量到的 0 阶 MOV 电流值；$I_{\text{Ⅰ. set}}$和 $I_{\text{Ⅱ. set}}$分别是过流Ⅰ段和过流Ⅱ段的定值。

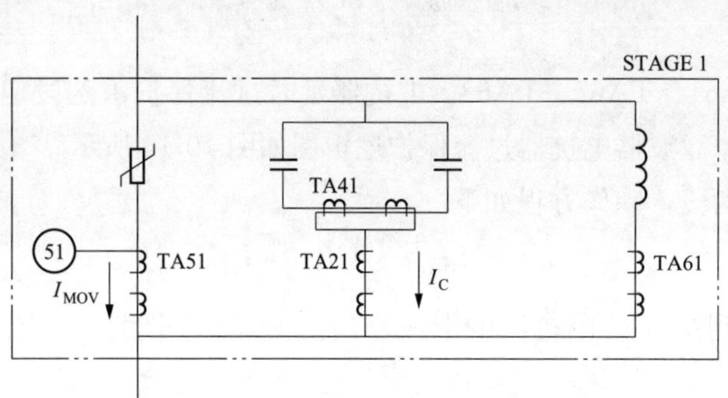

图 10-11　阻塞滤波器 MOV 过流保护配置图

1～3 阶 MOV 的电流分别取自 TA51、TA52、TA53，当 MOV 的电流 I_{MOV}大于定值，且对应的并联的电容器电流 I_C 小于定值时，表明电容器两端没有出现过电压和 MOV 被击穿的情况，保护经延时动作。

动作方程如下

$$I_{\text{MOV}}>I_{\text{set}}\quad \text{AND}\quad I_C<I_{C.\text{set}}$$

式中：I_{MOV}为测量到的第 n 阶 MOV 的电流；I_C 为测量到的对应电容器的电流；I_{set}是 MOV 的过流定值；$I_{C.\text{set}}$为电容电流的定值。

（6）电抗器过流保护。0 阶电抗器的电流取自 BF 中性点侧的 TA00，1～3 阶电抗器

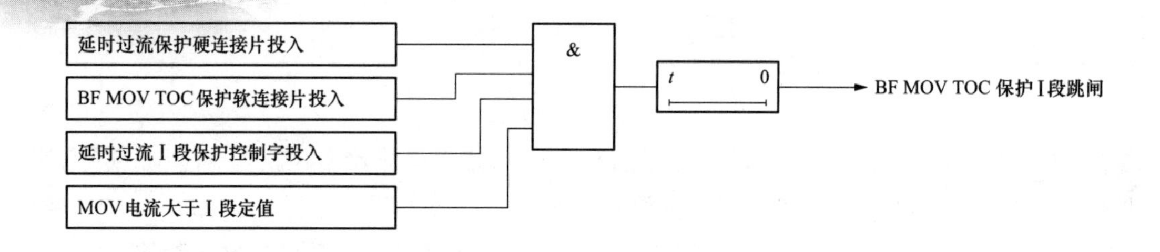

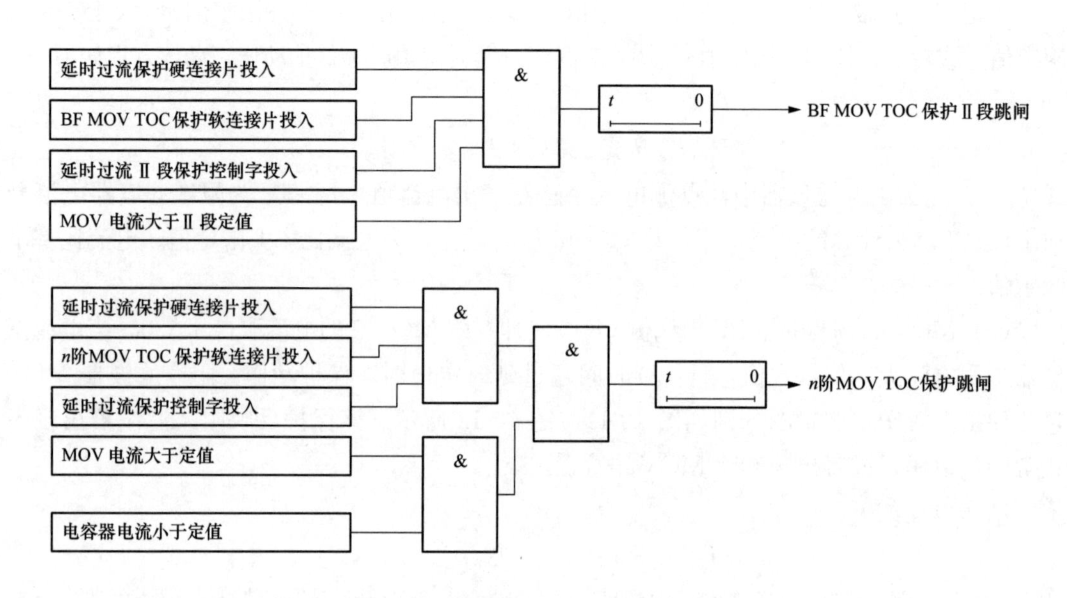

图 10-12　阻塞滤波器 MOV 过流保护逻辑图

的电流分别取自 TA61、TA62、TA63。电抗器延时过流保护由两段定时限保护和一个反时限保护构成。阻塞滤波器电抗器过流保护逻辑图如图 10-13 所示。

定时限保护设两段，动作方程如下

$$I_L > I_{\mathrm{I.set}} \qquad I_L > I_{\mathrm{II.set}}$$

式中：I_{MOV}是测量到第 n 阶电抗器的电流；$I_{\mathrm{I.set}}$和 $I_{\mathrm{II.set}}$分别为过流Ⅰ段和过流Ⅱ段的定值。

反时限保护采用 IEEE Std C37 IEEE Standard Inverse-Time Characteristic Equations for Overcurrent Relays 中的反时限保护特性。反时限特性方程如下

$$\text{动作时间}: t = T_{\mathrm{d}} \times \left[\frac{A}{\left(\frac{I}{I_{\mathrm{pkp}}}\right)^{p} - 1} + B\right] \qquad \text{复归时间}: t = T_{\mathrm{d}} \times \left[\frac{t_{\mathrm{r}}}{\left(\frac{I}{I_{\mathrm{pkp}}}\right)^{2} - 1} + P\right]$$

式中：I 为测量到的电流；I_{pkp}是电流启动值；A，B，P，t_r 均为特性常数；T_{d} 为时间倍数定值。

（7）电容器延时过流保护。1～3 阶电容器电流分别取自 TA21、TA22、TA23，当 TA 二次电流大于保护定值，且持续时间超过延时定值时，保护动作。延时过电流保护逻

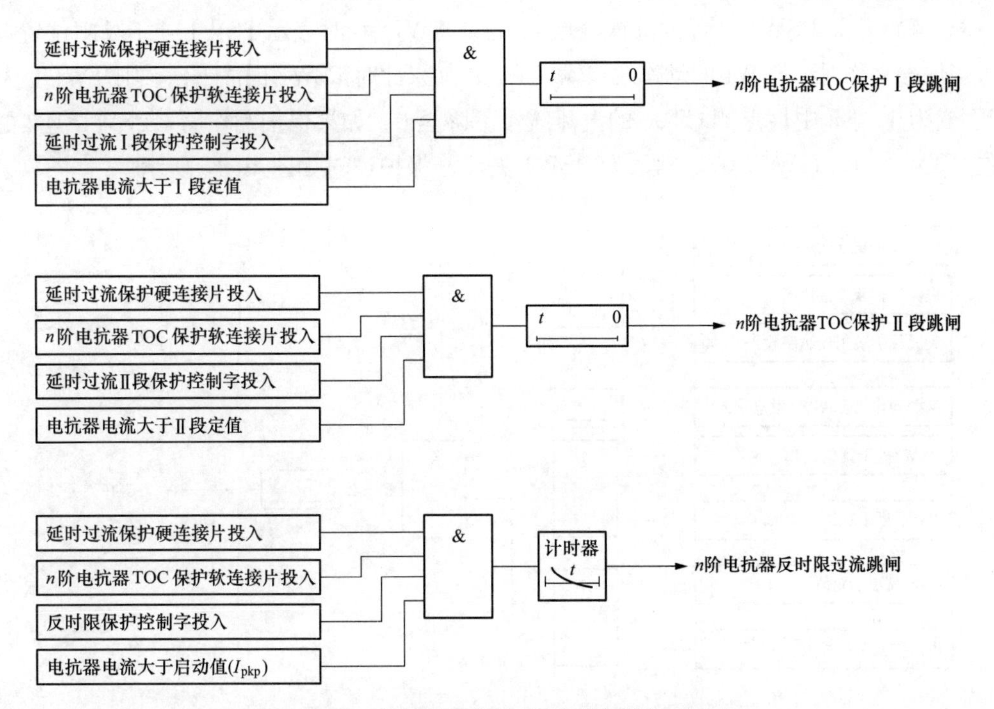

图 10-13　阻塞滤波器电抗器过流保护逻辑图

辑图如图 10-14 所示。动作方程如下

$$I_C > I_{\mathrm{I,set}} \qquad I_C > I_{\mathrm{II.set}}$$

式中：I_C 为测量到的 n 阶电容器电流值；$I_{\mathrm{I.set}}$ 和 $I_{\mathrm{II.set}}$ 分别为过流Ⅰ段和过流Ⅱ段的定值。

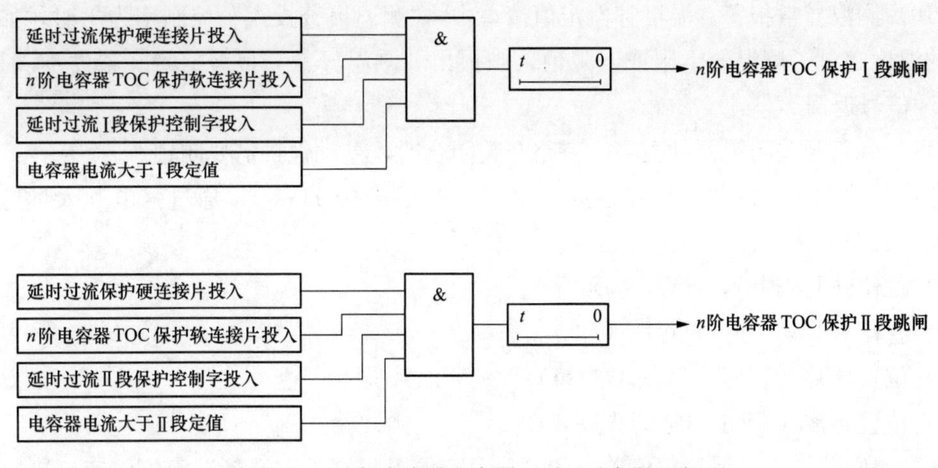

图 10-14　阻塞滤波器电容器延时过流保护逻辑图

（8）旁路开关失灵保护。阻塞滤波器（BF）出现故障，保护动作闭合旁路开关 PSW1。保护装置接入三个强电开入：

1）保护动作闭合旁路开关 PSW1 的动作触点输入。

2）旁路开关 PSW1 的跳位位置触点 TWJ。TWJ=1 时表示 PSW1 处于跳闸位置。

3）旁路开关 PSW1 的合位位置触点 HWJ。HWJ＝0 时表示 PSW1 处于跳闸位置。

当保护动作时，PSW1 的动作触点输入为 1；如果此时 PSW1 正常闭合，则 TWJ 变为 0，HWJ 变为 1，BF 中性点侧 CT00 的电流缓慢下降至 0。如果保护动作后，PSW1 仍然处于跳位（TWJ＝1，HWJ＝0），则认为 PSW1 失灵。保护逻辑如图 10-15 所示。

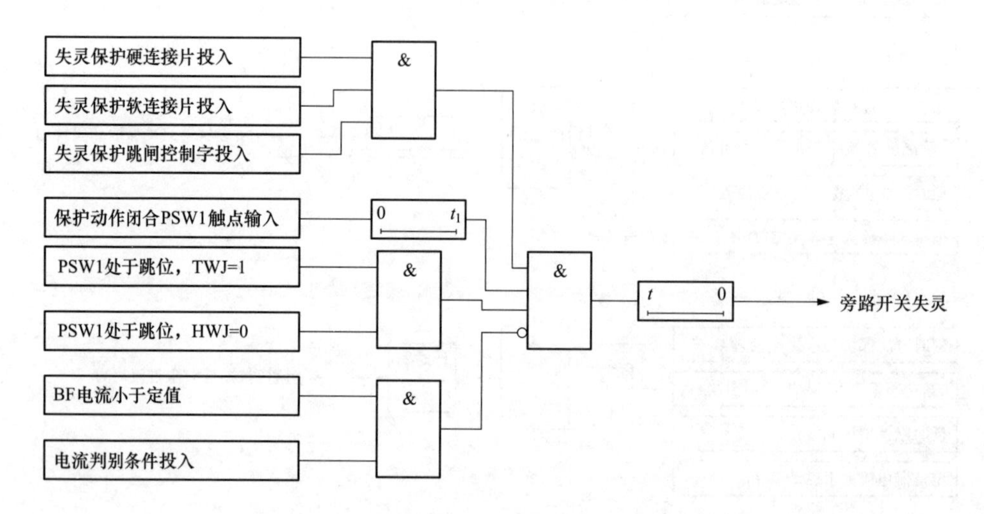

图 10-15 阻塞滤波器旁路开关失灵保护逻辑图

(9) 旁路开关位置异常报警。旁路开关 PSW1 的两个位置触点（跳位 TWJ、合位 HWJ），通过强电开入量送入保护装置。正常情况下，TWJ 与 HWJ 的状态相异，一个为 1 时，另一个为 0。当失灵保护软连接片投入后，如果 TWJ 与 HWJ 状态相同，持续时间超过时间定值后，报“位置异常”报警信号。条件不满足后，延时 5s 信号返回。

(10) 测温异常报警。温度补偿定值清单中，“测温报警投入”控制字为 1 时，如果测量到的温度超过了测温的下限或上限值，则报出“测温异常”报警信号。条件不满足后，延时 5s 信号返回。

(11) 旁路开关闭锁差动报警。旁路开关闭合时，差动保护需要闭锁。

旁路开关 PSW1 的两个位置触点（跳位 TWJ、合位 HWJ），通过强电开入量送入保护装置。有四种状态：

1）跳位（TWJ＝1，HWJ＝0）；

2）合位（TWJ＝0，HWJ＝1）；

3）位置异常（TWJ＝1，HWJ＝1）；

4）位置异常（TWJ＝0，HWJ＝0）。

在旁路断路器失灵保护定值单中的“PSW1 位置闭锁差动选择”定值整定，决定如何闭锁差动保护。如果采用合位闭锁，则开关位置为状态 b 时（合位），闭锁差动保护；如果采用非跳位闭锁，则当断路器位置为非 a 状态时（即为 b、c 或 d），闭锁差动保护。差动保护硬连接片投入、差动保护软连接片投入，当闭锁差动的位置触点条件满足时，报出“旁路闭锁差动”的报警信号；条件不满足后，延时 5s 信号返回。

二、PCS-987F 型保护装置

以 PCS-987F 型保护装置为例进行阻塞滤波器保护装置介绍。PCS-9876 型保护装置的操作菜单如图 10-16 所示。在主画面状态下，按“▲”键可进入主菜单，通过“▲”“▼”“确认”和“取消”键选择子菜单。

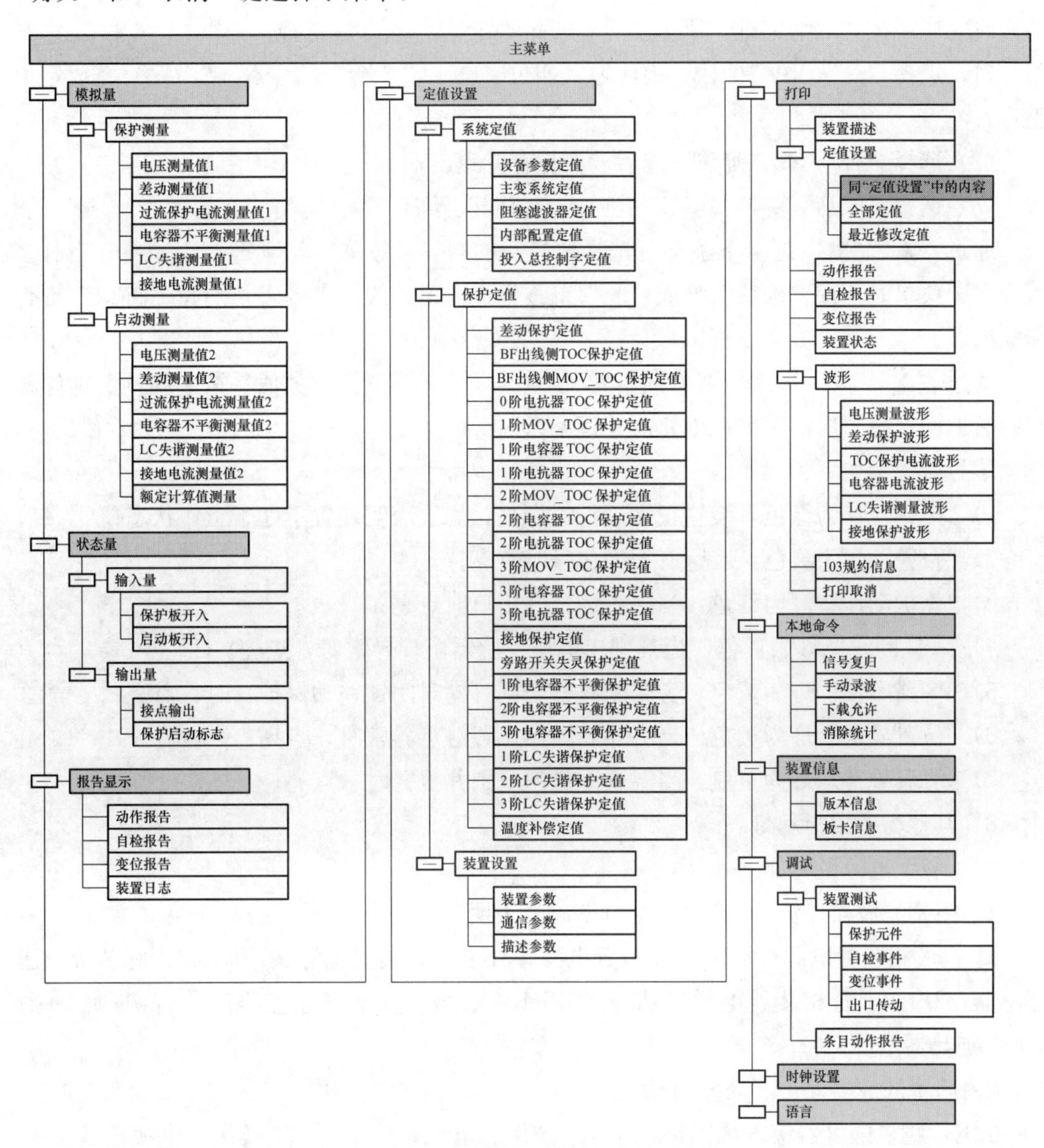

图 10-16　PCS-987F 操作菜单

通过“▲”“▼”键上下滚动可选择显示报告类型，按“确认”键进入报告显示界面。首先显示最新的一条报告；按“－”键显示前一个报告，按“＋”键显示后一个报告。如果一个报告的所有信息不能在一屏内完全显示，通过“▲”“▼”键上下滚动查看。按“取消”键退出至上一级菜单。

通过“▲”“▼”键上下滚动可选择整定的定值分组，按“确认”键进入整定定值界面；当有多级分组子菜单时，按“确认”键或“▶”键逐级进入下一级子菜单，最后按“确认”键进入定值整定界面。

通过“▲”“▼”键上下滚动选择要修改的定值项，按“确认”键进入定值项编辑界面；按“◀”“▶”键移动光标至要修改的数据位，使用“+”“−”键修改数值。定值编辑完成后按“确认”键自动退出至整定定值界面，按相同的方法继续编辑其他定值项，定值修改完毕，按“取消”键，LCD提示“是否保存?”，有3种选择：

(1) 选择“是”，按“确认”键后输入四位密码（“+”“◀”“▲”“−”）完成定值整定；

(2) 选择“否”，按“确认”键后放弃保存并退出；

(3) 选择“取消”，按“确认”键返回定值修改界面。

通过“▲”“▼”键上下滚动可选择要打印的内容，按“确认”键打印输出；当有多级分组子菜单时，按“确认”键或“▶”键逐级进入下一级子菜单，最后按“确认”键打印输出。

通过“▲”“▼”键选择要修改的单元，“+”“−”键修改数值。按“确认”键修改时间后返回，按“取消”键取消修改并返回。

信号灯说明如下：

1) “运行”灯为绿色，装置正常运行时点亮，熄灭表明装置不处于工作状态；

2) “报警”灯为黄色，装置有报警信号时点亮；

3) “保护动作”灯为红色，当保护动作并出口时点亮；

4) “TV断线”灯为黄色，当判别出电压互感器出现异常时，点亮；

5) “旁路闭锁”灯为黄色，旁路断路器合闸（同时闭锁差动保护）时，点亮；

6) “位置异常”灯为黄色，当旁路断路器位置触点异常时，点亮；

7) “测温异常”灯为黄色，当温度测量超范围并报警时，点亮；

8) 其他为备用指示灯。

保护装置电源说明如下：

1) 阻塞滤波器保护A（B）屏空气断路器说明。

1K：A相装置电源；2K：B相装置电源；3K：C相装置电源；1ZKK：A相装置电压互感器；2ZKK：B相装置电压互感器；3ZKK：C相装置电压互感器；1JK：照明电源；2JK：加热器电源。

2) 阻塞滤波器保护C屏空开说明。

11K：跳机继电器箱电源；4K1：一路操作总电源；4K2：二路操作总电源；1K：一路A相操作电源；2K：一路B相操作电源；3K：一路C相操作电源；4K：二路A相操作电源；5K：二路B相操作电源；6K：二路C相操作电源；1JK：照明电源；2JK：加热器电源。

第十一章

继电保护整定计算

第一节　发电机变压器继电保护整定计算

一、发电机变压器继电保护整定计算的主要任务

继电保护整定计算是对电力系统中已配置安装好的各种继电保护，按照具体电力系统的参数及运行要求，通过计算分析给出所需的各项整定值，使全系统各种继电保护有机协调地布置，正确地发挥作用。

1）在工程设计阶段保护装置选型时，通过整定计算，确定保护装置的技术规范。

2）对现场实际应用的保护装置，通过整定计算，确定其运行参数（给出定值）。从而使继电保护装置正确地发挥作用，防止事故扩大，维持电力系统的稳定运行。

3）发电机变压器继电保护装置必须满足可靠性、选择性、速动性及灵敏性的基本要求，正确而合理的整定计算是实现上述要求的关键。

二、短路电流计算说明

为简化计算工作，可按下列假设条件计算短路电流：

1）可不计发电机、变压器阻抗参数中的电阻分量；可假设旋转电机的负序阻抗与正序阻抗相等。

2）发电机的正序阻抗，可采用次暂态电抗 X''_d 的饱和值。

3）各发电机的等值电动势（标幺值）可假设为 1 且相位一致。仅在对失磁、失步、非全相等保护装置进行计算分析时，才考虑电动势之间的相角差问题。

4）只计算短路暂态电流中的周期分量，但在纵联差动保护装置（以下简称纵差保护）的整定计算中以非周期分量系数 K_{ap} 考虑非周期分量的影响。

5）发电机电压应采用额定电压值，系统侧电压可采用额定电压值或平均额定电压值，不考虑变压器电压分接头实际位置的变动。

6）不计故障点的相间和对地过渡电阻。

三、发电机保护的整定计算

1. 发电机比率制动式完全纵差保护

发电机的完全纵差保护反应发电机及其引出线的相间短路故障，比较发电机中性点电流互感器与机端电流互感器二次同名相电流的大小及相位，保护逻辑采用二折线比率制动原理，如图 11-1 所示。

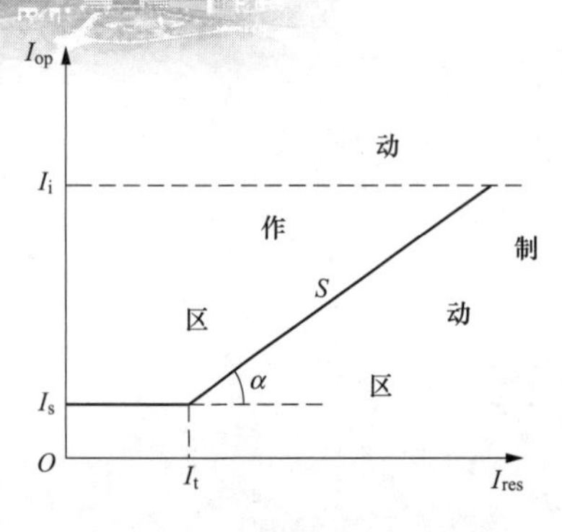

图 11-1　差动保护逻辑原理图

(1) 计算发电机二次额定电流。发电机的一次额定电流 I_{GN}、二次额定电流 I_{gn} 的表示式为

$$\begin{cases} I_{GN}=\dfrac{P_N}{\sqrt{3}U_N\cos\varphi} \\ I_{gn}=\dfrac{I_{GN}}{n_a} \end{cases}$$

式中：P_N 为发电机的额定功率；U_N 为发电机的额定相间电压；$\cos\varphi$ 为发电机的额定功率因数。

(2) 确定最小动作电流 I_s。按躲过正常发电机额定负荷时的最大不平衡电流整定，即

$$I_s \geqslant K_{rel}(K_{er}+\Delta m)I_{gn}$$

式中：K_{rel} 为可靠系数，取 1.5～2.0；K_{er} 为电流互感器综合误差，取 0.1；Δm 为装置通道调整误差引起的不平衡电流系数，可取 0.02。

当取 $K_{rel}=2$ 时，得 $I_s \geqslant 0.24I_{gn}$。

在工程上，一般可取 $I_s \geqslant (0.2\sim0.3)I_{gn}$

(3) 确定拐点电流 I_t。拐点电流取

$$I_t=(0.7\sim1.0)I_{gn}$$

(4) 确定制动特性斜率 S。按区外短路故障最大穿越性短路电流作用下不误动条件整定，计算步骤如下：

1) 发电机端保护区外三相短路时通过发电机的最大三相短路电流 $I_{K.max}^{(3)}$，表示式为

$$I_{K.max}^{(3)}=\frac{1}{X''_d}\times\frac{S_B}{\sqrt{3}U_N}$$

式中：X''_d 为折算到 S_B 容量的发电机饱和次暂态同步电抗，标幺值；S_B 为基准容量，通常取 S_B=100MVA 或 1000MVA。

2) 再计算差动回路最大不平衡电流 $I_{unb.max}$，其表示式为

$$I_{unb.max}=(K_{ap}K_{cc}K_{er}+\Delta m)\frac{I_{K.max}^{(3)}}{n_a}$$

式中：K_{ap} 为非周期分量系数，取 1.5～2.0，TP 级电流互感器取 1；K_{cc} 为电流互感器同型系数，取 0.5。

因最大制动电流 $I_{res.max}=\dfrac{I_{K.max}^{(3)}}{n_a}$，所以制动特性斜率 S 应满足

$$S \geqslant \frac{K_{rel}I_{unb.max}-I_s}{I_{res.max}-I_t}$$

式中：K_{rel} 为可靠系数，可取 $K_{rel}=2$。

工程中一般取 S=0.3～0.5。

(5) 灵敏度计算。按上述原则整定的比率制动特性，当发电机机端两相金属性短路时，差动保护的灵敏系数一定满足 $K_{sen} \geqslant 2.0$ 的要求，不必进行灵敏度校验。

(6) 差动速断动作电流 I_i。按躲过机组非同期合闸产生的最大不平衡电流整定。对大

型机组，一般取

$$I_i = (3 \sim 5) I_{gn}$$

发电机并网后，当系统处于最小运行方式时，机端保护区内两相短路时的灵敏度应不低于1.2。

2. 纵向零序过电压保护

纵向零序过电压保护反应发电机定子绕组同分支匝间、同相不同分支间或不同相间短路故障。

（1）动作电压$U_{0.op}$。按躲过发电机正常运行时基波最大不平衡电压$U_{unb.max}$整定，即

$$U_{0.op} = K_{rel} U_{unb.max}$$

式中：K_{rel}为可靠系数，取2.5。

当无实测值时，对应专用电压互感器开口三角电压为100V，可取$U_{0.op}=(1.5\sim3)$V。

（2）为防止外部短路时误动作，可增设负序方向闭锁元件。

（3）三次谐波电压滤过比应大于80。

（4）该保护应有电压互感器断线闭锁元件。

（5）动作时限。按躲过专用电压互感器一次侧断线的判定时间整定，可取0.2s。

3. 发电机复合电压过流保护

发电机复合电压过流保护由负序电压及低电压启动的过电流元件组成。

（1）过电流保护。

1）动作电流按发电机额定负荷下可靠返回的条件整定，即

$$I_{op} = \frac{K_{rel}}{K_r} \times \frac{I_{GN}}{n_a}$$

式中：K_{rel}为可靠系数，取1.3～1.5；K_r为返回系数，取0.9～0.95。

2）灵敏系数校验。灵敏系数按主变压器高压侧母线两相短路的条件校验，即

$$K_{sen} = \frac{I_{k.min}^{(2)}}{I_{op} n_a}$$

式中：$I_{k.min}^{(2)}$为主变压器高压侧母线金属性两相短路时，流过保护的最小短路电流。

要求灵敏系数$K_{sen} \geqslant 1.3$。

3）动作时限与主变压器后备保护的动作时间配合。

4）当发电机为自并励励磁方式时，电流元件应具有记忆功能，记忆时间稍长于动作时限。

（2）复合电压动作值。

1）低电压元件接线电压，按躲过发电机失磁时最低机端电压整定。

对于汽轮发电机，取

$$U_{op} = \frac{0.6 U_N}{n_v}$$

式中：n_v为电压互感器变比。

灵敏系数按主变压器高压侧母线三相短路的条件校验，即

$$K_{sen}=\frac{U_{op}n_{v}}{U_{k}}$$

式中：U_k 为主变压器高压侧出口三相短路时机端线电压，计算式为 $U_{k}=\frac{X_{T}}{X_{T}+X_{d}''}\times U_{N}$；$X_d''$、$X_T$ 分别为折算到同一容量下的发电机次暂态电抗、主变压器电抗值。

要求灵敏系数 $K_{sen}\geqslant 1.2$。

2）负序电压元件接相电压或线电压，按躲过正常运行时的不平衡电压整定，一般取

$$U_{op.2}=\frac{(0.06\sim 0.08)}{n_{v}}U$$

式中：U 为发电机的额定相电压或线电压，kV。

灵敏系数按主变压器高压侧母线两相短路的条件校验，即

$$K_{sen}=\frac{U_{2.min}}{U_{op.2}n_{v}}$$

式中：$U_{2.min}$为主变压器高压侧母线两相短路时，保护安装处的最小负序电压。

要求灵敏系数 $K_{sen}\geqslant 1.5$。

4. 定子绕组单相接地保护

发电机中性点接地方式主要有三种：不接地（含经单相电压互感器接地）；经消弧线圈接地；经配电变压器高阻接地。

(1) 基波零序过电压保护。基波零序过电压保护定值可设低定值段和高定值段。

低定值段的动作电压 $U_{0.op}$应按躲过正常运行时的最大不平衡基波零序电压 $U_{0.max}$整定，即

$$U_{0.op}=K_{rel}U_{0.max}$$

式中：K_{rel}为可靠系数，取 1.2～1.3；$U_{0.max}$为机端或中性点实测不平衡基波零序电压，实测之前，可初设 $U_{0.op}=(5\%\sim 10\%)\times U_{0n}$，$U_{0n}$为机端单相金属性接地时中性点或机端的零序电压（二次值）。

应校核系统高压侧接地短路时，通过升压变压器高低压绕组间的每相耦合电容 C_M 传递到发电机侧的零序电压 U_{g0} 大小。

传递电压计算用的电路如图 11-2、图 11-3 所示。E_0 为系统侧接地短路时产生的基波零序电动势，由系统实际情况确定，一般可取 $E_0\approx 0.6U_{Hn}/\sqrt{3}$，$U_{Hn}$ 为系统额定线电压；$C_{g\Sigma}$为发电机及机端外接元件每相对地总电容；C_M 为主变压器高低压绕组间的每相耦合电容（由变压器制造厂提供）；Z_n 为 3 倍发电机中性点对地基波阻抗。

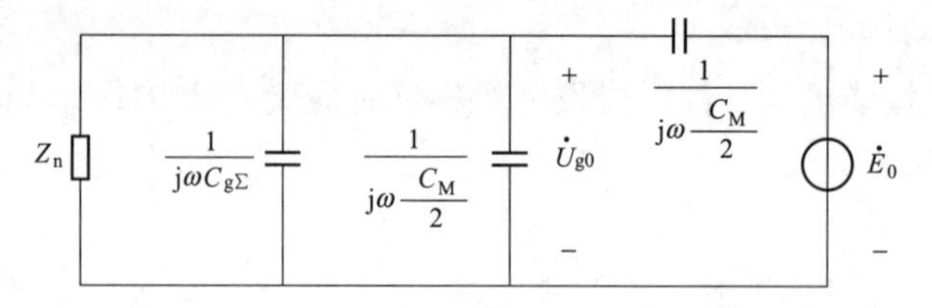

图 11-2　主变压器高压侧中性点直接接地时图

由图 11-2 可得

$$\dot{U}_{g0}=\frac{Z_n//\frac{1}{j\omega\left(C_{g\Sigma}+\frac{C_M}{2}\right)}}{Z_n//\frac{1}{j\omega\left(C_{g\Sigma}+\frac{C_M}{2}\right)}+\frac{1}{j\omega\frac{C_M}{2}}}E_0$$

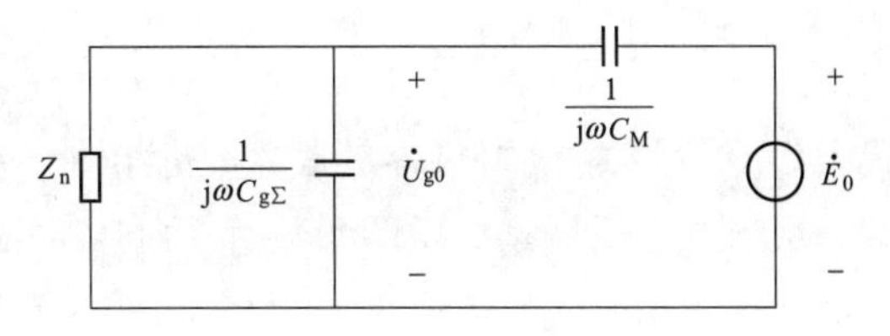

图 11-3　主变压器高压侧中性点不接地时图

由图 11-3 可得

$$\dot{U}_{g0}=\frac{Z_n//\frac{1}{j\omega C_{g\Sigma}}}{Z_n//\frac{1}{j\omega C_{g\Sigma}}+\frac{1}{j\omega C_M}}\dot{E}_0$$

U_{g0}可能引起基波零序过电压保护误动作。因此，定子单相接地保护动作电压整定值或延时应与系统接地保护配合，可分三种情况：①动作电压若已躲过主变压器高压侧耦合到机端的零序电压，在可能的情况下延时应尽量取短，可取 0.3～1.0s；具有高压侧系统接地故障传递过电压防误动措施的保护装置，延时可取 0.3～1.0s。②动作电压若低于主变压器高压侧耦合到机端的零序电压，延时应与高压侧接地保护配合。③高定值段的动作电压应可靠躲过传递过电压，可取（15%～25%）$\times U_{0n}$，延时可取 0.3～1.0s。

（2）三次谐波电压单相接地保护。三次谐波电压定子接地保护一般动作于信号。

5. 励磁回路接地保护

为了大型发电机组的安全运行，无论水轮发电机或汽轮发电机，在励磁回路一点接地保护动作发出信号后，应立即转移负荷，实现平稳停机检修。

目前广泛应用的转子接地保护多采用乒乓式原理和注入式原理，其中注入式原理在未加励磁电压的情况下也能监视转子绝缘。

高定值段：水轮发电机、空冷及氢冷汽轮发电机可整定为 10～30kΩ；转子水冷机组可整定为 5～15kΩ；一般动作于信号。

低定值段：水轮发电机、空冷及氢冷汽轮发电机可整定为 0.5～10kΩ；转子水冷机组可整定为 0.5～2.5kΩ；可动作于信号或跳闸。

动作时限：一般可整定为 5～10s。

6. 定子绕组对称过负荷保护

（1）定时限过负荷保护。动作电流按发电机长期允许的负荷电流下能可靠返回的条件整定，如下

$$I_{op}=\frac{K_{rel}I_{GN}}{K_r n_a}$$

式中：K_{rel}为可靠系数，取 1.05；K_r 为返回系数，取 0.9～0.95，条件允许应取较大值；n_a 为电流互感器变比；I_{GN}为发电机一次额定电流，A。

保护延时（躲过后备保护的最大延时）动作于信号或动作于自动减负荷。

（2）反时限过电流保护。反时限过电流保护的动作特性，即过电流倍数与相应的允许持续时间的关系，由制造厂家提供的定子绕组允许的过负荷能力确定。

发电机定子绕组承受的短时过电流倍数与允许持续时间的关系为

$$t=\frac{K_{tc}}{I_*^2-K_{sr}^2}$$

式中：K_{tc}为定子绕组热容量常数，机组（空冷发电机除外）容量$S_n \leqslant 1200$MVA；$K_{tc}=37.5$（当有制造厂家提供的参数时，以厂家参数为准）；I_*为以定子额定电流为基准的标幺值；t为允许的持续时间，s；K_{sr}为散热系数，一般可取为1.02～1.05。

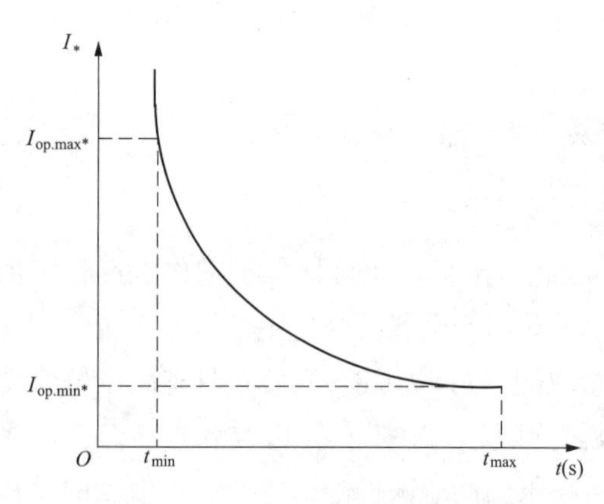

图 11-4　定子绕组允许过电流曲线图
（即反时限过电流保护的动作特性）

定子绕组允许过电流曲线见图11-4。$I_{op.min*}$为反时限动作特性的下限电流标幺值；$I_{op.max*}$为反时限动作特性的上限电流标幺值，均以发电机额定电流为基准。

设反时限过电流保护的跳闸特性与定子绕组允许过电流曲线相同。按此条件进行保护定值的整定计算。

反时限跳闸特性的上限电流$I_{op.max}$按机端金属性三相短路的条件整定，即

$$I_{op.max}=\frac{I_{GN}}{X''_d n_a}$$

式中：X''_d为发电机次暂态电抗（饱和值），标幺值。

当短路电流小于上限电流时，保护按反时限动作特性动作。

上限最小延时应与出线快速保护动作时限配合。

反时限动作特性的下限电流$I_{op.min}$按与定时限过负荷保护配合的条件整定，即

$$I_{op.min}=K_{co}I_{op}=K_{co}K_{rel}\frac{I_{GN}}{K_r n_a}$$

式中：K_{co}为配合系数，取1.0～1.05。

7. 励磁绕组过负荷保护

（1）定时限过负荷保护。

动作电流按正常运行的额定励磁电流下能可靠返回的条件整定。当保护配置在交流侧时，其动作时限及动作电流的整定计算同定子绕组对称过负荷保护（额定励磁电流I_{fdN}应变换至交流侧的有效值$I_\sim$，对于三相全桥整流的情况，$I_\sim=0.816I_{fdN}$）。

保护带时限动作于信号，有条件的动作于降低励磁电流或切换励磁。

（2）反时限过电流保护。反时限过电流倍数与相应允许持续时间的关系曲线，由制造厂家提供的转子绕组允许的过热条件决定。整定计算时，设反时限保护的动作特性与转子绕组允许的过热特性相同，见图11-5，$I_{op.min*}$为反时限动作特性的下限电流标幺值；$I_{op.max*}$为反时限动作特性的上限电流标幺值，均以发电机额定励磁电流为基准。允许持续时间t表达式为

$$t=\frac{C}{I_{fd*}^2-1}$$

式中：C为转子绕组过热常数；I_{fd*}为强行励磁倍数。

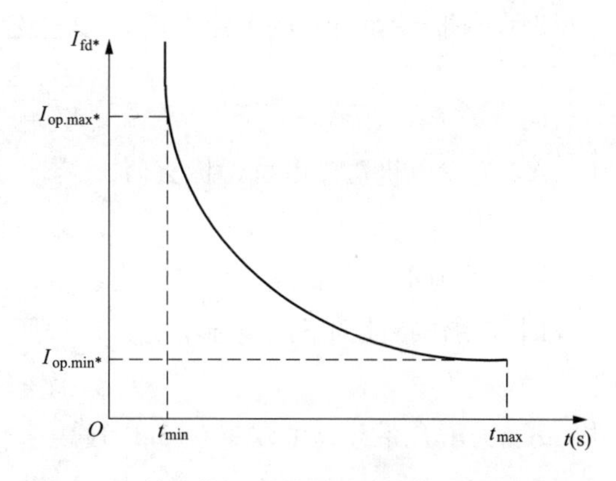

图 11-5　转子绕组反时限过电流保护跳闸特性图

最大动作时间对应的最小动作电流，按与定时限过负荷保护配合的条件整定。

反时限动作特性的上限动作电流与强励顶值倍数匹配。如果强励倍数为 2 倍，则在 2 倍额定励磁电流下的持续时间达到允许的持续时间时，保护动作于跳闸。当小于强励顶值而大于过负荷允许的电流时，保护按反时限特性动作。

对于无刷励磁系统，在整定计算时，应根据发电机的励磁电压与励磁机励磁电流的关系曲线，将发电机的额定励磁电压及强励顶值电压分别折算到励磁机的励磁电流侧，再进行相应的计算。

保护动作于解列灭磁。

8. 转子表层负序过负荷保护

(1) 负序定时限过负荷保护。保护的动作电流 $I_{2.op}$ 按发电机长期允许的负序电流 $I_{2\infty}$ 下能可靠返回的条件整定，即

$$I_{2.op}=\frac{K_{rel}I_{2\infty}I_{GN}}{K_{r}n_{a}}$$

式中：K_{rel} 为可靠系数，取 1.2；K_{r} 为返回系数，取 0.9～0.95，条件允许应取较大值；$I_{2\infty}$ 为发电机长期允许的负序电流，标幺值。

保护延时需躲过发电机-变压器组后备保护最长动作时限，动作于信号。

(2) 负序反时限过电流保护。负序反时限过电流保护的动作特性，由制造厂家提供的转子表层允许的负序过负荷能力确定。

发电机短时承受负序过电流倍数与允许持续时间的关系为

$$t=\frac{A}{I_{2*}^{2}-I_{2\infty}^{2}}$$

式中：I_{2*} 为发电机负序电流标幺值；$I_{2\infty}$ 为发电机长期允许负序电流标幺值；A 为转子表层承受负序电流能力的常数。

发电机允许的负序电流特性曲线见图 11-6。$I_{2op.min*}$ 为负序反时限动作特性的下限电流标幺值；$I_{2op.max*}$ 为负序反时限动作特性的上限电流标幺值；均以发电机额定电流为基准。

整定计算时，设负序反时限过电流保护的动作特性与发电机允许的负序电流特性相同。

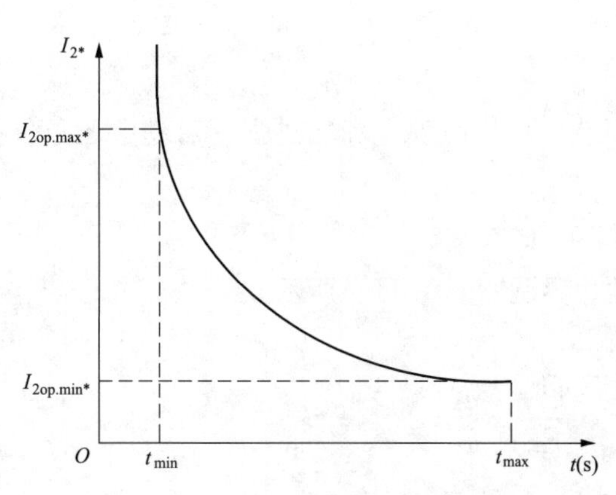

图 11-6　发电机允许的负序电流特性图
（即保护的动作特性）

反时限保护动作特性的上限电流，按主变压器高压侧两相短路的条件计算，即

$$I_{2op.max}=\frac{I_{GN}}{(X''_{d}+X_{2}+2X_{t})n_{a}}$$

式中：X_2 为发电机负序电抗，标幺值。

当负序电流小于上限电流时，按反时限特性动作。

上限最小延时应与快速主保护配合。

反时限动作特性的下限电流 $I_{2op.min}$，按照与定时限动作电流配合的原则整定，即

$$I_{2op.min}=K_{co}I_{2.op}$$

式中：K_{co}为配合系数，可取1.05～1.10。

下限动作延时按公式 $t=\dfrac{A}{I_{2*}^{2}-I_{2\infty}^{2}}$ 计算，同时需参考保护装置所能提供的最大延时。

在灵敏度和动作时限方面不必与相邻元件或线路的相间短路保护配合。

9. 发电机低励失磁保护

（1）发电机低励失磁保护分类。

1）低电压判据：

a. 系统低电压；

b. 机端低电压。

2）定子侧阻抗判据：

a. 异步边界阻抗圆；

b. 静稳极限阻抗圆。

3）转子侧判据：

a. 转子低电压判据；

b. 变励磁电压判据。

（2）发电机低励失磁保护整定。

1）低电压判据。

a. 系统低电压。三相同时低电压的动作电压 $U_{op.3ph}$ 为

$$U_{op.3ph}=(0.85\sim0.95)U_{H.min}$$

式中：$U_{H.min}$为高压母线最低正常运行电压。

b. 机端低电压。机端低电压动作值按不破坏厂用电安全和躲过强励启动电压条件整定，可取

$$U_{op.G}=(0.85\sim0.90)U_{N}$$

2）定子侧阻抗判据。定子侧阻抗判据的边界圆图如图11-7所示。

a. 异步边界阻抗圆。其整定值为

$$X_{a}=-\frac{X'_{d}}{2}\times\frac{U_{N}^{2}}{S_{N}}\times\frac{n_{a}}{n_{v}}$$

$$X_{b}=-X_{d}\frac{U_{N}^{2}}{S_{N}}\times\frac{n_{a}}{n_{v}}$$

式中：X'_{d}、X_{d} 分别为发电机暂态电抗和同步电抗（不饱和值），标幺值；U_N、S_N 分别为

发电机额定电压和额定视在功率。

异步边界阻抗圆动作判据主要用于与系统联系紧密的发电机失磁故障检测，它能反应失磁发电机机端的最终阻抗，但动作可能较晚。

b. 静稳极限阻抗圆。对汽轮发电机，如图 11-7 中的圆 2，其整定值为

$$X_c = X_{con}\frac{U_N^2}{S_N}\times\frac{n_a}{n_v}$$

式中：X_{con}为发电机与系统间的联系电抗（包括升压变压器阻抗，系统处于最小运行方式）标幺值（以发电机额定容量为基准）。

X_b 由式 $X_b = -X_d\frac{U_N^2}{S_N}\times\frac{n_a}{n_v}$决定。

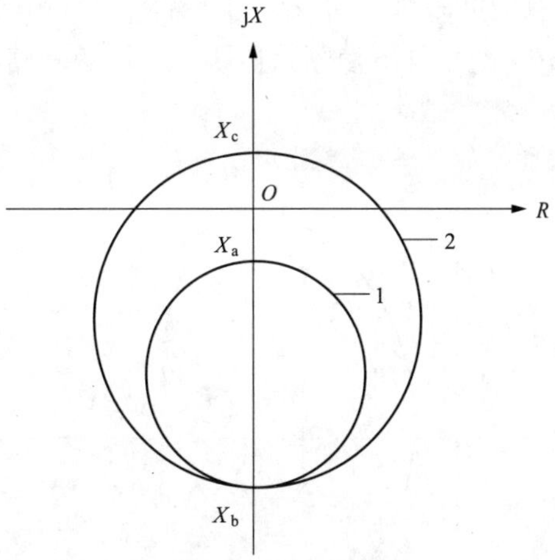

图 11-7　边界圆图

1—异步边界阻抗圆；2—汽轮发电机静稳边界圆

3）转子侧判据。

a. 转子低电压判据。转子低电压表达式为

$$U_{fd.op} = K_{rel}\cdot U_{fd0} \tag{11-1}$$

式中：K_{rel}为可靠系数，可取 0.80；U_{fd0}为发电机空载励磁电压。

对于水轮发电机和中小型汽轮发电机，式（11-1）比较合适。对于大型汽轮发电机，式（11-1）的$U_{fd.op}$定值偏大，当进相运行时可能励磁电压$U_{fd}<U_{fd.op}$，励磁低电压辅助判据会处于动作状态，失磁保护失去了辅助判据的闭锁作用，此时宜用变励磁电压判据。

b. 低励失磁保护的辅助判据。

负序电压元件（闭锁失磁保护）。动作电压为

$$U_{op} = (0.05\sim 0.06)U_N/n_v$$

负序电流元件（闭锁失磁保护）。动作电流为

$$I_{op} = (1.2\sim 1.4)I_{2\infty}I_{GN}/n_a$$

式中：$I_{2\infty}$为发电机长期允许负序电流，标幺值。

由负序电流元件构成的闭锁元件，在出现负序电压或电流大于U_{op}或I_{op}时，瞬时启动闭锁失磁保护，经 8～10s 自动返回，解除闭锁。

这些辅助判据元件与主判据元件与门输出，防止非失磁故障状态下主判据元件误出口。

延时元件。失磁阻抗判据应校核不抢先于励磁低励限制动作。

动作于跳开发电机的延时元件，其延时应防止系统振荡时保护的误动作。振荡周期由电网主管部门提供，按躲振荡所需的时间整定。对于不允许发电机失磁运行的系统，其延时一般取 0.5～1.0s。

动作于励磁切换及发电机减出力的时间元件，其延时由设备的允许条件整定。

10. 发电机失步保护

失步保护动作后，一般只发信号，当振荡中心位于发电机-变压器组内部或失步振荡

持续时间过长、对发电机安全构成威胁时，才作用于跳闸，而且应在两侧电动势相位差小于90°的条件下使断路器跳开，以免断路器的断开容量过大。

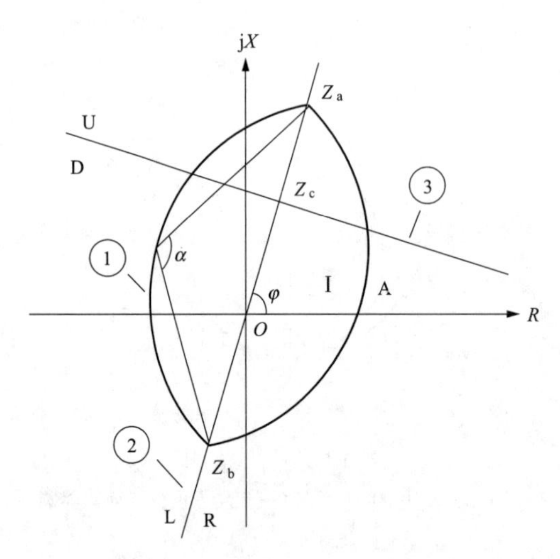

图 11-8　三元件失步保护动作特性图

三元件失步保护动作特性由三部分组成，见图 11-8：

第一部分是透镜特性，图 11-8 中①，它把阻抗平面分成透镜内的部分 I 和透镜外的部分 A。

第二部分是遮挡器特性，图 11-8 中②，它平分透镜并把阻抗平面分为左半部分 L 和右半部分 R。

两种特性的结合，把阻抗平面分为四个区，根据其测量阻抗在四个区内的停留时间作为是否发生失步的判据。

第三部分特性是电抗线，图 11-8 中③，它把动作区一分为二，电抗线以下为Ⅰ段 (D)，电抗线以上为Ⅱ段（U）。

以下阻抗全部折算到发电机额定容量下，计算的主要内容为：

1）遮挡器特性整定。遮挡器特性的参数是 Z_a、Z_b、φ。

如果失步保护装在机端，则

$$Z_a = X_{con} = X_s + X_T$$
$$Z_b = X'_d$$
$$\varphi = 80° \sim 85°$$

式中：X_s 为最大运行方式下的系统电抗，Ω；X_T 为主变压器电抗，Ω；φ 为系统阻抗角。

2）α 角的整定及透镜结构的确定需参考图 11-9。

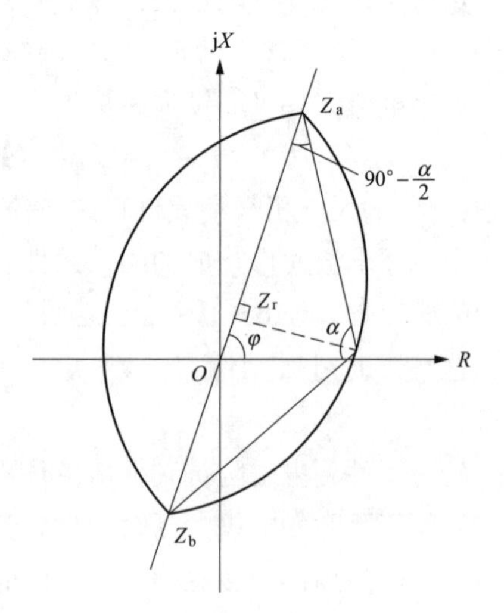

图 11-9　三元件失步保护特性的整定图

对于某一给定的 $Z_a + Z_b$，透镜内角 α（即两侧电动势摆开角）决定了透镜在复平面上横轴方向的宽度。确定透镜结构的步骤如下：

a. 确定发电机最小负荷阻抗，一般取

$$R_{l.min} = 0.9 \times \frac{U_N / n_v}{\sqrt{3} I_{gn}}$$

b. 确定 Z_r 为

$$Z_r \leqslant \frac{1}{1.3} R_{L.min}$$

c. 确定内角 α。由 $Z_r = \frac{Z_a + Z_b}{2} \tan\left(90° - \frac{\alpha}{2}\right)$ 得

$$\alpha = 180° - 2\arctan\frac{2Z_r}{Z_a + Z_b}$$

α 值一般可取 900～1200。

3）电抗线 Z_c 的整定。一般 Z_c 选定为变压器阻抗 Z_t 的 90%，即 $Z_c = 0.9Z_t$。过 Z_c 作 Z_aZ_b 的垂线，即为失步保护的电抗线。电抗线是Ⅰ段和Ⅱ段的分界线，失步振荡在Ⅰ段还是在Ⅱ段取决于阻抗轨迹与遮挡器相交的位置，在透镜内且低于电抗线为Ⅰ段，高于电抗线为Ⅱ段。

4）滑极次数整定，振荡中心在发电机-变压器组区外时，滑极次数整定 2～15 次，动作于信号。振荡中心在发电机-变压器组区内时，滑极次数整定 1～2 次，动作于跳闸或发信。

5）跳闸允许电流 I_{off} 整定。其判据为 $I_{op} < I_{off}$，当 $I_{op} < I_{off}$ 时允许跳闸出口。I_{off} 按断路器允许遮断电流 I_{brk} 计算，断路器（在系统两侧电势相差达 1800V 时）允许遮断电流 I_{brk} 由断路器制造厂提供，如无提供值，可按 25%～50% 的断路器额定遮断电流 $I_{brk.n}$ 考虑。

跳闸允许电流整定值按下式计算

$$I_{off} = K_{rel} I_{brk}$$

式中：K_{rel} 为可靠系数，取 0.85～0.90。

11. 发电机异常运行保护

（1）定子铁芯过励磁保护。

整定值按发电机或变压器过励磁能力较低的要求整定。当发电机与主变压器之间有断路器时，应分别为发电机和变压器配置过励磁保护。

过励磁倍数 N 为

$$N = \frac{B}{B_n} = \frac{U/U_N}{f/f_N} = \frac{U_*}{f_*}$$

式中：U、f 分别为运行电压及频率；U_N、f_N 分别为发电机额定电压及频率；U_*、f_* 分别为电压和频率的标幺值；B、B_n 分别为磁通量及额定磁通量。

1）定时限过励磁保护的过励磁倍数 N 设二段定值二段时限。

低定值按躲过系统正常运行的最大过励磁倍数整定。

高定值部分 N 为

$$N = \frac{B}{B_n} = 1.3\text{（或以电机制造厂数据为准）}$$

动作时限根据厂家提供的设备过励磁特性决定。

低定值部分带时限动作于信号和降低发电机励磁电流，高定值部分动作于解列灭磁或程序跳闸。

当发电机及变压器间有断路器时，其定值按发电机与变压器过励磁特性不同分别整定。

2）反时限过励磁保护按发电机、变压器制造厂家提供的反时限过励磁特性曲线（参数）整定。

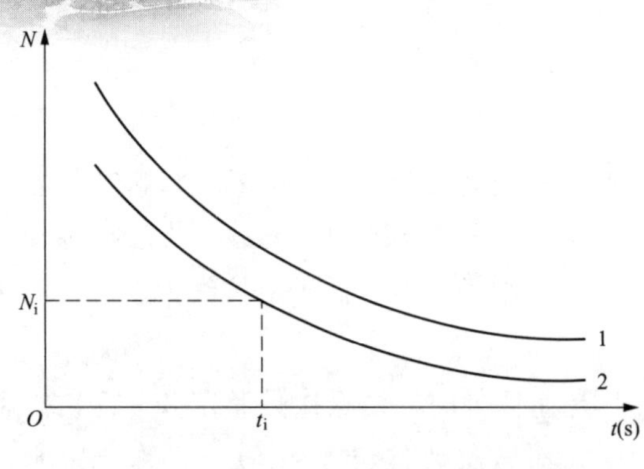

图 11-10　反时限过励磁保护动作整定曲线图

如图 11-10 所示，曲线 1 为厂家提供的发电机或变压器允许的过激磁能力曲线；曲线 2 为反时限过激磁保护动作整定曲线。

过励磁反时限动作曲线 2 一般不易用一个数学表达式来精确表达，而是用分段式内插法来确定 $N(t)$ 的关系，拟合曲线 2。一般在曲线 2 上自由设定 8～10 个分点 (N_i, t_i)，$i=1, 2, 3, \cdots$。

反时限过励磁保护定值整定过程中，宜考虑一定的裕度，可以从动作时间和动作定值上考虑裕度（两者取其一），从时间上考虑时，可以考虑整定时间为曲线时间的 60%～80%，从动作定值考虑时，可以考虑整定定值为曲线 1 的值除以 1.05，最小定值应与定时限低定值配合。

（2）发电机频率异常保护。300MW 及以上的汽轮机，运行中允许其频率变化的范围为 48.5～50.5Hz。低于 48.5Hz 或高于 50.5Hz 时，累计允许运行时间和每次允许的持续运行时间应综合考虑发电机组和电力系统的要求，并根据制造厂家提供的技术参数确定。保护动作于信号，当频率异常保护需要动作于发电机解列时，其低频段的动作频率和延时应注意与电力系统的低频减负荷装置进行协调。因此，要求在电力系统减负荷过程中频率异常保护不应解列发电机，防止出现频率连锁恶化的情况。

（3）发电机逆功率保护。300MW 及以上发电机逆功率运行时，在 P-Q 平面上，如图 11-11 所示，设反向有功功率的最小值为 $P_{min}=$OA。逆功率保护的动作特性用一条平行于 Q 轴的直线 1 表示，其动作判据为

$$P \leqslant -P_{op}$$

式中：P 为发电机有功功率，输出有功功率为正，输入有功功率为负；P_{op}为逆功率继电器的动作功率。

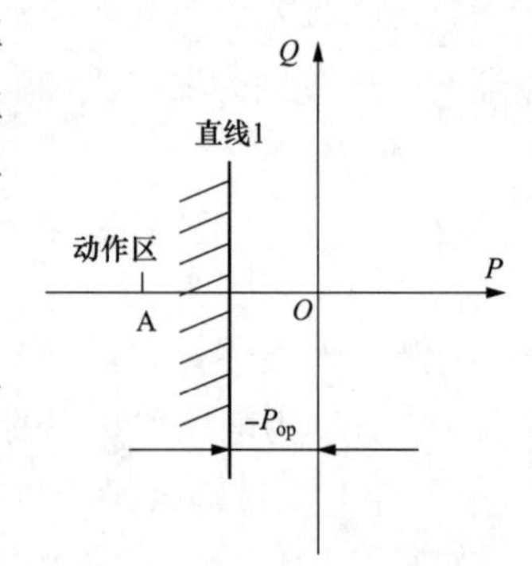

图 11-11　发电机逆功率保护图

1）动作功率 P_{op}的计算公式为

$$P_{op}=K_{rel}(P_1+P_2)$$

式中：K_{rel}为可靠系数，取 0.5～0.8；P_1 为汽轮机在逆功率运行时的最小损耗，一般取额定功率的 1%～4%；P_2 为发电机在逆功率运行时的最小损耗，一般取 $P_2 \approx (1-\eta)P_{gn}$，其中，$\eta$ 为发电机效率，一般取 98.6%～98.7%（分别对应 300MW 及 600MW 机），P_{gn}为发电机额定功率。

所以，逆功率保护动作功率定值 P_{op}一般整定为 $(0.5\%\sim2\%)P_{gn}$，并应根据主汽门关闭时保护装置的实测逆功率进行校核。

在过负荷、过励磁、失磁等异常运行方式下，用于程序跳闸的逆功率继电器作为闭锁元件，其定值整定原则同上。

2）动作时限。经主汽门触点时，延时 1.0～1.5s 动作于解列。不经主汽门触点

时，延时15s动作于信号；根据汽轮机允许的逆功率运行时间，动作于解列时一般取1～3min。

燃气轮机也有装设逆功率保护的需要，目的在防止未燃尽物质存在爆炸和着火的危险，定值可根据机组制造厂提供的技术数据整定。

（4）发电机定子过电压保护。

定子过电压保护的整定值，应根据电机制造厂提供的允许过电压能力或定子绕组的绝缘状况决定。

1）对于300MW及以上汽轮发电机定子过电压保护的整定值为

$$U_{op}=\frac{1.3U_N}{n_v}$$

式中：U_N为定子额定电压；n_v为电压互感器变比。

动作时限取0.5s，动作于解列灭磁。

2）对于水轮发电机定子过电压保护的整定值为

$$U_{op}=\frac{1.5U_N}{n_v}$$

动作时限取0.5s，动作于解列灭磁。

3）对于采用晶闸管励磁的水轮发电机定子过电压保护的整定值为

$$U_{op}=\frac{1.3U_N}{n_v}$$

动作时限取0.3s，动作于解列灭磁。

12. 断路器闪络保护

断口闪络保护动作的条件是断路器处于断开位置且有负序电流出现。

负序电流$I_{2.op}$的整定应躲过正常运行时高压侧最大不平衡电流，一般可取

$$I_{2.op}=10\%\times\frac{I_{Tn}}{n_a}$$

式中：I_{Tn}为变压器高压侧额定电流。

断口闪络保护延时需躲过断路器合闸三相不一致时间，一般整定为0.1～0.2s，当机端有断路器时，动作于机端断路器跳闸；当机端没有断路器时，动作于灭磁同时起动断路器失灵保护。

四、变压器保护的整定计算

变压器纵差保护是变压器内部故障的主保护，主要反应变压器绕组内部、套管和引出线的相间和接地短路故障，以及绕组的匝间短路故障。

（1）纵差保护的整定计算。

1）变压器参数计算。

与纵差保护有关的变压器参数计算，可按表11-1所列的公式和步骤进行。在表中做了如下设定：两绕组变压器；额定容量S_N；绕组接法为YN，d11。

表 11-1　　变压器参数计算表（以高、低压侧为示例）

序号	名称	高压侧	低压侧
1	一次额定电压	U_{Nh}	U_{Nl}
2	一次额定电流	$\frac{S_N}{\sqrt{3}U_{Nh}}$	$\frac{S_N}{\sqrt{3}U_{Nl}}$
3	各侧绕组接线方式	Y	D
4	电流互感器一次值	I_{h1n}	I_{l1n}
5	电流互感器二次值	I_{h2n}	I_{l2n}
6	二次额定电流	$I_{eh}=\frac{S_N}{\sqrt{3}U_{Nh}}/\frac{I_{h1n}}{I_{h2n}}$	$I_{el}=\frac{S_N}{\sqrt{3}U_{Nl}}/\frac{I_{l1n}}{I_{l2n}}$
7	平衡系数	$k_h=1$	$k_l=\frac{k_h I_{eh}}{I_{el}}$

对于通过软件实现电流相位和幅值补偿的微机型保护，各侧电流互感器二次均按 Y 接线。比例差动保护的具体整定方式应参考装置的说明书。基准侧的选取及平衡系数的计算方法与装置的具体实现有关，以上仅是以高压侧为基准侧作为示例进行平衡系数计算的，其中平衡系数和二次额定电流满足：$k_h I_{eh}=k_l I_{el}$。

2）纵差保护动作特性参数的计算。

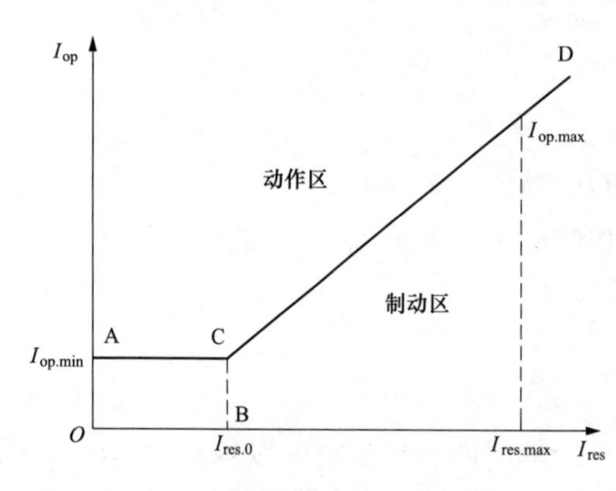

图 11-12　纵差保护动作特性图

带比率制动特性的纵差保护的动作特性，用直角坐标系上的折线表示，如图 11-12 所示。该坐标系纵轴为保护的动作电流 I_{op}；横轴为 I_{op} 的制动电流 I_{res}，折线 ACD 的左上方为保护的动作区。

这一动作特性曲线由纵坐标 OA、拐点的横坐标 OB、折线 CD 的斜率 S 三个参数所确定。OA 表示无制动状态下的动作电流，即保护的最小动作电流 $I_{op.min}$。OB 表示起始制动电流 $I_{res.0}$ 折线上任一点动作电流 I_{op} 与制动电流 I_{res} 之比，即 $I_{op}/I_{res}=K_{res}$，K_{res} 称为纵差保护的制动系数。制动系数 K_{res} 与折线斜率 S 之间的关系为

$$S=\frac{K_{res}-I_{op.min}/I_{res}}{1-I_{res.0}/I_{res}} \tag{11-2}$$

$$K_{res}=S(1-I_{res.0}/I_{res})+I_{op.min}/I_{res} \tag{11-3}$$

可见，对于 动作特性具有一个折点的纵差保护，折线的斜率 S 是一个常数，而制动系数 K_{res} 则是随制动电流 I_{res} 而变化的。

a. 纵差保护最小动作电流的整定。最小动作电流应大于变压器正常运行时的差动不平衡电流，即

$$I_{op.min}=K_{rel}(K_{er}+\Delta U+\Delta m)I_e \tag{11-4}$$

式中：I_e 为变压器基准侧二次额定电流（经平衡系数调整后的变压器二次额定电流）；K_{rel} 为可靠系数，取 1.3～1.5；K_{er} 为电流互感器的比误差，10P 型取 0.03×2，5P 型和 TP 型取 0.01×2；ΔU 为变压器调压引起的误差，取调压范围中偏离额定值的最大值（百分值）；Δm 为由于电流互感器变比未完全匹配产生的误差，初设时取 0.05。

在工程实用整定计算中可选取

$$I_{op.min}=(0.3\sim0.6)I_e$$

根据实际情况（现场实测不平衡电流）确有必要时，最小动作定值也可大于 $0.6I_e$。

b. 起始制动电流 $I_{res.0}$ 的整定。起始制动电流的整定需结合纵差保护动作特性，可取 $I_{res.0}=(0.4\sim1.0)I_e$。

c. 动作特性折线斜率 S 的整定。

纵差保护的动作电流应大于外部短路时流过差动回路的不平衡电流。变压器种类不同，不平衡电流计算也有较大差别。普通双绕组变压器差动保护回路最大不平衡电流 $I_{unb.max}$ 计算公式为

$$I_{unb.max}=(K_{ap}K_{cc}K_{er}+\Delta U+\Delta m)\times I_{k.max}/n_a \tag{11-5}$$

式中：K_{er}，ΔU，Δm 的含义同式（11-4），但 $K_{er}=0.1$；n_a 为变比；K_{cc} 为电流互感器的同型系数，$K_{cc}=1.0$；$I_{k.max}$ 为外部短路时，最大穿越短路电流周期分量；K_{ap} 为非周期分量系数，两侧同为 TP 级电流互感器取 1.0；两侧同为 P 级电流互感器取 1.5～2.0。

差动保护的最大动作电流 $I_{op.max}$ 为

$$I_{op.max}=K_{rel}I_{unb.max} \tag{11-6}$$

最大制动系数为

$$K_{res.max}=\frac{I_{op.max}}{I_{res.max}} \tag{11-7}$$

式（11-7）中最大制动电流 $I_{res.max}$ 的选取，在实际工程计算时应根据差动保护制动原理的不同以及制动电流的选择方式不同而会有较大差别。

根据 $I_{op.min}$、$I_{res.0}$、$I_{res.max}$、$K_{res.max}$ 按式（11-2）可计算出差动保护动作特性曲线中折线的斜率 S，当 $I_{res.max}=I_{k.max}$ 时有

$$S=\frac{I_{op.max}-I_{op.min}}{\dfrac{I_{k.max}}{n_a}-I_{res.0}} \tag{11-8}$$

3）灵敏系数的计算。纵差保护的灵敏系数应按最小运行方式下差动保护区内变压器引出线上两相金属性短路计算。图 11-13 为纵差保护灵敏系数计算说明图。根据计算最小短路电流 $I_{k.min}$ 和相应的制动电流 I_{res}，在动作特性曲线上查得对应的动作电流 I'_{op}，则灵敏系数为

$$K_{sen}=\frac{I_{k.min}}{I'_{op}}$$

要求 $K_{sen}\geqslant1.5$。

纵差保护的其他辅助整定计算及经验数据的推荐。

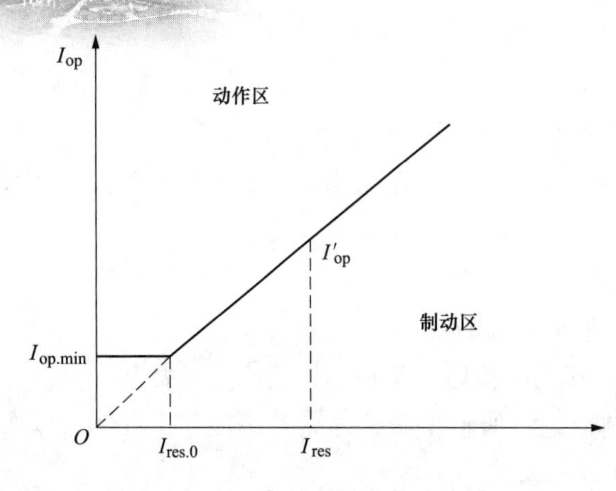

图 11-13　纵差保护灵敏系数计算说明图

a. 差动速断保护的整定。对于220～500kV变压器，差动速断保护是纵差保护的一个辅助保护。当内部故障电流很大时，防止由于电流互感器饱和判据可能引起纵差保护延迟动作。差动速断保护的整定值应按躲过变压器可能产生的最大励磁涌流或外部短路最大不平衡电流整定，一般取

$$I_{op}=KI_{e}$$

式中：I_{op}为差动速断保护的动作电流；I_{e}为变压器的基准侧二次额定电流；K为倍数，视变压器容量和系统电抗大小，K推荐值如下：

6300kVA及以下，7～12；

6300～31500kVA，4.5～7.0；

40000～120000kVA，3.0～6.0；

120000kVA及以上，2.0～5.0；

容量越大，系统电抗越大，K取值越小。

按正常运行方式保护安装处电源侧两相短路计算灵敏系数，$K_{sen}\geqslant1.2$。

b. 二次谐波制动系数的整定。利用二次谐波制动来防止励磁涌流误动的纵差保护中，整定值指差动电流中的二次谐波分量与基波分量的比值，通常称这一比值为二次谐波制动系数。根据经验，二次谐波制动系数可整定为15%～20%，一般推荐整定为15%。

c. 涌流间断角的推荐值。按鉴别涌流间断角原理构成的变压器差动保护，根据运行经验，闭锁角可取为60°～70°。

（2）变压器相间短路后备保护。

变压器相间短路后备保护中较常见的为复合电压启动的过电流保护。下面主要进行复合电压启动的过电流保护的整定计算。

1）电流继电器的整定计算。电流继电器的动作电流应按躲过变压器的额定电流整定。

$$I_{op}=\frac{K_{rel}}{K_{r}}\times I_{e}$$

式中：K_{rel}为可靠系数，取1.2～1.3；K_{r}为返回系数，取0.85～0.95；I_{e}为变压器的二次额定电流。

2）接在相间电压上的低电压继电器动作电压整定计算。该低电压继电器应按躲过电动机自启动条件计算，则

$$U_{op}=(0.5\sim0.6)U_{n}$$

对于发电厂中的升压变压器，当电压互感器取自发电机侧时，还应考虑躲过发电机失磁运行时出现的低电压，取

$$U_{op}=(0.6\sim0.7)U_{n}$$

3）负序电压继电器的动作电压整定计算。负序电压继电器应按躲过正常运行时出现的不平衡电压整定，不平衡电压值可通过实测确定。无实测值时，如果装置的负序电压定值为相电压，则

$$U_{op.2}=(0.06\sim0.08)\frac{U_n}{\sqrt{3}}$$

如果装置的负序电压定值为相间电压时

$$U_{op.2}=(0.06\sim0.08)U_n$$

式中：U_n 为电压器互感器二次额定相间电压。

4）灵敏系数校验。电流继电器的灵敏系数校验 K_{sen} 为

$$K_{sen}=\frac{I_{k.min}^{(2)}}{I_{op}n_a}$$

式中：$I_{k.min}^{(2)}$为后备保护区末端两相金属短路时流过保护的最小短路电流。要求 $K_{sen}\geqslant1.3$（近后备）或 1.2（远后备）。

相间低电压灵敏系数校验 $K_{sen.1}$ 为

$$K_{sen.1}=\frac{U_{op}}{U_{r..max}/n_v}$$

式中：$U_{r..max}$为计算运行方式下，灵敏系数校验点发生金属性相间短路时，保护安装处的最高电压。要求 $K_{sen}\geqslant1.3$（近后备）或 1.2（远后备）。

负序电压继电器的灵敏系数 $K_{sen.2}$ 为

$$K_{sen.2}=\frac{U_{k.2.min}}{U_{op.2}\cdot n_v}$$

式中：$U_{k.2.max}$为后备保护区末端两相金属性短路时，保护安装处的最小负序电压值；要求 $K_{sen}\geqslant2.0$（近后备）或 1.5（远后备）。

（3）变压器间隙保护。

装在放电间隙回路的零序过电流保护的动作电流与变压器的零序阻抗、间隙放电的电弧电阻等因素有关，较难准确计算。根据工程经验，间隙电流保护的一次动作电流可取 100A。

1）零序过电压继电器的整定时，建议 $U_{op.0}=180$V（电压互感器开口三角绕组每相额定电压 100V）。用于中性点经放电间隙接地的间隙电流、零序电压保护动作后经一较短延时（躲过暂态过电压时间）断开变压器各侧断路器。

2）间隙零序电压保护延时可取 0.3～0.5s。间隙零序过流保护延时可取 0.3～0.5s，也可考虑与出线接地后备保护时间配合。

（4）变压器过负荷保护。

过负荷保护的动作电流 I_{alarm}应按躲过各侧绕组的额定电流整定，按下式计算

$$I_{alarm}=\frac{K_{rel}}{K_r}I_e$$

式中：K_{rel}为可靠系数，采用 1.05；K_r 为返回系数，0.85～0.95；I_e 为根据各侧额定容量计算出的对应二次额定电流。

过负荷保护作用于信号，其延时应与变压器允许的过负荷时间相配合，同时应大于相间及接地故障后备保护的最大动作时间。

（5）变压器过励磁保护。

（6）失灵启动。

断路器失灵判别元件宜与变压器保护独立，宜采用变压器保护动作触点结合电流判据启动失灵。电流判据可包括过电流判据，或零序电流判据，或负序电流判据。

1）过电流判据应考虑最小运行方式下的各侧三相短路故障灵敏度，并尽量躲过变压器正常运行时的最大负荷电流，宜取

$$I = I_{k.min}/K_{sen} \qquad K_{sen} \text{ 取 } 1.5 \sim 2。$$

或 $I = K_{rel} I_N$ K_{rel}取 1.1～1.2；I_e 为变压器二次额定电流。

仅采用过电流判据时，过电流判据应考虑最小运行方式下的各侧短路故障灵敏度。

2）零序或负序电流判据应躲过变压器正常运行时可能产生的最大不平衡电流，宜取

$$I_0 = K_{rel.0} \cdot I_e \qquad K_{rel.0} \text{ 取 } 0.15 \sim 0.25；$$

$$I_2 = K_{rel.2} \cdot I_e \qquad K_{rel.2} \text{ 取 } 0.15 \sim 0.25。$$

式中：I_e 为变压器二次额定电流。

3）时间整定。

失灵启动延时与失灵保护延时的总和应可靠躲过断路器跳开时间，一般为 0.15～0.3s。

（7）非全相保护。

电流判据可包括零序电流判据，或负序电流判据。

1）零序或负序电流判据应躲过变压器正常运行时可能产生的最大不平衡电流，宜取

$$I_0 = K_{rel.0} I_e \qquad K_{rel.0} \text{ 取 } 0.15 \sim 0.25；$$

$$I_2 = K_{rel.2} I_e \qquad K_{rel.2} \text{ 取 } 0.15 \sim 0.25；I_e \text{ 为变压器额定电流。}$$

2）时间整定。

非全相保护动作延时应可靠躲过开关不同期合闸的最长时间，一般取 0.3～0.5s。

第二节　厂用电系统保护整定计算

厂用工作及备用分支保护配置：相过流保护（低电压闭锁过流），零序过流保护。

1. 相过流保护

（1）按照躲过需要自启动电动机的最大启动电流之和整定，如下

$$I_{op.2} = K_{rel} K_{ss} I_n / n_a$$

$$K_{ss} = \frac{1}{\frac{U_k\%}{100} + \frac{W_n}{K_{sm} W_{sl.\Sigma}}}$$

式中：K_{rel}为可靠系数，取 1.2～1.3；I_n 为工作进线上额定电流；K_{ss}为需要自启动的全部电动机在自启动时所引起的过电流倍数；$U_k\%$为变压器阻抗；$W_{sl.\Sigma}$为需要自启动的全

部电动机的总容量；W_n 为变压器额定容量；K_{sm}为电动机启动时的电流倍数，取 5 倍。

（2）按照躲过本段母线上最大电动机速断过流（如果灵敏度不够可按启动电流）整定，如下

$$I_{op.2}=K_{rel}(I'_{st.max}+\sum I_1)/n_a$$

式中：K_{rel}为可靠系数，取 1.2～1.3；$I'_{st.max}$为最大电动机速断电流；$\sum I_1$ 为除最大电动机速断以外的总负荷电流。

（3）按照与本段母线馈线过流配合整定，如下

$$I_{op}=K_{rel}(I'_{op.1}+\sum I_1)/n_a$$

式中：K_{rel}为可靠系数，取 1.2～1.3；$I_{op.1}$为输煤线路过电流保护；$\sum I_1$ 为除输煤线路过电流以外的总负荷电流。

（4）按照与本段母线最大低压厂变速断电流配合整定，如下

$$I_{op.2}=K_{rel}(I'_{op.t.max}+\sum I_1)/n_a$$

式中：K_{rel}为可靠系数，取 1.2～1.3；$I'_{op.t.max}$为最大低压厂变速断电流；$\sum I_1$ 为除最大低压厂变速断电流以外的总负荷电流。

（5）按照躲过本段母线上最大电动机启动电流整定，如下

$$I_{op.2}=K_{rel}(I'_{st.max}+\sum I_1)/n_a$$

式中：K_{rel}为可靠系数，取 1.2～1.3；$I'_{st.max}$为最大电动机启动电流；$\sum I_1$ 为除最大电动机启动电流以外的总负荷电流。

（6）工作进线灵敏度校验。

$$K_{sen}=\frac{I_{k.min}^{(2)}}{I_{op.2}n_a}>1.5$$

式中：K_{sen}为灵敏度，要求不小于 1.5；

（7）动作时间整定。考虑厂用电切换对厂用电及电动机自启动过程的影响整定时间一般不小于 0.5s。如果有馈出线应该与馈出线配合。

出口方式：跳本侧分支、闭锁快切。

2. 零序过流保护保护

零序过流可作为保护变压器绕组、引线、相邻元件接地故障的后备保护，保护启动后 t_2 时间动作于全停方式，t_1 跳开时间分支开关。厂用变压器低压侧性点经电阻 R 接地，该定值与下一级保护配合，且保证 6kv 母线出口单相接地时灵敏系数不小于 2。

（1）最大接地电流计算

$$I_{max}=\frac{U_1}{\sqrt{3}R}$$

式中：I_{max}为最大接地电流；U_1 为母线电压。

（2）第一段动作值：按照单相接地电流的 20%～50%选取。

$$I_{op.2}=\frac{(20\%-50\%)I_{max}}{n_{a.g}}$$

式中：$n_{a.g}$为零序电流互感器变比。

(3) 第一时限：考虑与本段母线所接负荷的最大零序动作时间配合整定。

取 $t_{op.1}=t_{op.sm}+\Delta t$。

出口方式：跳本侧分支，启动快切。

(4) 第二段时限：时间与第一时限零序过流保护配合，保护动作于全停、启动失灵。

$$t_{op.2}=t_{op.1}+\Delta t$$

式中：$t_{op.2}$为第二时限零序过流时间；Δt 为时间级差。

(5) 出口方式：全停、启动失灵保护。

3. 高压电动机保护整定原则

保护配置：差动保护（大于2000kW）、速断过流高定值保护、速断过流低定值保护、过负荷信号、反时限过负荷保护、零序过流保护、负序过流保护。

(1) 差动保护。

1) 最小动作电流值。最小动作电流按躲过差回路的最大不平衡电流整定，即

$$I_{op}=K_{rel}K_{er}K_{ap}I_{n.2}$$

式中：K_{rel}为可靠系数，取2；K_{er}为电流互感器误差，取0.1；K_{ap}为非周期分量系数，对于普通电流继电器、对于能躲非周期分量的继电器取为1.2；$I_{n.2}$为电动机额定电流二次值。

工程整定：整定为0.5倍额定电流。动作于跳闸。

2) 比例差动制动系数。

同时考虑到差动电流互感器实际安装位置较远，由于电流互感器负担不均的误差，在启动过程当中容易引起误动，一般取40%～60%，整定值为50%。

3) 差动速断保护。

只考虑在电流互感器饱和时可能发生的比率制动式差动保护拒动，整定为8～10倍额定电流，无制动差动保护不大于电流速断保护定值，灵敏度满足要求不用校验。动作于跳闸。

(2) 速断电流高定值保护。

速断过流保护按照躲过电动机的启动电流整定。

$$I_{op.2}=K_{rel}K_{st}I_{n.2}$$

式中：$I_{op.2}$为动作电流值；K_{rel}为可靠系数，取1.5；K_{st}为启动倍数，取7；$I_{n.2}$为二次额定电流。

启动电流：一般取7倍，给水泵可整定6倍。

启动时间：风机取25s，给水泵取20s，循泵、凝泵、磨煤等取15s。

如果F-C回路此保护退出或增加延时0.3s。

灵敏度校验：

按最小方式下的两相相间短路电流校验，如下

$$K_{sen}=\frac{I_{k.min}^{(2)}}{I_{op.2}n_a}>1.5$$

$$I_k^{(2)}=\frac{0.866I_{j.6kv}}{X_S+X_{AT}}$$

式中：$I_{k}^{(2)}$ 为低压侧母线短路最小短路电流（二相短路）；$I_{j.6kv}$ 为 6kV 系统计算电流取 9165A；X_{S} 为系统电抗；X_{AT} 为高压厂用变压器电抗；K_{sen} 为保护动作灵敏度；$I_{op.2}$ 为动作电流值；n_{a} 为电流互感器变比。

（3）速断电流低定值保护。

低定值速断保护的动作电流应为高定值速断保护的 0.8 倍。

$$I_{op.2}=K_{rel}I_{op.i}$$

式中：K_{rel} 为可靠系数，取 0.8；$I_{op.i}$ 为速断电流高定值电流。

动作于跳闸。

如果 F-C 回路此保护退出或增加延时 0.3s。

（4）过负荷保护。

躲过长期运行电流并延时躲过电动机启动电流整定，整定公式如下

$$I_{op.2}=K_{rel}I_{n.2}$$

式中：$I_{op.2}$ 为动作电流。K_{rel} 为可靠系数，取 1.2。$I_{n.2}$ 为二次额定电流。

动作时间：躲过启动时间计算，一般按照启动时间另增加 3s 整定。

（5）过热保护。

动作电流按照躲过长期运行电流整定，整定公式如下

$$I_{op.2}=K_{rel}I_{n.2}$$

式中：$I_{op.2}$ 为动作电流。K_{rel} 为可靠系数，取 1.2。$I_{n.2}$ 为二次额定电流。

发热时间常数确定。

装置可以在各种运行工况下，建立电动机的发热模型，对电动机提供准确的过热保护，考虑到正、负序电流的热效应不同，在发热模型中采用热等效电流 I_{eq}，其表达式为

$$I_{eq}=\sqrt{K_{1}I_{1}^{2}+K_{2}I_{2}^{2}}$$

式中：$K_{1}=0.5$，额定启动时间内；$K_{1}=1$，额定启动时间后；$K_{2}=3\sim10$，K_{2} 取 6。

电动机在冷态（即初始过热量为 0）的情况下，过热保护的动作时间为

$$t=\frac{T_{fr}}{K_{1}\left(\frac{I_{1}}{I_{n}}\right)^{2}+K_{2}\left(\frac{I_{2}}{I_{n}}\right)^{2}-1.05^{2}}$$

当电动机停运，电动机积累的过热量将逐步衰减，本装置按指数规律衰减过热量，衰减的时间常数为 4 倍的电动机散热时间 T_{fr}，即认为 T_{fr} 时间后，散热结束，电动机又达到热平衡。

按躲过启动过程发热计算中常数取值如下：

1）发热常数，一般 5～100min。

2）散热常数，一般取 30min。

3）过热告警，热积累通常取 70%～80%这里取 70%，即为 0.7。动作于信号。

4）重启过热闭锁，一般发电厂电动机冷启动 2 次，热启动 1 次，所以每次积累最大为 50%，应整定为 0.5～0.6，但考虑电动机某些时候要求强行启动，所以设定闭锁定值取值较大 60%，动作闭锁合闸。

（6）负序过流保护。

相间不平衡（负序电流）的产生主要原因：

1）不平衡电压、启动过程产生的5次及11次谐波都可能引起负序电流的产生。按照规程要求，电动机在额定负载下运行时，相间电压的不对称度不得超过10%。

2）在其他电气设备或系统不对称短路产生的负序电流，如下

$$I_{op.2}=K_{rel}I_{n.2}$$

式中：$I_{op.2}$为动作电流；K_{rel}为可靠系数，取0.3～0.6；$I_{n.2}$为二次额定电流。

不同负荷情况下的电动机断线时的负荷电流如表11-2所示。

保护动作时间应该大于系统保护最长动作时间，一般整定3s。

表11-2　不同负荷情况下的电动机断线时的负序电流

额定负载（p_u）	100	90	80	70	60	50
转差率S	4.45	3.21	2.53	2	1.66	1.33
电动机电流I_m/I_n	2.36	1.86	1.59	1.31	1.11	0.91
负序电流I_2/I_n	1.36	1.07	0.92	0.75	0.64	0.52

（7）零序过流保护。

一次动作电流整定8～10A，动作时间取为：0～0.3s，F-C回路必需增加延时0.3s。6～10kV电缆的电容电流见表11-3。

零序过流保护动作于跳闸。

表11-3　6～10kV电缆的电容电流　A/km

S(mm)	U_e(kV)	
	6	10
10	0.33	0.46
16	0.37	0.52
25	0.46	0.62
35	0.52	0.69
50	0.59	0.77
70	0.71	0.9
95	0.82（0.10）	1.0
120	0.89（1.13）	1.1
150	1.1（1.32）	1.3
185	1.2（1.48）	1.4
240	1.3（1.69）	—

注　括号中为实测值。

（8）低电压保护。

1）为保证重要电动机自启动，应加装0.5s延时切除Ⅱ类负荷电动机的低电压保护，动作整定值为（65%～70%）U_n，时间为0.5s。

2）生产工艺不允许在电动机完全停转后突然来电时自启动的电动机，根据生产工艺要求加装延时9s切除Ⅰ类负荷电动机的低电压保护，动作整定值为（50%～55%）U_n，时间为9.0s。

低压保护具体方式见表11-4。

表11-4　　低电压保护

名　称	单　位	整　定
低电压Ⅰ段保护	V	(50%～55%)U_e
低压Ⅰ段时间	s	9
出口方式		跳Ⅰ类负荷
低电压Ⅱ段保护	V	(65%～70%)U_e
低压Ⅱ段时间	s	0.5
出口方式		跳Ⅱ类负荷
绝缘检查	V	(10%～15%)U_e
绝缘检查动作时间	s	2
出口方式		信号

4. 低压厂用变压器保护整定原则

（1）高压侧速断电流。

1）按照躲过变压器低压侧母线短路时的最大短路电流整定，即

$$I_{op.2}=\frac{K_{rel}I_k^{(3)}}{n_a}$$

式中：K_{rel}为可靠系数，取1.2～1.3；$I_k^{(3)}$为低压侧母线短路最大短路电流；n_a为高压侧电流互感器变比。

2）按照躲过变压器励磁涌流。

变压器励磁涌流取10倍整定，即

$$I_{op.2}=K_{rel}I_{n.2}$$

式中：K_{rel}为可靠系数，取10；$I_{n.2}$为二次额定电流。

3）灵敏度校验。

按电源侧两相短路电流校验为

$$K_{sen}=\frac{I_{k.min}^{(2)}}{I_{op.2}n_a}>1.5$$

$$I_k^{(2)}=\frac{0.866\times I_{j.s}}{X_S+X_{AT}}$$

式中：$I_k^{(2)}$为6kV侧母线短路最小短路电流（二相短路）；$I_{j.s}$为电源侧计算电流；X_S为系统电抗；X_{AT}为高压厂用变压器电抗；K_{sen}为保护动作灵敏度；n_a为高压侧电流互感器变比。

4）出口方式：动作跳闸。

（2）高压侧过电流保护。

$$I_{op.2}=K_{rel}K_{ss}I_{n.2}$$

式中：K_{rel}为可靠系数，取1.2～1.3；K_{ss}为电动机自启动倍数；$I_{n.2}$为二次额定电流。

1）按躲过变压器所带负荷中需要自启动的电动机最大启动电流之和整定，即

变压器所带动力负荷中需要自启动的电动机及其容量。因为备用电源为暗备用，并且按照变压器容量90%的负荷作为启动容量。

电动机自启动倍数为

$$K_{SS}=\frac{1}{\frac{U_k\%}{100}+\frac{W_n}{0.6\times K_{st}\times W_{m\Sigma}}\times\left(\frac{380}{400}\right)^2}=\frac{1}{\frac{U_k\%}{100}+\frac{1}{0.6\times 5\times 0.9}\times\left(\frac{380}{400}\right)^2}$$

式中：K_{ss}为电动机自启动倍数；K_{st}为电动机启动倍数，取5；$U_k\%$为变压器短路阻抗；W_n为变压器额定容量；$W_{m\Sigma}$为本段自启动电动机容量；0.6为暗备用系数取值。

2）按躲过本段最大电动机速断（短延时）过流保护整定，即

$$I_{op.2}=\frac{K_{rel}(I_{nl}+I_{mp}-I_{mn})}{n_a}\times\frac{U_l}{U_h}$$

式中：K_{rel}为可靠系数，取1.2～1.3；I_{nl}为变压器低压侧额定电流；I_{mn}为最大电动机额定电流；I_{mp}为最大电动机速断过流；U_l为变压器低压侧电压；U_h为变压器高压侧电压。

3）按躲过本段最大出线速断（短延时）过流保护整定，即

$$I_{op.2}=\frac{K_{rel}(I_{nl}+I_{lp}-I_{ln})}{n_a}\times\frac{U_l}{U_h}$$

式中：K_{rel}为可靠系数，取1.3；I_{nl}为变压器低压侧额定电流；I_{ln}为最大出线（包括隔离变压器）额定电流；I_{lp}为最大出线（包括隔离变压器）延时过流；U_l为变压器低压侧电压；U_h为变压器高压侧电压。

4）灵敏度校验。按低压母线上发生两相短路时产生的最小短路电流来校验，即

$$K_{sen}=\frac{I_{k.min}^{(2)}}{I_{op}n_a}>1.5 \qquad I_k^{(2)}=\frac{0.866I_{j.s}}{X_{AT}+X_{ALT}}$$

式中：$I_k^{(2)}$为0.4kV侧母线短路最小短路电流（二相短路）；$I_{j.6kV}$为电源侧计算电流；X_{ALT}为低压厂用变压器电抗；X_{AT}为高压厂用变压器（启动备用变压器）电抗；K_{sen}为保护动作灵敏度；I_{op}为动作电流；n_a为高压侧电流互感器变比。

5）考虑切换过程冲击电流影响延时除满足配合关系外一般不小于1s。

6）出口方式：动作跳闸。

（3）过负荷保护。

1）按躲过长期运行电流整定，即

$$I_{op.2}=K_{rel}I_{n.2}$$

式中：I_{op}为动作电流。K_{rel}为可靠系数，取1.2。$I_{n.2}$为二次额定电流。

2）动作时间：一般取9s。

3）出口方式：动作信号。

（4）高压侧零序保护。

按照躲过低压三相短路最大不平衡电流整定，一般一次动作电流整定20A。

$$I_{op.2}=\frac{20}{n_a}$$

式中：n_a为零序电流互感器变比；

时间取为：0～0.3s。动作于跳闸。

（5）低压侧零序过流保护。

1）按照躲过正常运行时变压器低压侧中性线上流过的最大不平衡电流整定，即

$$I_{op.2}=\frac{0.25K_{rel}I_{l.n}}{n_a}$$

式中：K_{rel}为可靠系数，取1.2～1.3；$I_{l.n}$为低压侧额定电流；n_a为低压侧中性点电流互感器变比；一般油浸取变压器取额定电流的25%。干式变压器没有此规定。

2）按与最大无零序过电流保护的出线（或电动机）速断保护配合整定，即

$$I_{op}=\frac{K_{rel}I_{op.i.max}}{n_a}$$

式中：K_{rel}为可靠系数，取1.2～1.3；$I_{op.i.max}$为最大无零序过电流保护的出线（或电动机）速断保护；n_a为低压侧中性点电流互感器变比。

3）灵敏度校验：按低压母线单相接地电流校验。

$$K_{sen}=\frac{I_{k.min}^{(1)}}{I_{op.2}n_a}>2$$

式中：$I_k^{(1)}$为0.4kV侧母线短路最小短路电流（二相短路）；K_{sen}为保护动作灵敏度；n_a为低压侧零序电流互感器变比。

4）动作时间：考虑低压断路器不同期熄弧时间不小于0.5s。

5）出口方式：动作跳闸。

（6）变压器差动保护

1）高低压侧额定电流。

高压侧额定电流为

$$I_{h.2}=\frac{S_n}{\sqrt{3}U_{h.n}n_{h.a}}$$

式中：S_n为变压器额定容量；$U_{h.n}$为变压器高压侧额定电压；$n_{h.a}$为变压器高压侧变比。

低压侧额定电流为

$$I_{l.2}=\frac{S_n}{\sqrt{3}U_{l.n}n_{l.a}}$$

式中：S_n为变压器额定容量；$U_{l.n}$为变压器低压侧额定电压；$n_{l.a}$为变压器低压侧变比。

差动基本侧选定：选取高压侧。

2）差动启动值。

计算的最大情况为

$$\begin{aligned}I_{op.min}&=K_{rel}(K_{er}+\Delta U+\Delta m)I_n/n_a\\&=2\times(0.05+0.1)\times I_n\\&=0.3I_n\end{aligned}$$

式中：$I_{op.min}$为纵差保护最小动作电流，一般取0.5～0.8倍额定电流；K_{rel}为可靠系数，取1.3～1.5，这里取2；K_{er}为电流互感器的比误差，5P型取0.05；ΔU为变压器调压引起的误差，取调压范围中偏离额定值的最大值（百分值）；Δm为由于电流互感器变比未

完全匹配产生的误差，初设时取0.1。

3）拐点及斜率。

斜率S应大于非周期分量引起的电流互感器误差产生的不平衡电流，即

$$S=K_{rel}K_{ap}K_{cc}K_{er}=2\times1.5\times1.0\times0.1=0.3$$

式中：K_{rel}为可考系数，取2；K_{ap}为非周期分量系数，两侧同为P级电流互感器取1.5～2.0，这里取1.5；K_{cc}为电流互感器的同型系数，$K_{cc}=1.0$；K_{er}为电流互感器的比误差，取0.1。

工程一般斜率S取0.5。

4）灵敏度校验。

此方案不用校验灵敏度。

5）2次、5次谐波制动系数。

可实测：一般低压厂用变压器2次谐波闭锁取20%。5次谐波闭锁退出，信号取30%。

6）保护出口及作用：动作跳闸，动作时间为0。

（7）高定值差动保护。

1）躲过变压器的激磁涌流，考虑10倍变压器额定电流不会使电流互感器饱和现取较大动作值为10倍变压器额定电流，动作时间为0。

2）出口方式：动作跳闸。

（8）变压器非电量保护如表11-5所示。

表11-5　　变压器非电量保护

序号	保护名称	保护定值	出口方式
1	变压器本体温度风机停止	70℃	停止风扇
2	变压器本体温度风机启动	90℃	启动风扇
3	变压器本体超温信号	125℃	信号
4	变压器本体超温跳闸	150℃	跳闸（建议投信号）
5	变压器铁心超温信号	130℃	信号

5. 馈线保护整定原则

（1）按照躲过需要自启动电动机的最大启动电流之和整定，即

$$I_{op.2}=K_{rel}K_{ss}I_n/n_a$$

式中：K_{rel}为可靠系数，取1.2；I_n为工作进线上额定电流；K_{ss}为需要自启动的全部电动机在自启动时所引起的过电流倍数。

$$K_{ss}=\frac{1}{\frac{U_k\%}{100}+\frac{W_n}{K_{sm}W_{sl.\Sigma}}}$$

式中：$U_k\%$为变压器阻抗；$W_{sl.\Sigma}$为需要自启动的全部电动机的总容量，统计为0.88MW；W_n为变压器额定容量；K_{sm}为电动机启动时的电流倍数，这里取5倍。

（2）按照躲过本段母线上最大出线速断电流整定，即

$$I_{op.2}=K_{rel}(I'_{st.max}+\sum I_1)/n_a$$

式中：K_{rel}为可靠系数，取1.2～1.3；$I'_{st.max}$为无差动最大电动机速断电流；$\sum I_1$为除最大电动机速断以外的总负荷电流。

（3）按照与本段母线最大低压厂变速断电流配合整定，即

$$I_{op}=K_{rel}(I'_{st.max}+\sum I_1)/n_a$$

式中：K_{rel}为可靠系数，取1.2～1.3；$I'_{op.t.max}$为最大低压厂变速断电流；$\sum I_1$为除最大低压厂变速断电流以外的总负荷电流。

（4）工作进线灵敏度校验为

$$K_{sen}=\frac{I_{k.min}^{(2)}}{I_{op.2}n_a}>2$$

6. 低压电动机保护整定原则

（1）施奈德Micrologic智能脱扣器整定图如图11-14所示。Masterpact MT断路器配置Micrologic脱扣器保护，目的为保护电力系统和负荷而设计，功能具备报警信号编程，电流、电压、频率、电能和电能质量的测定，以保证断路器具有高度可靠性和抗干扰能力。

（2）Micrologic5.0A智能脱扣器。

1）瞬时动作电流为

$$I_i=\frac{K_{rel}I_{l.n}}{I_{m.n}}$$

式中：I_i为瞬时动作电流；K_{rel}为可靠系数，取12；$I_{l.n}$为负荷额定电流；$I_{m.n}$为断路器额定电流。

2）长延时动作电流为

动作值为

$$I_r=\frac{K_{rel}I_{l.n}}{I_{m.n}}$$

式中：I_r为长延时动作电流；K_{rel}为可靠系数，取1.2；$I_{l.n}$为负荷额定电流；$I_{m.n}$为断路器额定电流。

时间延时：6倍16s。

3）短延时动作电流（有的断路器需要换算成成长延时的倍数）为

$$I_{sd}=\frac{K_{rel}I_{l.n}}{I_{m.n}I_r}$$

式中：I_{sd}为短延时动作电流；K_{rel}为可靠系数，取6；$I_{l.n}$为负荷额定电流；$I_{m.n}$为断路器额定电流；I_r为长延时动作电流。

时间延时：0.2s。

（3）TM热磁脱扣器。

1）瞬时动作电流计算式为

$$I_i=\frac{K_{rel}I_{l.n}}{I_{c.n}}$$

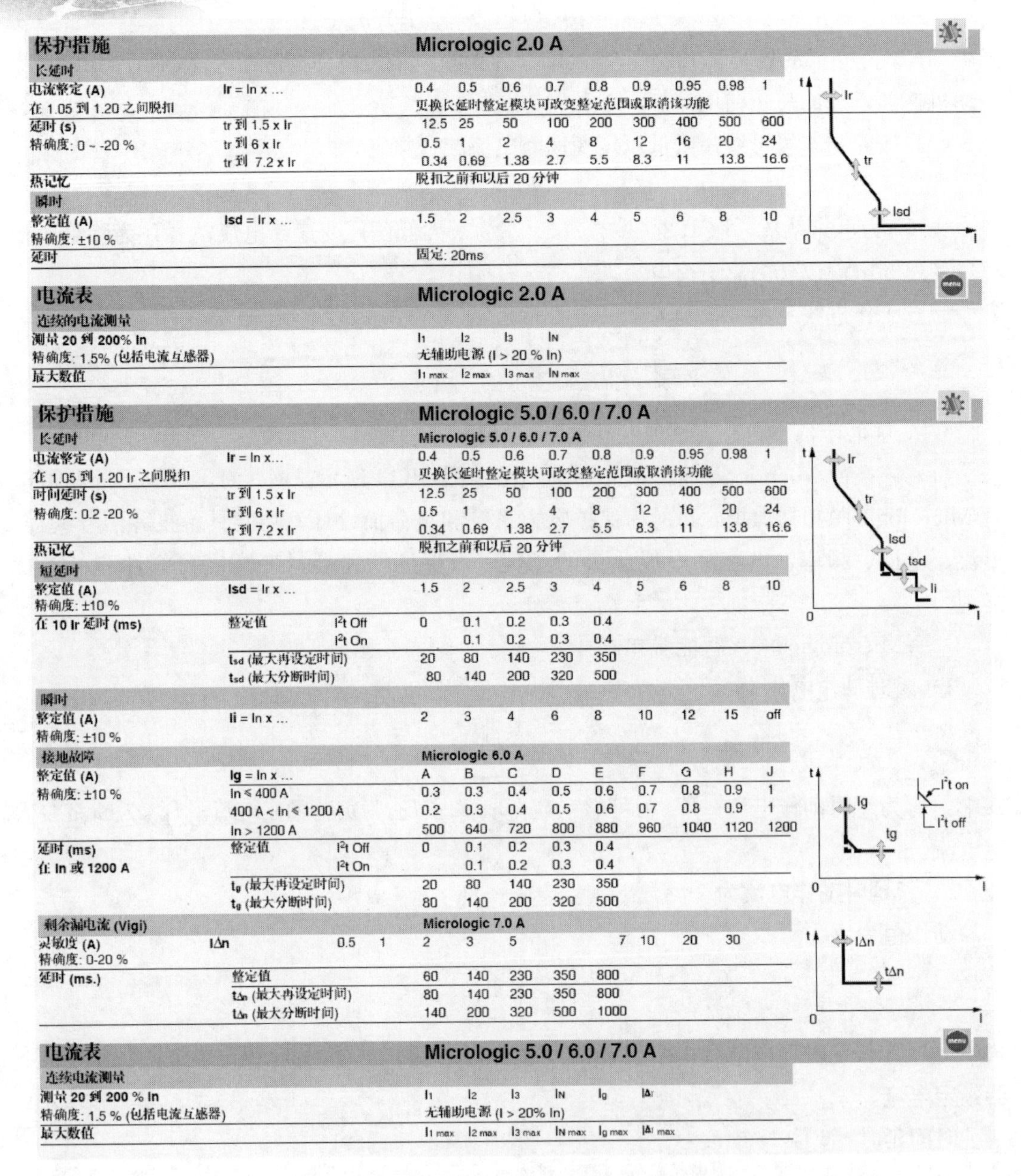

保护措施			Micrologic 2.0 A								
长延时											
电流整定 (A)	Ir = In x ...		0.4	0.5	0.6	0.7	0.8	0.9	0.95	0.98	1
在 1.05 到 1.20 之间脱扣			更换长延时整定模块可改变整定范围或取消该功能								
延时 (s)	tr 到 1.5 x Ir		12.5	25	50	100	200	300	400	500	600
精确度: 0 ~ -20 %	tr 到 6 x Ir		0.5	1	2	4	8	12	16	20	24
	tr 到 7.2 x Ir		0.34	0.69	1.38	2.7	5.5	8.3	11	13.8	16.6
热记忆			脱扣之前和以后 20 分钟								
瞬时											
整定值 (A)	Isd = Ir x ...		1.5	2	2.5	3	4	5	6	8	10
精确度: ±10 %											
延时			固定: 20ms								

电流表	Micrologic 2.0 A			
连续的电流测量				
测量 20 到 200% In	I1	I2	I3	IN
精确度: 1.5% (包括电流互感器)	无辅助电源 (I > 20 % In)			
最大数值	I1 max	I2 max	I3 max	IN max

保护措施			Micrologic 5.0 / 6.0 / 7.0 A								
长延时			Micrologic 5.0 / 6.0 / 7.0 A								
电流整定 (A)	Ir = In x...		0.4	0.5	0.6	0.7	0.8	0.9	0.95	0.98	1
在 1.05 到 1.20 Ir 之间脱扣			更换长延时整定模块可改变整定范围或取消该功能								
时间延时 (s)	tr 到 1.5 x Ir		12.5	25	50	100	200	300	400	500	600
精确度: 0.2 -20 %	tr 到 6 x Ir		0.5	1	2	4	8	12	16	20	24
	tr 到 7.2 x Ir		0.34	0.69	1.38	2.7	5.5	8.3	11	13.8	16.6
热记忆			脱扣之前和以后 20 分钟								
短延时											
整定值 (A)	Isd = Ir x ...		1.5	2	2.5	3	4	5	6	8	10
精确度: ±10 %											
在 10 Ir 延时 (ms)	整定值	I²t Off	0	0.1	0.2	0.3	0.4				
		I²t On		0.1	0.2	0.3	0.4				
	tsd (最大再设定时间)		20	80	140	230	350				
	tsd (最大分断时间)		80	140	200	320	500				
瞬时											
整定值 (A)	Ii = In x ...		2	3	4	6	8	10	12	15	off
精确度: ±10 %											
接地故障			Micrologic 6.0 A								
整定值 (A)	Ig = In x ...		A	B	C	D	E	F	G	H	J
精确度: ±10 %	In ≤ 400 A		0.3	0.3	0.4	0.5	0.6	0.7	0.8	0.9	1
	400 A < In ≤ 1200 A		0.2	0.3	0.4	0.5	0.6	0.7	0.8	0.9	1
	In > 1200 A		500	640	720	800	880	960	1040	1120	1200
延时 (ms)	整定值	I²t Off	0	0.1	0.2	0.3	0.4				
在 In 或 1200 A		I²t On		0.1	0.2	0.3	0.4				
	tg (最大再设定时间)		20	80	140	230	350				
	tg (最大分断时间)		80	140	200	320	500				
剩余漏电流 (Vigi)			Micrologic 7.0 A								
灵敏度 (A)	IΔn	0.5	1	2	3	5	7	10	20	30	
精确度: 0-20 %											
延时 (ms.)	整定值		60	140	230	350	800				
	tΔn (最大再设定时间)		80	140	230	350	800				
	tΔn (最大分断时间)		140	200	320	500	1000				

电流表	Micrologic 5.0 / 6.0 / 7.0 A					
连续电流测量						
测量 20 到 200 % In	I1	I2	I3	IN	Ig	IΔn
精确度: 1.5 % (包括电流互感器)	无辅助电源 (I > 20% In)					
最大数值	I1 max	I2 max	I3 max	IN max	Ig max	IΔn max

图 11-14　施奈德 Micrologic 智能脱扣器整定图

式中：I_{i} 为瞬时动作电流；K_{rel} 为可靠系数，取 12；$I_{\mathrm{l.n}}$ 为负荷额定电流；$I_{\mathrm{c.n}}$ 为断路器额定电流。

2）长延时动作电流计算式为

$$I_{\mathrm{r}}=\frac{K_{\mathrm{rel}}I_{\mathrm{l.n}}}{I_{\mathrm{c.n}}}$$

式中：I_{r} 为长延时动作电流；K_{rel} 为可靠系数，取 1.2；$I_{\mathrm{l.n}}$ 为负荷额定电流；$I_{\mathrm{c.n}}$ 为断路器额定电流。

（4）MA 断路器脱扣器。

瞬时动作电流，为

$$I_{i}=\frac{K_{rel}I_{l.n}}{I_{c.n}}$$

式中：I_{i} 为瞬时动作电流；K_{rel}为可靠系数，取 12；$I_{l.n}$为负荷额定电流；$I_{c.n}$为断路器额定电流。

（5）STR22SE 脱扣器。

1）长延时动作电流。

动作值为

$$I_{r}=\frac{K_{rel}I_{l.n}}{I_{c.n}}$$

式中：I_{r} 为长延时动作电流；K_{rel}为系数，取 1.2；$I_{l.n}$为负荷额定电流；$I_{c.n}$为断路器额定电流。

动作电流整定有粗调系数和细调系数，动作值等于断路器额定电流×粗调系数×细调系数

2）瞬时动作电流。

动作值为

$$I_{m}=\frac{K_{rel}I_{l.n}}{I_{r}}$$

式中：I_{m} 为瞬时动作电流；I_{r} 为长延时动作电流；K_{rel}为可靠系数，取 12；$I_{l.n}$为负荷额定电流。

（6）STR53UE 脱扣器。

1）长延时动作电流为

动作值为

$$I_{r}=\frac{K_{rel}I_{l.n}}{I_{c.n}}$$

式中：I_{r} 为长延时动作电流；K_{rel}为系数，取 1.2；$I_{l.n}$为负荷额定电流；$I_{c.n}$为断路器额定电流。

动作电流整定有粗调系数和细调系数，动作值等于断路器额定电流×粗调系数×细调系数

时间延时：6 倍 16s。

2）短延时动作电流为

$$I_{sd}=\frac{K_{rel}I_{l.n}}{I_{m.n}I_{r}}$$

式中：I_{sd}为短延时动作电流；K_{rel}为可靠系数，取 12；$I_{l.n}$为负荷额定电流；$I_{m.n}$为断路器额定电流；I_{r} 为长延时动作电流。

时间延时：0.1s。

3）瞬时动作电流。

动作值为

$$I_m=\frac{K_{rel}I_{l.n}}{I_n}$$

式中：I_m 为瞬时动作电流；I_n 为脱扣器额定电流；K_{rel}为可靠系数，取 12；$I_{l.n}$为负荷额定电流。

4）接地动作电流。

动作值为

$$I_g=\frac{K_{rel}I_{l.n}}{I_{c.n}}$$

式中：I_g 为接地动作电流；K_{rel}为可靠系数，取 0.5；$I_{l.n}$为负荷额定电流；$I_{c.n}$为断路器额定电流。

7. PC 段进线保护整定原则

（1）Micrologic5.0A 智能脱扣器。

1）长延时动作电流。

a. 按照躲过最大负荷电流整定。

动作值为

$$I_r=\frac{K_{rel}I_{l.n}}{I_{m.n}}$$

式中：I_r 为长延时动作电流；K_{rel}为可靠系数，取 1.2；$I_{l.n}$为负荷额定电流；$I_{m.n}$为断路器额定电流。

时间延时：由于 PC 段负荷都有各自的过载保护，故 PC 段过载长延时曲线可以取的稍微平缓一些，取 6 倍 16s。

b. 按照与 PC 段母联开关长延时保护配合整定。

c. 长延时定值。

动作值取两者之间的大值，曲线选择 6 倍 16s。

2）短延时动作电流。

a. 躲过 PC 段电动机自启动电流整定。

根据经验，一般 PC 段电动机自启动电流不超过 PC 段额定电流的 3 倍，考虑此定值一定大于高压侧过流保护的定值，保证高压侧保护提前启动，且灵敏度大于 1.2. 取 $I_{Sd}=5I_r$。

与 PC 段母联开关短延时定值配合。

b. 动作时间取：0.4s。

（2）Micrologic6.0A 智能脱扣器。

1）长延时动作电流。

a. 按照躲过最大负荷电流整定。

动作值为

$$I_r=\frac{K_{rel}I_{l.n}}{I_{m.n}}$$

式中：I_r 为长延时动作电流；K_{rel}为可靠系数，取 1.2；$I_{l.n}$为负荷额定电流；$I_{m.n}$为断路器额定电流。

b. 时间延时：由于 PC 段负荷都有各自的过载保护，故 PC 段过载长延时曲线可以取的稍微平缓一些，取 6 倍 16s。

按照与 PC 段母联开关长延时保护配合整定。

c. 长延时定值。

动作值取两者之间的大值，曲线选择 6 倍 16s。

2）短延时动作电流。

a. 躲过 PC 段电动机自启动电流整定。

根据经验，一般 PC 段电动机自启动电流不超过 PC 段额定电流的 3 倍，考虑此定值一定大于高压侧过流保护的定值，保证高压侧保护提前启动，且灵敏度大于 1.2. 取 $I_{Sd}=5I_r$。

与 PC 段母联断路器短延时定值配合。

b. 动作时间取：0.4s。

8. PC 段母联保护整定原则

(1) 按照躲过最大负荷电流整定。

动作值为

$$I_r=\frac{K_{rel}I_{l.n}}{I_{m.n}}$$

式中：I_r 为长延时动作电流；K_{rel}为可靠系数，取 1.2；$I_{l.n}$为负荷额定电流；$I_{m.n}$为断路器额定电流。

(2) 时间延时：由于 PC 段负荷都有各自的过载保护，故 PC 段过载长延时曲线可以取的稍微平缓一些，取 6 倍 16s。

(3) 长延时定值。动作值取两者之间的大值，曲线选择 6 倍 16s。

(4) 短延时动作电流。躲过 PC 段电动机自启动电流整定。

根据经验，一般 PC 段电动机自启动电流不超过 PC 段额定电流的 3 倍，考虑此定值受电动机反馈电流的影响．取 $I_{Sd}=4I_r$。并且不考虑与出线负荷的配合。

与 PC 段最大负荷馈线开关短延时或最大电机速断定值配合。

动作时间取：0.2s。

第十二章

发电厂继电保护动作分析及防范措施

案例1　涡流造成发电机电流互感器二次电缆毁坏分析

一、事故简介

某发电机组正常运行带270MW负荷，2017年05月12日16时56分，机组跳闸，报发电机-变压器组保护B屏“发电机差动”动作，厂用电切换。经检查，发电机-变压器组保护A屏无保护启动，B屏CSC-300G保护装置“发电机差动”动作，“差动动作”“TA异常”灯亮。调取该时段故障录波器记录波形发现发电机电压、电流均正常，无突增、突降情况，调取发电机-变压器组B屏保护记录波形发现发电机中性点A相、B相电流无变化，C相电流明显减小趋势。经查B屏差动保护启动定值1.02A，动作时差动电流达2.281A，制动电流为1.867A。（见图12-1故障录波器记录电压电流波形，图12-2发电机-变压器组保护B屏记录波形）

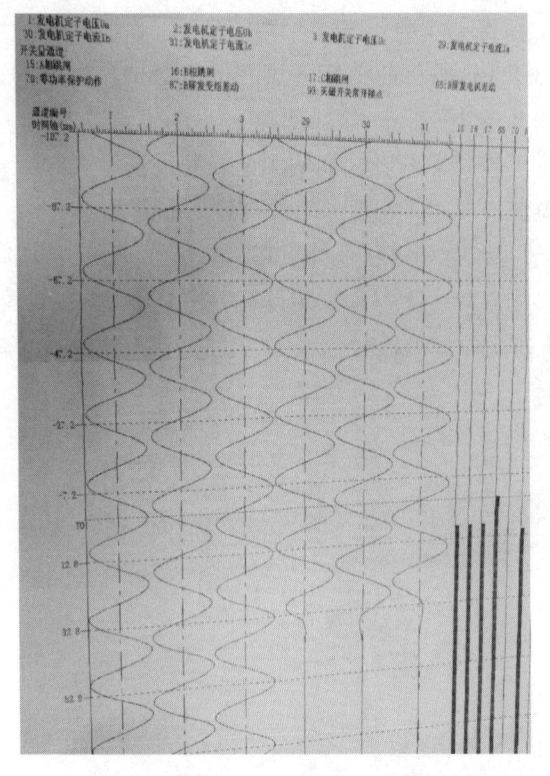

图12-1　故障录波器记录电压电流波形

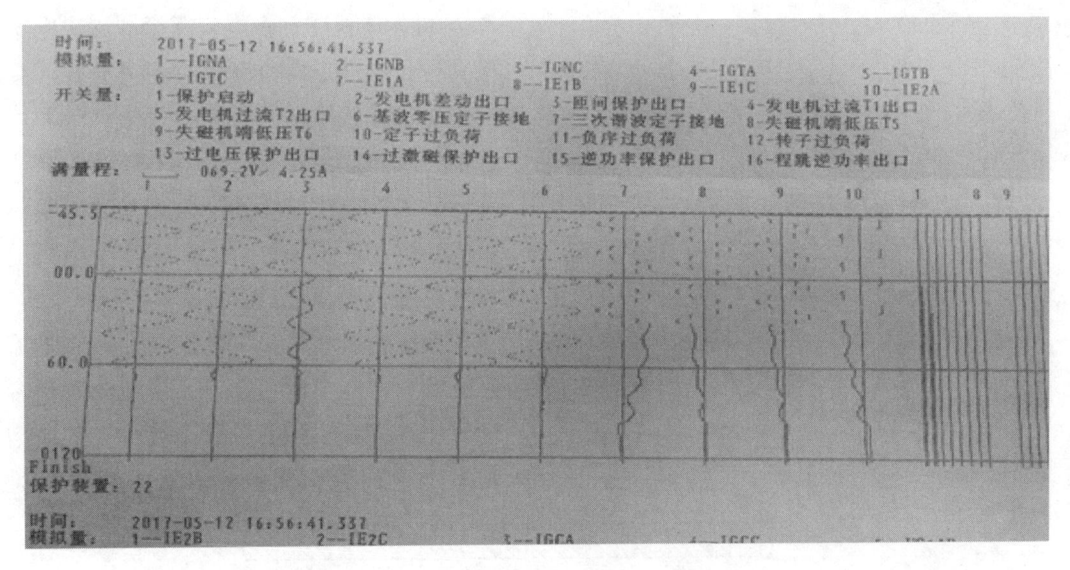

图 12-2　发电机-变压器组保护 B 屏记录波形

二、事故原因分析

经检查发现发电机中性点电流互感器本体接线盒至电缆槽盒处 C 相二次电缆有过热痕迹，绝缘降低，对受损线芯进行绝缘防护后，测量二次电缆绝缘恢复正常。

停机期间对发电机-变压器组保护 B 屏 CSC-300G 装置进行采样测试及发电机差动保护功能校验后未发现异常。根据保护 B 屏发电机差动动作报告，计算当时机端电流为 3.01A，中性点电流为 0.794A，初步判断故障原因可能为中性点 C 相电流互感器二次回路存在分流情况，导致发电机差动保护动作跳闸。

在发电机-变压器组保护 B 屏测量发电机差动保护用中性点侧电流回路（4021）三相直阻平衡且为 6.6Ω，用 1000V 绝缘电阻表测量 4021 外回路电缆对地绝缘为 60MΩ，比检修时所测量绝缘数值有所降低，检修时使用 1000V 绝缘电阻表测量 4021 电缆对地绝缘为 500MΩ。至就地端子箱使用 2500V 绝缘电阻表测量中性点侧（4021）本体二次电缆对地绝缘，A 相二次回路对地绝缘 600MΩ、B 相二次回路对地绝缘 600MΩ、C 相二次回路对地绝缘达到 5MΩ 时归零，判断中性点电流互感器本体二次线存在绝缘不良问题。

在发电机中性点电流互感器本体处检查时发现，从电缆槽盒至电流互感器本体接线盒处电缆有过热痕迹（见图 12-3 槽盒处 C 相电缆芯受伤情况），整理电缆线芯后，测量 C 相二次电缆绝缘恢复至 600MΩ。在发电机中性点电流互感器本体接线盒及就地端子箱处，将 C4021（B 屏差动用）与 C4031（故录用）二次电缆互换，并对受损线芯进行绝缘防护。在就地端子箱测量中性点电流互感器（4021）直阻三相平衡为 6.6Ω，使用 2500V 绝缘电阻表测量本体二次电缆绝缘，A 相二次回路对地绝缘 600MΩ、B 相二次回路对地绝缘 600MΩ、C 相二次回路对地绝缘 600MΩ，二次电缆绝缘均正常。

在机组并网后测量中性点侧电流互感器二次电缆槽盒（材料为铁质）温度在 70～94℃，测量其他运行机组电流互感器二次电缆槽盒温度在 45～55℃。分析其过热原因为

图 12-3　槽盒处 C 相电缆芯受伤情况

12 号机发电机中性点电流互感器二次电缆槽盒位于中性点电流互感器正下方，产生的强磁场在铁质槽盒感应出较大涡流，引起槽盒发热，而 1～8 号、11 号机组电流互感器二次电缆槽盒均与电流互感器本体距离较远无此现象。（见图 12-4 发电机电流互感器及电缆槽盒俯视图）

原因分析结论：发电机中性点侧电流互感器二次电缆槽盒设计、安装位置不合理，周围存在较强的工频磁场，在铁质槽盒上感应出较大涡流，引发槽盒长期过

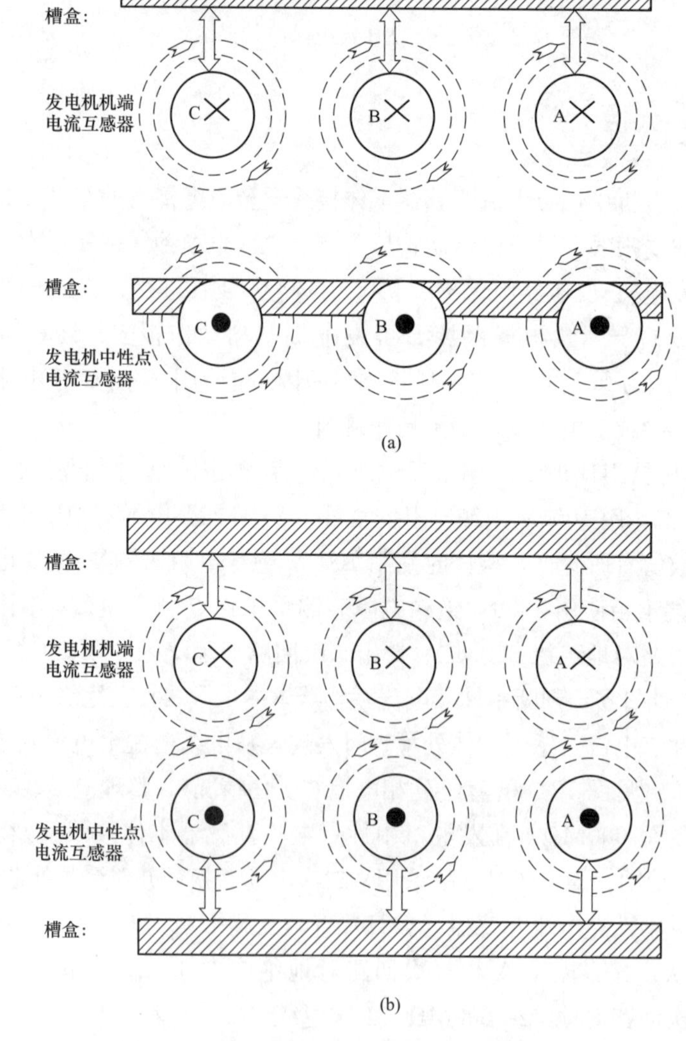

图 12-4　发电机电流互感器及电缆槽盒俯视图

（a）12 号机发电机机端、中性点及电缆槽盒俯视图；（b）11 号机发电机机端及中性点及电缆槽盒俯视图

热，灼伤C相二次电缆（经检查发现A相、B相电缆外护套齐全，只有C相电缆外护套剥除，电缆芯线有约2.5m长，见图12-5现场电流互感器位置图片），导致绝缘降低，电流分流最终致使发电机差动保护动作。

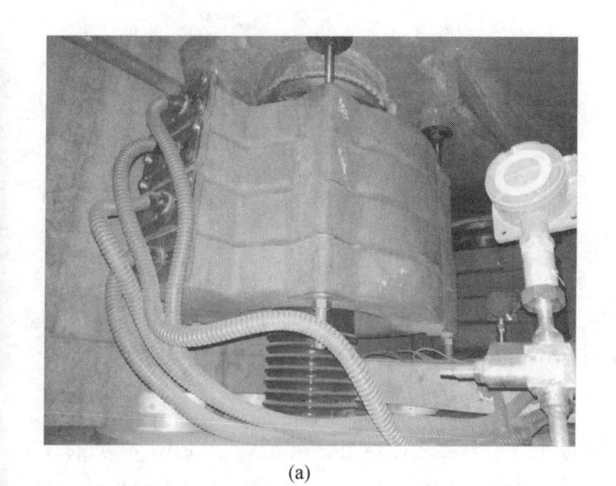

(a)

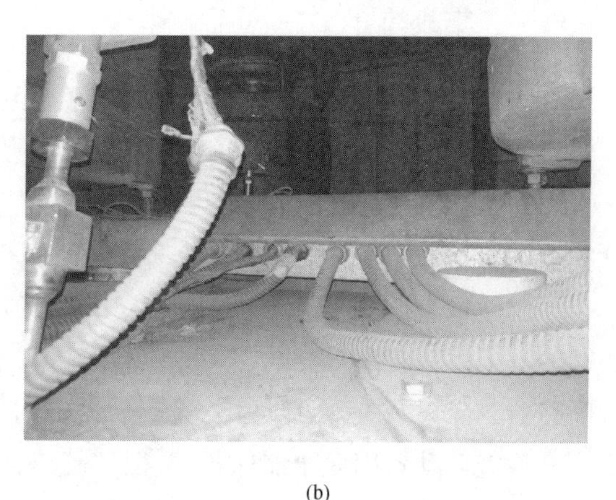

(b)

图12-5　发电机现场电流互感器位置

(a) 发电机中性点电流互感器本体C相；(b) 发电机中性点电流互感器二次线槽盒

三、经验教训及防范措施

1. 经验教训

(1) 基建电缆敷设接线不规范，二次电缆外护套及屏蔽层剥除长度过长，降低了电缆绝缘强度、抗干扰能力，芯线外皮易被刮伤。

(2) 电缆槽盒安装位置不合理，易受发电机大电流强磁场感应涡流影响，导致槽盒发热，使电缆绝缘性能降低。

(3) 检修管理存在漏洞，检修中未安排对电缆槽盒内无外护套的电缆芯线状况进行检查，对重要设备及回路检查不重视，对设备检修质量把关不严。

(4) 日常管理存在漏洞，风险隐患排查存在死角。发电机电流互感器二次线未进行过测温检查，未能及早发现电缆槽盒温度异常，最终电缆线芯绝缘受损导致机组非停。

(5) 继保专业技术水平存在短板，“重装置、轻回路”，在检修过程中注重保护装置的检查校验，对二次回路检查不深入、不彻底。

2. 防范措施

(1) 了解掌握涡流磁场强度与方向，先采取拆除电缆盖板的方法减小磁场涡流影响，观察槽盒温度降低效果。

(2) 将电缆槽盒进行移位，彻底解决磁场涡流导致槽盒发热的隐患，对重要二次电缆建立清册进行重点关注，停电时重点检查，运行中重点巡视、测温，以便及时发现电缆、接线异常情况，积极采取措施处理。

案例2　启动备用变压器运行中零序保护动作跳闸

一、事故简介

2017年4月27日05:00“启备变高压零序”报警发出，启动备用变压器2200断路器、母联断路器2245跳闸，厂用电全部失去（包括220kV变电站动力电源）。

1号、2号机组柴油机自启动成功，1、2号机空、氢侧直流密封油泵启动成功，就地检查380V保安段带电正常，启动空、氢侧交流密封油泵，停运直流密封油泵。

就地检查启动备用变压器2200断路器、母联2245断路器三相断开位置，检查220kV-4、220kV-5母线，丰车一线2211，丰车二线2212断路器，启动备用变压器2200断路器、隔离开关未见异常，检查启动备用变压器本体及高、低母线未见异常。

检查启动备用变压器保护A柜“高压侧零序过流Ⅰ段”，B柜“高零序Ⅰ段”动作，保护出口动作分别跳2200断路器、2245断路器（注：保护定值0.33A，延时0.5s，掉2200、2245）。

二、事故原因分析

该发电厂送入电网的车轴山变电站内一条110kV线路发生永久性接地故障，110kV车龙线路掉闸，零序和距离保护动作，因相关设备问题，导致延时2s后才切除故障（实际应该瞬动），以致升压站在特殊运行方式下（双机停运）启动备用变压器运行中零序保护动作跳闸（0.5s），这是造成此次事件的直接原因。

三、经验教训及防范措施

1. 经验教训

（1）启动备用变压器零序过流保护整定只考虑保本厂变压器，未考虑与电网系统保护配合，缺乏与电网沟通，遇有运行方式变化时，及时核算并修改有关设备的保护定值。

（2）线路故障录波装置的竣工图纸设计问题，导致丰车线没有录到异常时零序电流数据。

（3）当初设备投运时，考虑不会出现两机全停的情况，面对这种特殊的运行方式，没有及时做出相应的措施，核算保护定值。

2. 防范措施

（1）为防止类似情况再次发生，咨询电科院专家并经国家电网冀北电力有限公司保护处确认，先将启动备用变压器零序保护Ⅰ段时间提高到5s（与网调下发的主变压器零序保护定值时间相同，是临时措施），以躲过区外故障。

（2）由于启动备用变压器零序保护由该发电厂自己负责，电网调度没有下发专门保护定值。考虑启动备用变压器正常运行状态是发电厂对外供电时变压器运行方式，此时，启动备用变压器后备零序保护是不起作用的，只有当机组全停时，此保护才起作用。此时启动备用变压器作为线路末端的一个负荷变压器。启动备用变压器零序保护整定时间，按原则与线路零序Ⅰ段配合。因线路零序Ⅰ段保护退出。当线路有接地故障时，线路的两套差动保护均能瞬时跳闸；若线路两套差动保护都不能0s跳闸时，为保启动备用变压器安全，0.5s保护跳闸。同时作为变压器接地故障的后备保护，当高压侧发生接地故障时，若主保护发生问题，为保启动备用变压器安全，0.5s保护跳闸。作为用户自己调度的负荷变压器，本着“保人身，保电网，保设备”的原则，最终选0.5s跳闸。零序保护的动作值也是考虑到当初极少会出现两机同时停机的极端情况，这时启动备用变压器一旦出现问题，将无法进行机组启动。因两台机组全停是近一年来才出现的运行方式，所以要重新考虑启动备用变压器在新常态下的运行方式，从全局出发对启动备用变压器保护零序Ⅰ段保护定值重新进行计算。整定方案为：零序保护Ⅰ段动作值，当我厂220kV母线接地故障时，应有2倍的灵敏度。动作时间与线路接地距离保护Ⅲ段（2s）配合，第1时间2.5s跳母联开关。第2时间3.0s跳启动备用变压器全部开关。保护定值整定方案需经电网审核批准，由本厂保护专业算出具体数值，经审核、批准后执行。

案例3 电压互感器一次绕组匝间故障导致机组跳闸

一、事故简介

2017年3月16日12时17分，某发电厂4号机组跳闸，ETS报发电机故障跳汽轮机，检查发电机-变压器组保护A、B屏报过励磁保护反时限动作，330kV升压站3371、3370断路器跳闸，厂用10kV母线进线断路器14A、14B、14C跳闸，发电机灭磁断路器跳闸。

机组跳闸后，技术人员立即对4号发电机、封闭母线、出口电压互感器柜、励磁变压器、励磁母线、主变压器、厂用高压变压器、共箱母线等进行检查未见异常。

调取相关录波图发现：4号主变压器高压侧电压互感器、4号机厂用10kV电压互感器及4号机发电机电流相位、幅值均正常。4号发电机出口三相电压互感器电压幅值及相位均出现异常，U_A升高，U_B下降，U_C升高，U_A升高的幅值达到发电机过励磁保护动作条件。且U_A对U_B相位角度为120°，U_B对U_C相位角度为135°，初步分析判断发电机出口电压互感器有异常。

在保持发电机转速3000r/min状态下，对发电机机端残压进行测量，确认发电机B相1电压互感器异常；取下B相1电压互感器熔丝，发电机空载升压至14.8kV，检查发电机A、C相1电压互感器、2电压互感器均正常，进一步确证B相1电压互感器故障。

对B相1电压互感器进行检查试验，测一次绕组直阻1.610kΩ（上次测量值1.747kΩ），一次、二次绕组绝缘合格，变比合格，空载升压不合格，确认B相1电压互感器一次绕组匝间故障。

二、事故原因分析

该电压互感器为浇注式电压互感器，电压互感器一次绕组出现匝间故障时，一般应为材料或工艺缺陷原因导致，当一次绕组出现匝间短路，在短路匝会内产生环流使故障处温度不断上升，短路会持续劣化，最终导致发电机出口母线通过电压互感器一次绕组形成高阻接地。由于发电机出口母线为不接地系统，当发电机出口通过1电压互感器B相形成高阻接地时，B相电压降低，中性点偏移，发电机出口A相、C相电压升高，A相电压增大超过1.05额定电压。发电机过励磁保护为U/f，频率f不变时，A相电压升高即U增大，U/f达到发电机过励磁反时限动作定值，发电机过励磁保护动作，机组跳闸。

三、经验教训及防范措施

1. 经验教训

（1）设备隐患排查不到位，未能发现该电压互感器存在隐患并进行处理。

（2）该厂家产品对以往出现设备质量问题未引起足够重视。曾对该厂家产品出现的质量问题进行通报，该厂家事后仅按要求进行了相关试验，对不合格设备进行更换，未进行全部更换。

2. 防范措施

修订电压互感器检修技术标准，对周期较长试验项目，缩短并明确检修试验周期。

案例4　二次电缆冻断导致线路掉闸事故

一、事故简介

2009年1月16日23时09分，500kV某线路跳闸，该线路电厂侧启动器（MCD）保护装置的过电压保护动作，该线路变电站侧远跳保护动作，两侧纵差MCD和纵差P544均未动作，两侧重合闸均未动作。另据电厂侧报：23时04分，该线路电抗器保护、纵差MCD、500kV切机装置均发A相电压互感器断线告警。

二、事故原因分析

现场检查MCD保护装置电压回路A-N直阻为140kΩ，B-N为4.2Ω，C-N为3.9Ω。打开该线路A相电压互感器本体接线盒测量本体至就地端子箱二次电缆A751、N600，测量其电缆直阻分别为175kΩ、166kΩ。其余组别二次电缆阻值均在3Ω之内。测量A相电压互感器二次四个线圈绕组阻值均为2Ω。确定托电侧托源二线电压互感器二次引出线至端子箱的A相电缆断开（冻断），A相电压升至69.4V，满足过电压保护定值。

如图12-6分析如下：当CVT引下线的N线断开后，延虚线方向将形成对地回路，在保护A相电压变换器上将得到UC2在C3、保护输入阻抗Z的分压。C3电容是CVT变换器一次、二次之间的匝间电容。当保护输入阻抗Z足够大时，将达到过电压保护定值，造成装置MCD过压保护动作，跳开本侧断路器，同时发远跳命令，造成变电站侧远跳保护动作跳闸。

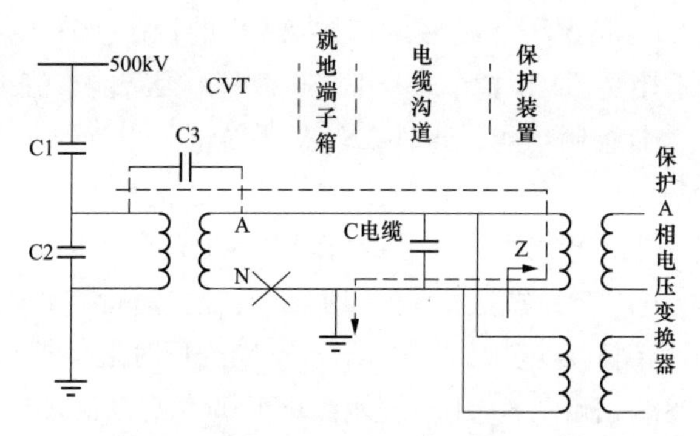

图 12-6　二次电缆冻断事故线路示意图

三、经验教训及防范措施

现场已将A相电压互感器本体接线盒至就地端子箱二次电缆全部更换为铠装电缆。计划利用停线路检修机会，将所有四条送出线的电压互感器、电流互感器本体至端子箱的埋管电缆改成电缆沟敷设方式。

案例5　励磁系统异常原因分析及处理

一、事故简介

2010年1月30日17时08分30秒，1号发电机DCS画面发励磁1、2、3号整流柜IPU异常报警，励磁调节柜“A套为主”“B套为主”信号发出，1、2、3号整流柜IPU分别转为“独立运行”；17时48分49秒，励磁系统AVR故障信号发出，励磁调节器及整流柜发“异常报警”信号。18时01分41秒，发电机-变压器组保护A柜过励磁定时限报警（U/f 定值为1.07倍，5s）；18时01分46秒，发电机-变压器组保护B柜过励磁定时限报警（U/f 定值为1.06倍，9s）；18时01分54秒，发电机-变压器组保护B柜反时限动作程跳（U/f 最低动作定值为1.1倍，20s）；18时01分55秒，发电机-变压器组保护C屏热工保护动作跳闸。

二、事故原因分析

GEC-300型励磁系统设计为励磁调节器A、B套主从运行方式，当主套故障时切从套为主运行方式，当双套均故障时切为三台IPU智能整流柜分别独立运行方式，励磁调节器AVR与三台智能整流柜IPU之间的通信总线采用光纤通信。

检查发现1号机组励磁系统3号智能整流柜IPU的光纤转换器接收端接触不良，导致励磁调节器AVR与三台智能整流柜IPU之间的CAN总线通信中断。三台智能整流柜IPU脱离励磁调节器AVR控制，三台智能整流柜IPU独立运行（恒励磁变压器二次侧电压运行），电压的调整以脱离控制时的跟踪电压进行闭环调节，维持稳定，1号机在此情况下维持运行了约53min。

在CAN总线通信故障情况下，励磁调节器AVR的控制仍在电压闭环调节，智能整流柜IPU转独立运行不接受AVR指令。18时50秒时，因智能整流柜IPU的光纤接收端故障瞬间消失，AVR恢复控制功能。此时220kV系统电压小范围（226～229kV）波动导致机端电压下降，AVR向IPU下发调节指令，三台智能整流柜IPU接收励磁调节器AVR的控制指令后励磁电流输出突升，导致机端电压上升至23kV。

此时又发生通信故障，三台智能整流柜IPU又转独立运行方式，维持机端电压23kV运行，1号机出口电压达到额定电压的1.08倍，过励磁反时限保护动作，发电机-变压器组保护A套显示为1.0886倍启动值，B套显示为1.1209倍启动值，经17s延时后发电机-变压器组保护B套过励磁反时限动作跳机。

三、经验教训及防范措施

（1）光纤转换器接触不良需更换，保证光纤转换器光纤接口接触良好，从而避免CAN总线通讯时好时坏现象发生。

（2）智能整流柜IPU程序设计存在缺陷，需进行升级：

1）提高智能整流柜IPU在CAN总线通信中断时的限制能力，增加CAN总线中断时的限电流功能，即CAN总线通信出现异常后把智能整流柜IPU的励磁电流限制在一定的水平。

2）IPU由于出现CAN通讯故障转独立运行后，即使此过程有通信中断恢复，也不再接收AVR的数据指令，只有人为进行干预，确认AVR、IPU及CAN通信总线正常后，进行信号复归，IPU才接收AVR数据指令。

经过智能整流柜IPU程序升级后，能保证再出现CAN总线中断后励磁系统在额定工况以下进行，不会出现导致发电机保护动作情况。在智能整流柜IPU独立运行时，对CAN总线中断进行及时处理后，能安全切换至励磁调节器运行，从而保证机组的安全可靠运行。

（3）GEC-300型励磁系统存在设计上缺陷，即其中一台智能整流柜IPU的光纤转换器接收端Rx接触不良或故障时，会导致励磁调节器AVR与三台智能整流柜IPU之间的CAN总线通讯中断的缺陷，要求生产厂商针对此问题拿出整改方案。

（4）GEC-300型励磁调节器在负载情况下没有过励磁限制功能，从而导致励磁系统的调压范围与失磁保护整定范围不相适应。机组反时限失磁保护整定的启动值为1.07，而励磁调节器设定的调压范围为0.1～1.2。为了配合保护装置的整定范围，修改励磁调节器的电压调整范围，由原来的电压调节范围10%～120%调整为10%～106%。以上修改为临时措施，永久性措施由励磁厂家修改升级励磁系统程序，在并网条件下增加过励磁限制功能，与发电机过励磁反时限动作配合。

案例6　直流回路接地导致机组跳闸事故分析

一、事故简介

事故前1号机组带负荷运行，某热电厂运行人员发现直流系统有接地报警（正极对地

+15V，负极对地−185V），保护班工作人员在排除直流接地报警过程中，在3号直流分电屏拉掉保护Ⅱ路直流空气断路器1，再拉开Ⅱ路直流空气断路器3的过程中发电机-变压器组保护A屏"系统保护联跳"动作出口造成机组全停。

二、事故原因分析

经过专家现场事故调查，发现A、B屏系统保护连跳开入回路如图12-7所示。

图12-7中J1为发电机-变压器组保护A屏（南瑞RCS-985A）非电量开入光隔，J2为发电机-变压器组保护B屏（许继WFB-805A/F）非电量开入继电器，J3为并接在BM2上的其他装置（如保护装置电源、GPS对时装置等）的电源的等效元件。由图12-2可以看出由于A、B屏系统保护联跳节点并联（这样接线为设计要求，为了使失步解列Ⅰ既能跳1号机组A、B屏，也能跳2号机组A、B屏，同样失步解列Ⅱ既能跳1号机组A、B屏，也能跳2号机组A、B屏），当BM1与BM2都有电时，系统保护联跳节点动作时，发电机-变压器组保护A、B屏通过各自回路导通相关回路，进而保护动作出口。而当BM2没有电时，BM1通过J3、J2、J1形成回路（经实测，J3串联J2回路直阻约7.1kΩ，分压50V，J1回路直阻25.5kΩ，分压170V），造成J1达到动作值，而使发电机-变压器组保护A屏系统保护联跳动作出口，致使机组全停。由于发电机-变压器组保护A屏（南瑞RCS-985A）非电量开入为光隔，而光隔的动作功率较小（经计算约0.225W，150V电压等级，100kΩ），抗干扰能力差，由于长电缆（单控室至网控室约500m）存在分布电容，在发生直流系统接地故障时拉合直流，同样有可能造成出口误动。

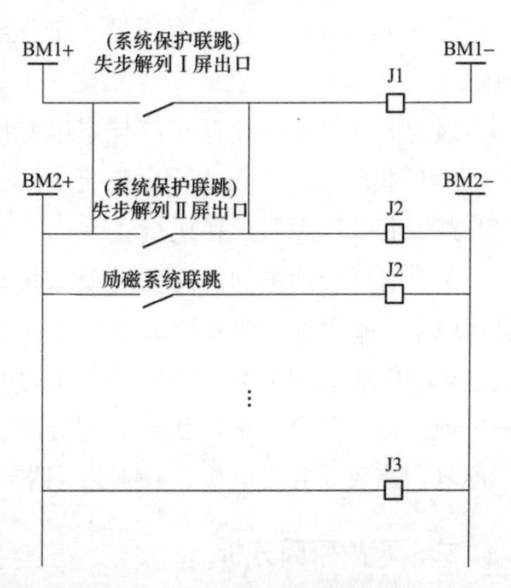

图12-7　A、B屏系统保护连跳开入回路图

三、经验教训及防范措施

(1) 将A、B屏系统保护联跳节点并联回路在失步解列屏打开，并且在失步解列Ⅰ增加跳1号、2号机组B屏回路，并且在失步解列Ⅱ增加跳1号、2号机组A屏回路，将失步解列开出触点独立分开。

(2) 将A屏系统保护联跳节点串入大功率继电器（要求继电器满足《二十五项反措》要求），将继电器的动合触点接入A屏的系统保护联跳开入回路。

案例7　某水电厂直流接地导致机组跳闸

一、事故简介

×××年×月，某水电厂发生直流接地，派人前去处理，仅隔几分钟的时间，中控室光字牌显示"全厂所有发电机、变压器、厂用电保护及操作的直流电源全部消失。"原因尚未查清，直流接地点未找到的，控制屏上电流表计强劲冲顶。值长下令由另一组（Ⅱ）蓄电池向全厂发电机、变压器、厂用电的保护和操作供直流电源，由于Ⅱ组蓄电池向机、变馈电的直流支路其熔断器根本没有，因而发电机、变压器的保护及操作的直流电源仍不能立即恢复。随即5号发电机（75MW）出现短路弧光并冒烟，5号发电机、变压器保护及操作回路因无直流电源，发电机及变压器短路器均不能跳闸，短路继续蔓延，由于持续大电流作用，殃及4号主变压器，低压线圈热击穿，进而发展成为高低压线圈绝缘击穿短路。

因为短路故障继续存在，与系统并网的二条220kV线路的对侧有两条线路的零序电流二段C相跳闸，一条为零序电流二段三相跳闸（该线路重合闸停用），此时系统是非全相线路带着该厂短路点在运行。

Ⅰ、Ⅱ回线两侧均由高频闭锁保护动作跳三相（保护另做分析），该厂与系统解列，有功甩空，加上5号机短路故障仍然存在，实际短路故障已经扩大到4号变压器上，健全发电机端电压急剧下降，调速器自动关水门或自动灭磁，因都无直流电源，紧急停机命令都拒绝执行。危急之中，就地手动切开5号发电机出口断路器才将短路故障切除。结果全厂停电，造成5号发电机、4号变压器严重烧毁重大事故。

二、事故原因分析

5号发电机短路故障，因其保护及操作直流电源消失，保护不能动作，断路器不能跳闸导致事故扩大。

（1）直流接地后，派人去查找直流接地点，接着发生全厂发电机、变压器的保护及操作直流电源消失。由事故演变的过程，从技术上分析，只有直流两点接地或造成直流短路才会引起中控室光字牌（Ⅰ组蓄电池、专用熔断器）显示直流电源消失。

（2）直流系统接线明显不合理、全厂主机、主变压器的保护及操作回路均由同一直流母线馈电。一是违反了《继电保护及安全自动装置的反事故措施要点》（后简称《反措要点》）中规定的直流熔断器的配置原则。二是电力部在1994年以191号文颁布《反措要点》之后，国、网、省三级调度部门大力宣传贯彻《反措要点》，可该水电厂在这种形势下将发电机、变压器保护更新为微机保护时，仍沿用原熔断器配置方案。说明该厂对部颁《反措要点》的意义认识不足，没有认识到《反措要点》是汇集了多年来设计与运行部门在保障继电保护装置安全运行方面的基本经验，没有认识到《反措要点》是事故教训的总结。正因为如此，该厂这次事故是重蹈覆辙的惨重教训。

三、经验教训及防范措施

1. 经验教训

1）电力部颁发的《继电保护及安全自动装置的反事故措施要点》是汇集了全国各地电力系统多年来运行中的事故教训，是运行经验的总结，对我国电力系统继电保护装置安全可靠运行有指导意义。各级继电保护人员必须要掌握它，来提高继电保护人员的技术水平，使电力系统保障安全稳定运行并发挥有益的作用，使电力生产能创造出可观的经济效益。否则惨痛事故还会重演。这次事故再次告诫我们《反措要点》不仅要深刻理解，而且要必须执行。

2）查找直流接地的问题。变电站的直流系统和交流系统、一次设备一样也有接地和短路故障发生，它同样受天气变化的影响，同样受一次系统接地故障产生的过电压的破坏。它受直接雷击遭遇的绝缘击穿，还有绝缘自然老化绝缘降低的问题。总之，变电站的直流系统也是经常有接地和短路故障发生，尤其是那些投运年数长的变电站，在遇到雷雨和长期阴雨季节其故障发生的频率还会增加。

2. 防范措施

1）原有直流系统接线方式及熔断器的配置方式，使全厂发电机、变压器的保护和操作直流电源同时消失，扩大了事故，证明原直流系统接线有致命弱点，必须按《反措要点》修改。

首先是直流母线的接线方式，从运行经验来看，直流母线采用单母线分段方式，直流负荷采用辐射状馈电方式较为合适。其特点是：①接线简单、清晰。②各段之间彼此独立，互不影响，可靠性高。③查找直流接地方便。④分段母线间设有隔离开关，正常断开，当一组蓄电池退出运行时，合上隔离开关，由另一蓄电池供两段母线负荷，较为方便。

其次是熔断器的配置方便，千万不能将一个元件（指发电机、变压器、母线、线路）的保护装置及操作的直流电源从同一段直流母线段馈电，更不允许同一元件的保护装置与操作的直流电源共用同一对熔断器。对有双重化要求的保护，断路器操作的直流电源也要从不同的母线，不同的熔断器供给直流电源。

2）查找直流接地的注意事项。查找直流接地故障，做到快捷、安全、准确是一件非常不容易的事情。更重要的是保证安全，不能因为查找直流接地，使运行中的保护直流电源消失，也不能在查找直流，接地时投合直流，造成运行中的保护装置由于存在寄生回路而误动作跳闸。因此查找直流接地的注意事项必须严格遵守以下要求：

a. 禁止使用灯泡来查找直流接地；

b. 用仪表检查时，所用仪表内阻不应低于 2000Ω/V；

c. 当直流接地时，禁止在二次回路上工作；

d. 处理时不得造成直流短路或另一点接地；

e. 必须两人同时进行工作；

f. 拉路前必须采取预先拟好的安全措施，防止投、合直流熔断器时引起保护装置误动作。

3. 建议

“工欲善其事，必先利其器。”要想把直流接地故障快捷、准确地找出来，最好配备有精良的检测仪器或装置。随着设备运行周期的延长和发电设备日趋老化，直流接地的情况发生得越来越频繁，因此更要加强设备的维护工作，认真做好设备检修，提高检修工艺，加强绝缘监督。

案例8 某发电厂3号发电机定子接地故障分析

一、事故简介

某发电厂3号发电机运行中发生跳机（出力500MW）。检查发现3号发电机保护第一套及第二套装置面板均有95%定子接地保护、过励磁保护动作指示。

1. 故障录波情况及保护动作原因分析

检查3号机组故障录波器，故障启动及录波情况完好：保护动作前发电机出口A相电压最低至1.9V，B、C相电压分别升高至98.8V、99.8V，发电机中性点电压升高至91.3V；3号主变压器低压侧A相电压最低至1.96V，B、C相电压分别升高至97.2V、97.8V（以上电压均为二次值）。由此，故障原因初步判断为发电机A相定子线圈或出线有接地情况发生。

发电机过励磁保护动作原因：由于GE发电机G60过励磁保护判据为相电压判据，在发电机A相接地后，由于B、C相电压升高至过励磁保护动作定值，故过励磁保护动作出口。95%定子接地保护动作原因：该基波零序电压取自发电机中性点电压互感器，由于发电机A相接地后，致发电机中性点电压升高至91.3V，远超过其动作定值8V，故定子接地保护也动作于出口。

2. 现场检查情况

3号发电机保护动作后，拉开发电机出口电压互感器，用绝缘电阻表测发电机出口电压互感器及避雷器，绝缘为10000MΩ，用发电机水内冷绝缘电阻表测发电机绝缘为零。拆除发电机A相出口及中性点软连接，测量发电机出口断路器至发电机侧的封闭母线绝缘为14000MΩ，发电机A相绝缘为0MΩ，发电机BC两相绝缘为570MΩ（盘车未停，发电机转速为58r/min），初步判断3号发电机定子线圈A相线圈或出线部位发生接地短路。在进行氢气置换后，解开发电机出线，测量绝缘电阻，发电机线圈A相绝缘电阻为600MΩ，情况良好，在检查发电机A相出线电流互感器时，发现电流互感器套管顶部与法兰面交接处有一裂纹，如图12-8所示，且有明显放电痕迹。

二、事故原因分析

3号发电机A相出线电流互感器套管为环氧树脂浇注，其下部与封闭母线连接，因结构关系承受一定拉力，该套管在送厂家解体分析后发现，裂纹处存在部分气泡（属生产过程中的质量问题），因套管在运行中承受振动、拉力等因素影响，而气泡存在使其机械强度大为减弱。且气泡存在会使该部位在运行中产生局部放电，从而逐步腐蚀绝缘材料，放电过程产生碳粒又使得套管绝缘强度下降，最终在运行中出现局部断裂并放电，导致A相出线套管对地绝缘击穿。

三、经验教训及防范措施

（1）鉴于该套管所处部位特殊，且一旦发现绝缘故障后果较严重，建议结合机组大修

图 12-8　电流互感器套管顶部与法兰面交接处裂纹

时对发电机出线套管进行局放试验检查。

（2）检查发电机定子接地保护装置，保证其在发电机出现接地短路后能正确动作。

案例 9　某发电厂主变压器冷却器全停保护误动跳机分析

一、事故简介

某电厂 2 号机组正常运行，运行人员对 2 号主变压器冷却器进行电源切换的定期试验工作。在主变压器冷却器双电源切换时，两路电源的接触器在转换动作过程中，其动断辅助触点瞬间有同时接通的现象，瞬间接通冷却器全停保护回路，启动冷却器全停不经温度控制的延时继电器计时，由于此延时继电器工作异常，得电后失去延时功能立即出口，导致 2 号机组跳闸。

二、事故原因分析

（1）按照 DL/T 572—2010《电力变压器运行规程》的规定：强油循环风冷和强油循环水冷变压器，当冷却器系统故障切除全部冷却器时，允许带额定负载运行 20min。如 20min 后顶层油温尚未达到设定的跳闸值，则在这种状态下运行的最长时间不得超过 1h。因此目前的保护配置都有两种方式同时存在，第一种是当冷却器全停后，经 20 min 延时，如果顶层油温达到跳闸值，则冷却器全停、油温高保护跳闸出口，跳开主变压器断路器；第二种是当冷却器全停后，经 60min 延时，直接跳开主变压器断路器。

（2）在实现保护配置时，目前主要有两种方法，第一种是制造厂家把时间延时部分放在主变压器冷却器控制箱内，冷却器全停、温度信号及时间延时功能全部在就地实现，条件满足时启动非电量保护直接出口跳闸；第二种是制造厂家是把时间延时部分及保护逻辑放在非电量保护中，就地只发冷却器全停、温度信号，时间延时及保护逻辑由保护装置来实现。综合来看，第二种方法更优，能有效避免如直流接地、外回路电磁干扰及就地控制箱的时间继电器损坏等情况造成的保护误动。

（3）在非电量保护中间继电器的选择上，必须满足国家电网公司《变压器、高压并联电抗器和母线保护及辅助装置标准化设计规范》的4.2.1：对于装置间不经附加判据直接启动跳闸的开入量，应经抗干扰继电器重动后开入；抗干扰继电器的启动功率应大于5W，动作电压在额定直流电源电压的55%～70%范围内，额定直流电源电压下动作时间为10～35ms，应具有抗220V工频电压干扰的能力。

三、经验教训及防范措施

（1）将两路电源接触器辅助触点选用一个带延时功能的辅助触点，错开动作，防止两路电源接触器在转换过程中因辅助触点的原因启动冷却器全停回路。

（2）延时继电器重新选型，并采用两个叠加计时方面。

案例10　某发电厂变压器重瓦斯保护误动跳机分析

一、事故简介

某电厂1号启备变在运行中由于本体重瓦斯保护动作，将高压侧断路器2200甲、6kV侧进线断路器跳闸。经过对变压器本体进行检查和试验，未发现异常，确认是二次回路的问题。对启动备用变压器保护装置及二次回路检查和分析，分析事故原因如下：

启动备用变压器保护装置为某厂生产的微机变压器保护装置，属于早期产品。装置中的非电量保护输入回路采用光电耦合元件构成，光电耦合元件导通电流非常低，即动作功率非常小，等效电阻相当大。气体继电器触点取自变压器本体，经长电缆引入保护屏，电缆芯对地存在着电容，保护回路如图12-9所示。

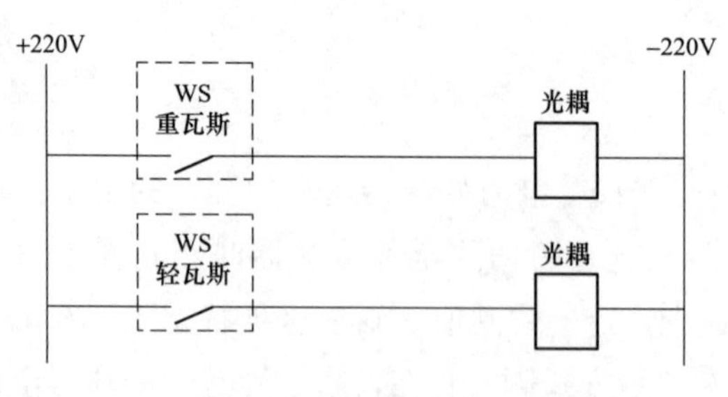

图12-9　瓦斯保护接线原理图

二、事故原因分析

在1号启动备用变压器跳闸前，一单元频繁发生直流系统接地，而且接地点也在频繁变化，直至启动备用变压器跳闸后，仍有接地现象，因此，直流系统接地是导致1号启动备用变压器跳闸的直接原因。因为当直流系统接地时，由于电缆电容效应的影响，将导致光耦元件导通，从而引起保护装置动作。等效电路如图12-10所示。

图12-10中：C_1为L电缆缆芯对地等效电容；C_2为直流系统220V负极对地等效电

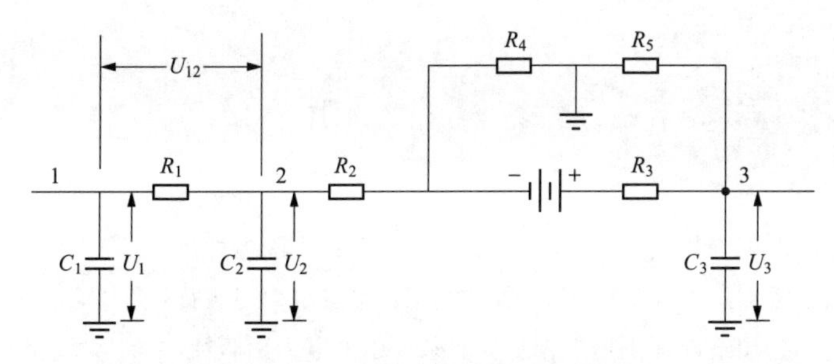

图 12-10　直流接地时的等效电路图

容；C_3 为直流系统 220V 正极对地等效电容。考虑直流系统 220V 正、负极所接电缆很多，C_2、C_3 可能大于 C_1，R_1 为继电器 J1 电阻，R_2 为继电器 J1 至直流系统 220V 负极等效电阻，R_3 为直流 220V 电源等效内阻，正常运行时，$U_1=U_2=U_3=-110V$，继电器 J1 两端电压 $U_{12}=0V$。

直流接地造成继电器误动的原因是接地后加在继电器两端不断衰减的电压 U_{12}。由于 R_1 远大于 R_2、R_3，因此，$R_1\times C_1$ 的绝对值将很大，当直流系统接地时，对地放电的时间也相对较长，对于动作功率较小的继电器或光耦元件，将导致其误动。

该启动备用变压器保护为微机保护，非电量输入采用了光电耦合元件，由于尚未加装大功率继电器，根据上述分析，可以确认，直流系统接地是造成保护误动的直接原因。

三、经验教训及防范措施

在微机保护的“直跳”回路（瓦斯、母差、失灵直跳）加装大功率继电器作为重动继电器，防止在上述干扰情况下保护误动。这个继电器要求动作功率不小于 5W，动作时间大于 10ms。这是因为发生交、直流混线时，交流量正半周（或负半周）的变化会使保护误动。正负半周各为 10ms。因为微机保护中的直流开入均为光电耦合器，动作功率非常小，遇有直流接地、交流串入直流及其他干扰就会误动。

参考文献

［1］毛锦庆．电力系统继电保护实用技术问答．2版．北京：中国电力出版社，2010.

［2］王维俭．发电机变压器继电保护应用．2版．北京：中国电力出版社，2005.

［3］高忠德．国家电网公司继电保护培训教材．北京：中国电力出版社，2017.

［4］国家能源局．防止电力生产事故的二十五项重点要求及编制释义．北京：中国电力出版社，2017.

［5］李基成．现代同步发电机励磁系统设计及应用．3版．北京：中国电力出版社，2017.

［6］高春如．大型发电机组继电保护整定计算与运行技术．2版．北京：中国电力出版社，2010.

［7］大唐国际发电股份有限公司．全能值班员技能提升指导丛书：电气分册．北京：中国电力出版社，2010.

［8］毛锦庆．电力系统继电保护规定汇编．2版．北京：中国电力出版社，2007.

［9］孙春顺．电气设备检修．北京：中国电力出版社，2009.

［10］贺家李，李永丽，董新洲，等．电力系统继电保护原理．4版．北京：中国电力出版社，2010.

［11］白忠敏，刘百震，於崇干．电力工程直流系统设计手册．2版．北京：中国电力出版社，2008.